U0378149

21世纪高等学校规划教材 | 计算机科学与技术

算法分析与设计及案例教程

师智斌 靳雁霞 井超 梁志剑 雷海卫 编著

清华大学出版社

北京

内 容 简 介

本书介绍了算法的概念,算法分析的基本理论、过程和方法以及算法设计的基本策略。主要内容包括算法概述、算法效率分析基础、蛮力法、分治法、分治策略变体——减治策略和变治策略、动态规划、时空权衡技术、贪心算法、回溯法和分支界限法、NP完全性理论等。本书最后对ACM竞赛精选案例进行了分析和讲解,书中既有新创趣题,也有经典名题,难度适宜,使读者能够沿着一条清晰的、一致的、连贯的思路来探索算法设计与分析这一领域。

本书内容丰富,逻辑性强,既注重理论知识,又强调工程实用,既可以作为高等院校计算机及相关专业本科生、研究生"算法分析与设计"课程的教材,也可以作为广大计算机工程与应用行业的读者的参考书。此外,本书还可以作为参加ACM程序设计大赛的爱好者的参考书或培训教材。

图书在版编目(CIP)数据

算法分析与设计及案例教程/师智斌等编著. —北京:清华大学出版社,2014(2019.3重印)
(21世纪高等学校规划教材·计算机科学与技术)
ISBN 978-7-302-38349-9

Ⅰ. ①算… Ⅱ. ①师… Ⅲ. ①电子计算机-算法分析-高等学校-教材 ②电子计算机-算法设计-高等学校-教材 Ⅳ. ①TP301.6

中国版本图书馆CIP数据核字(2014)第244473号

责任编辑:闫红梅 薛 阳
封面设计:傅瑞学
责任校对:焦丽丽
责任印制:刘祎淼

出版发行:清华大学出版社
　　　　网　　　址:http://www.tup.com.cn,http://www.wqbook.com
　　　　地　　　址:北京清华大学学研大厦A座　　　　　　　邮　　编:100084
　　　　社 总 机:010-62770175　　　　　　　　　　　　　　邮　　购:010-62786544
　　　　投稿与读者服务:010-62776969,c-service@tup.tsinghua.edu.cn
　　　　质量反馈:010-62772015,zhiliang@tup.tsinghua.edu.cn
　　　　课件下载:http://www.tup.com.cn,010-62795954
印 装 者:三河市少明印务有限公司
经　　销:全国新华书店
开　　本:185mm×260mm　　**印　张:**15.75　　　　　　**字　　数:**381千字
版　　次:2014年12月第1版　　　　　　　　　　　　　　**印　　次:**2019年3月第6次印刷
印　　数:6001～7500
定　　价:39.00元

产品编号:061076-02

出 版 说 明

　　随着我国改革开放的进一步深化,高等教育也得到了快速发展,各地高校紧密结合地方经济建设发展需要,科学运用市场调节机制,加大了使用信息科学等现代科学技术提升、改造传统学科专业的投入力度,通过教育改革合理调整和配置了教育资源,优化了传统学科专业,积极为地方经济建设输送人才,为我国经济社会的快速、健康和可持续发展以及高等教育自身的改革发展做出了巨大贡献。但是,高等教育质量还需要进一步提高以适应经济社会发展的需要,不少高校的专业设置和结构不尽合理,教师队伍整体素质亟待提高,人才培养模式、教学内容和方法需要进一步转变,学生的实践能力和创新精神亟待加强。

　　教育部一直十分重视高等教育质量工作。2007 年 1 月,教育部下发了《关于实施高等学校本科教学质量与教学改革工程的意见》,计划实施"高等学校本科教学质量与教学改革工程"(简称"质量工程"),通过专业结构调整、课程教材建设、实践教学改革、教学团队建设等多项内容,进一步深化高等学校教学改革,提高人才培养的能力和水平,更好地满足经济社会发展对高素质人才的需要。在贯彻和落实教育部"质量工程"的过程中,各地高校发挥师资力量强、办学经验丰富、教学资源充裕等优势,对其特色专业及特色课程(群)加以规划、整理和总结,更新教学内容、改革课程体系,建设了一大批内容新、体系新、方法新、手段新的特色课程。在此基础上,经教育部相关教学指导委员会专家的指导和建议,清华大学出版社在多个领域精选各高校的特色课程,分别规划出版系列教材,以配合"质量工程"的实施,满足各高校教学质量和教学改革的需要。

　　为了深入贯彻落实教育部《关于加强高等学校本科教学工作,提高教学质量的若干意见》精神,紧密配合教育部已经启动的"高等学校教学质量与教学改革工程精品课程建设工作",在有关专家、教授的倡议和有关部门的大力支持下,我们组织并成立了"清华大学出版社教材编审委员会"(以下简称"编委会"),旨在配合教育部制定精品课程教材的出版规划,讨论并实施精品课程教材的编写与出版工作。"编委会"成员皆来自全国各类高等学校教学与科研第一线的骨干教师,其中许多教师为各校相关院、系主管教学的院长或系主任。

　　按照教育部的要求,"编委会"一致认为,精品课程的建设工作从开始就要坚持高标准、严要求,处于一个比较高的起点上。精品课程教材应该能够反映各高校教学改革与课程建设的需要,要有特色风格、有创新性(新体系、新内容、新手段、新思路,教材的内容体系有较高的科学创新、技术创新和理念创新的含量)、先进性(对原有的学科体系有实质性的改革和发展,顺应并符合 21 世纪教学发展的规律,代表并引领课程发展的趋势和方向)、示范性(教材所体现的课程体系具有较广泛的辐射性和示范性)和一定的前瞻性。教材由个人申报或各校推荐(通过所在高校的"编委会"成员推荐),经"编委会"认真评审,最后由清华大学出版社审定出版。

目前，针对计算机类和电子信息类相关专业成立了两个"编委会"，即"清华大学出版社计算机教材编审委员会"和"清华大学出版社电子信息教材编审委员会"。推出的特色精品教材包括：

（1）21世纪高等学校规划教材·计算机应用——高等学校各类专业，特别是非计算机专业的计算机应用类教材。

（2）21世纪高等学校规划教材·计算机科学与技术——高等学校计算机相关专业的教材。

（3）21世纪高等学校规划教材·电子信息——高等学校电子信息相关专业的教材。

（4）21世纪高等学校规划教材·软件工程——高等学校软件工程相关专业的教材。

（5）21世纪高等学校规划教材·信息管理与信息系统。

（6）21世纪高等学校规划教材·财经管理与应用。

（7）21世纪高等学校规划教材·电子商务。

（8）21世纪高等学校规划教材·物联网。

清华大学出版社经过三十多年的努力，在教材尤其是计算机和电子信息类专业教材出版方面树立了权威品牌，为我国的高等教育事业做出了重要贡献。清华版教材形成了技术准确、内容严谨的独特风格，这种风格将延续并反映在特色精品教材的建设中。

清华大学出版社教材编审委员会

联系人：魏江江

E-mail：weijj@tup. tsinghua. edu. cn

前言

　　根据教育部高等学校计算机科学与技术教学指导委员会对高等学校计算机科学与技术专业人才专业能力构成与培养的主题的阐述,计算机专业人才的专业基本能力包括计算思维能力、算法设计与分析能力、程序设计与实现能力、系统能力。算法是系统工作的基础,作为一名优秀的计算机专业人才,关键是建立算法的概念,具备算法设计与分析的能力。

　　本教材按照"算法基本知识—经典算法思想—算法应用实践"的顺序进行了内容的组织及编写。读者通过阅读算法基础部分,可了解算法的由来及其发展过程,理解算法的含义及问题分类,掌握算法的分析表示方法及算法效率的评价手段。面对日益复杂的问题,可将算法分为蛮力法、分治法及其变体算法、动态规划、时空权衡、贪心算法、回溯和分支限界法等几种。在经典算法思想部分,基本按照"算法思想—算法特点—算法实例—效率分析"的体例分别描述了各种算法,目的是使读者能够深入浅出地理解并掌握算法,能够分析并比较相同问题采用不同算法时的效率。为了提高读者的算法应用能力,本书结合 ACM 竞赛,从中选取了 12 个竞赛题目,例如果园篱笆问题、旅游预算问题等,并对各类问题进行了分析和讨论,加强了读者理论和实践相结合的意识。

　　全书共分为 11 章。

　　第 1 章介绍算法的概念、由来与发展,对基本问题类型、数据结构简要阐述。然后介绍算法求解的框架和步骤。

　　第 2 章介绍算法效率分析基础。介绍算法分析的框架、三种渐进符号和基本效率类型。然后介绍针对非递归算法和递归算法的数学分析方法。

　　第 3 章介绍蛮力法。它是解决问题的最直接的方法,基于问题的描述和所涉及的概念、定义直接求解。

　　第 4 章介绍分治法。分治法是问题求解采用的最常用的算法策略之一,非常重要。

　　第 5 章介绍分治策略的变体。介绍了分治法的两种变形:减治和变治策略,并通过实例介绍这两种策略在实际中的应用。

　　第 6 章介绍动态规划算法。以实例详述动态规划的算法思想、特点和求解问题的方法步骤。

　　第 7 章介绍时空权衡技术。介绍牺牲时间效率换取空间效率和牺牲空间效率换取时间效率的算法设计方法。

　　第 8 章介绍贪心算法。它也是非常重要的算法策略,且效率较高。介绍了几种典型的采用贪心算法求解最优问题的方法。

　　第 9 章介绍搜索算法。介绍回溯法和分支限界法,这两种算法适宜解决数据量较大且难解的问题。

　　第 10 章介绍 NP 完全性理论。简单介绍了 NP 完全性理论,以引起读者进一步学习和研究的兴趣。

第 11 章精心挑选了 12 道 ACM 竞赛题目,对各问题进行了分析和讲解,并在电子资源中提供了程序清单,以供读者学习和参考。

本教材可以作为计算机科学与技术、软件工程、网络工程等专业本科生及研究生的教材使用,同时也可作为有关专业软件开发人员的参考书。

本教材由师智斌等编著,其中师智斌编写了第 1 章,井超编写了第 2、5、6 章,王东编写了第 3 章,靳雁霞编写了第 4 章,梁志剑编写了第 7 章,雷海卫编写了第 8～10 章,秦品乐编写了第 11 章。本教材还参阅了大量国内外专家、学者发表的著作、论文,在此向这些同行们表示衷心的感谢!

由于编者水平有限,书稿虽数次修改,仍会有不妥甚至错误之处,诚盼专家和广大读者不吝指正。联系方法:电子邮件 1637350520@qq.com。

编　者

2014 年 6 月

目　录

第 1 章

绪论

1.1 什么是算法

1.1.1 算法的由来

算法,简言之就是解决问题的方法。人们解决问题的过程一般由若干步骤组成,通常把解决问题的确定方法和有限步骤称为算法。如果相关问题的解决最终由计算机来实现,又由于计算机不具备思考能力以及人的"跳跃性思维"等因素,因此方法的确定和对步骤的描述尤为重要。

从中国古代的算筹(如图 1.1 所示)、算盘(如图 1.2 所示),到外国人发明的计算尺(如图 1.3 所示),最终到电子计算机,在这个复杂而漫长的过程中,人们想通过发明机器把人从繁杂的重复工作中解脱出来,这种时而简单时而复杂的重复工作就是计算。

图 1.1　算筹

图 1.2　算盘

目前人们普遍认为第一台真正意义上的数字电子计算机是在美国宾夕法尼亚大学诞生的 ENIAC(Electronic Numerical Integrator And Computer,电子数字积分计算机,中文译名为埃尼阿克),如图 1.4 所示。它主要用于第二次世界大战期间的导弹弹道科学计算,但第二次世界大战期间并未研制成功,直到 1954 年才成功服役,计算机业由此迅速发展。

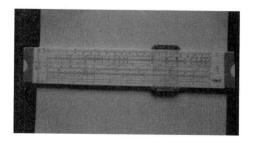

图 1.3　计算尺

在大多数人的思想中，认为计算就是数值计算。数值计算在工业领域有着广泛的应用，人们发明了诸多工具来帮助解决一些繁琐的计算问题。而随着计算机的普及，人们更多地希望利用计算机解决生活中遇到的问题，这些问题从范围到复杂度都不是数值计算所能覆盖的，因此，非数值计算应运而生。

常见的非数值计算问题有排序、查找、字符串处理、排列组合、图问题、几何问题等，人们同样希望能利用计算机帮助解决和处理这些问题。因此与这些非数值计算问题相关的计算机科学越来越得到人们的重视，这其中就包括大家已经了解的数据结构等内容。

图 1.4　ENIAC

目前现代计算机仍基于图灵机模型，即采用冯·诺依曼体系结构来进行运算。从计算机的工作机制上看，计算机利用二进制数表示数据，因此所有存储在计算机内部的数据都是数值。这表示如果人们想使用计算机解决非数值问题，就需要用数值来表示非数值的信息；同时，人们还必须对问题进行分析和处理，找到解决问题的方法，并将求解方法和步骤转换成计算机能够理解并执行的程序；最终，计算机把需要执行的程序放在内存中运行，由运算器、控制器、存储器、输入设备和输出设备共同完成相应的工作。因此，人们在使用计算机解决问题时必须遵循这些要求。这个过程就是算法的形成过程。

由于计算机学科的发展时间还比较短，对于算法的概念，计算机领域还没有统一的定义，但人们达成了基本共识。本书给出了一种简单的定义：

算法（Algorithm）是对特定问题求解步骤的一种描述，是指令的有限序列。

算法具有以下 5 大特征：输入、输出、确定性、有穷性、可行性。对于某一具体问题的算法，需要把握以下 5 个方面。

（1）算法中每一个步骤都不能有歧义，这是对算法确定性的要求。

（2）必须确定算法所处理问题的输入定义域，这是对算法输入的要求。

（3）同一算法可用多种不同的形式来描述，这是对算法的描述方式不唯一。

（4）同一问题，可能存在多种不同的求解算法，这是针对同一问题算法有多样性。

（5）针对同一问题的多种算法可能会基于完全不同的思路，而且解题速度也会有显著不同，这是多样的算法会有多样的效率。

在讨论了这些问题之后，再来看 Pascal 之父、结构化程序设计的先驱 Niklaus Wirth 最著名的一本书《算法＋数据结构＝程序》，算法与数据结构在程序设计中的重要性不言自明。

程序是计算机的灵魂，没有程序，计算机就不能完成人们交给它的任务，它的优势也就显示不出来了。同样，算法是程序的灵魂，算法是解决问题时的方法和步骤。因此，程序、算法都需要遵循计算机的要求和约定，所以上述的特性要求不仅是针对算法的，在编写程序时也需要遵守。但算法毕竟不同于程序，算法是让程序设计者读的，当然也需要易于转化成程序，所以用句通俗的话来讲，算法更应该接近于人，而程序更接近于计算机，算法是将要转化为程序的人类语言。由此，描述算法可以用自然语言、程序设计语言，而更多的是介于二者之间的伪代码。

1.1.2 算法的发展

虽然计算机的发展历史并不久,但是人类对于算法的研究却可以追溯较长的一段时间。"算法"这一术语是从 Algorithm 翻译而来的,但直至 1957 年,西方著名的 *Webster's New World Dictionary*(《韦伯斯特新世界词典》)仍未将其收录其中。据西方数学史家的考证,古代阿拉伯的一位学者写了一部著作——*Hisab al-jabr Wa'l muqabalah*(《复原和化简的规则》),作者的署名是 Abū Abd Allāh Muhammad ibn Mūsa al-Khwārizmī,从字面上看,其含义是"穆罕默德(Muhammad)的父亲,摩西(Moses)的儿子,Khwārizmī 地方的人"。后来,这部著作流传到了西方,结果,从作者署名中的 al-Khwārizmī 派生出 Algorithm(算法)一词,而从作品名字中的 al-jabr 派生出 Algebra(代数)一词。随着时间的推移,现今 Algorithm(算法)这个词的含义,已经与它原来的含义完全不同。

在算法发展的过程中,从有人类文明的记录起,就有关于算法的记录。人类约公元前 4000 年,聪明的苏美尔人发明了人类最早的文字——楔形文字,以及"一周七天"、"一年十二个月"等历法。在公元前的人类历史中,就有关于数制、计算、密码和加密、矩阵等问题的记载,说明当时人类对于计算和算法已经开始涉及。随着时间的推移,历史记载了人类对于算术、运算、数制等问题的进一步的研究。

下面让我们回顾一些在算法发展中重要的事件和人物吧。

- 公元 1202 年,斐波那契的传世之作《算术之法》出版。在这部名著中,斐波那契提出了以下饶有趣味的问题:假定一对刚出生的小兔一个月后就能长成大兔,再过一个月便能生下一对小兔,并且此后每个月都生一对小兔,一年内没有发生死亡。问一对刚出生的兔子,一年内能繁殖多少对兔子?
- 1666 年莱布尼茨所著的《论组合术》一书问世,这是组合数学的第一部专著。在计算机问世和普遍应用之后,组合数学获得了蓬勃的发展,在对算法的运行时间和存储的需求估计以及社会科学、生物学、信息论等领域,组合数学都得到了广泛的应用。
- 1700 年前后,伟大的德国科学家莱布尼茨提出了二进制算法,这可以说是为现代计算机奠定了算法基础。同时,通过对中国古老"易经"的研究,莱布尼茨也在中国的传统文化中印证了二进制的思想。
- 1735 年,欧拉综合了莱布尼茨的微分与牛顿的流数,解决了长期悬而未决的贝塞尔问题,也是在 1735 年,他定义了微分方程中有用的欧拉-马歇罗尼常数。这些研究为在计算机领域中广泛使用的 RSA 公钥加密算法奠定了坚实的理论基础。
- 1815 年,软件行业的奇才 Ada Lovelace(艾达·洛芙莱斯 1815—1852)为巴贝奇分析机拟定了"算法",然后写作了一份"程序设计流程图"。这份珍贵的规划,被人们视为"第一件计算机程序",她也被认为是世界上第一位软件工程师。
- 1847 年,英国数学家 George Boole 制定完成的一套逻辑数学计算方法,用来表示两个数值相结合的所有结果。后来人们以他的名字命名这套算法,称为 Boolean(布尔运算)。
- 1934 年,哥德尔在普林斯顿高等研究所报告中对递归函数进行了定义,这是历史上第一次给出算法的数学定义。

- 1965 年,库利和图基在《计算数学》杂志上发表了《机器计算傅里叶级数的一种算法》,该文最早提出了 FFT(快速傅里叶变换)算法,使得数字信号处理能够应用于实时场合,推动了数字信号处理地发展和应用。
- 复杂度的概念首先由 Kolmogorov 于 1965 年提出来,后由 Lempel 和 Ziv、Kasper 和 Schuster 给出了实现这种复杂度的具体算法。

在算法发展的过程中,具有里程碑性质的事件远远不止以上罗列的内容,尤其是进入 20 世纪以后,算法更加受到大家的重视,各种成就也就接踵而至。如今,人们在不同的领域继续研究并改进着各种算法,使之能为人类提供更好的服务。

1.1.3　算法的例子

下面举例说明什么是算法,供读者体会。

例 1.1　计算两个正整数 m 和 n 的最大公约数 $GCD(m,n)$。

【方法 1:质因数分解法】

这种方法是我们在学习初等代数进行手工计算时常用到的方法。

比如,对于 72 和 48 这两个数,可以通过分解质因数得到:

$$72 = 2 \times 2 \times 2 \times 3 \times 3$$
$$48 = 2 \times 2 \times 2 \times 2 \times 3$$
$$GCD(72,48) = 2 \times 2 \times 2 \times 3 = 24$$

由此可以概括出质因数分解法求解最大公约数的步骤。

(1) 找出 m 的所有质因数。

(2) 找出 n 的所有质因数。

(3) 寻找 m 和 n 的所有公因数。需要注意的是,m 和 n 的质因数中同一个质因数可能多次出现(如 72 和 48 的质因数 2 分别有 3 次和 4 次),公因数应该包含相同质因数的较低次方。

(4) 公因数相乘则为 $GCD(m,n)$。

对该方法进行分析我们发现,如果采用计算机实现该过程,有以下步骤是无法完成的。

在第(1)和第(2)步骤,对正整数进行质因数分解。如果要让计算机实现质因数分解,则需要生成一张质因数表,如表 1.1 所示。而对这张表的生成步骤没有给出相应的描述。另外,在该表的生成过程中又需要判定一个正整数是否为质数,该实现步骤也没有给出。

表 1.1　72 寸 48 的质因数表

正整数	质因数一	质因数二	质因数三	质因数四	质因数五
72	2	2	2	3	3
48	2	2	2	2	3

其次,步骤(3)寻找 m 和 n 的所有公因数。具体怎样求解相同质因数的较低次方的方法和步骤无法得知,计算机无法自动实现。

综上所述,以这种形式表述求解最大公约数的过程,从严格意义上讲还不能称之为算法。真正的算法描述必须给计算机提供一个具体的、可操作的、能实现的方法和步骤。另外,从执行效率方面考虑,上述算法也不是一个高效的方法,对正整数进行质因数分解的过程比较复杂,求解相同质因数也需要一定的时间,且需要相应的空间进行存储。请读者试着实现这个算法。

【方法 2:循环测试法】

对求解最大公约数问题分析可得,正整数 m 和 n 的最大公约数 $GCD(m,n)$ 的取值范围在 1 到 $\min\{m,n\}$ 之间,并且能同时整除 m 和 n。因此,如果我们从 $\min\{m,n\}$ 开始递减进行测试,第一次能同时整除 m 和 n 的数就是要找的最大公约数。

由此概括出采用循环测试法进行最大公约数求解的步骤如下。

(1) 将 $\min\{m,n\}$ 的值赋给 a。

(2) 进行 m 对 a 的取余运算,如果余数为 0,进入第(3)步;否则进入第(4)步。

(3) 进行 n 对 a 的取余运算,如果余数为 0,返回 a 的值作为结果;否则进入第(4)步。

(4) a 值减 1,返回到第(2)步。

上述步骤描述可以很方便地转换成计算机可执行的操作。

以 72 和 48 这两个数为例,循环测试法求最大公约数的过程如下:将 $\min\{72,48\}$ 的值赋给 a,即 $a=48$,分别将 72 和 48 对 a 取余数,余数不都为 0;a 值减 1,得 $a=47$,再对 a 取余数,余数都不为 0;a 值继续减 1……直到 $a=24$,对 a 取余数,余数都为 0,找到最大公约数为 24,过程结束。

【方法 3:欧几里得法】

欧几里得法是采用辗转相除法求两个正整数 m 和 n 的最大公约数。步骤如下。

(1) 求 m 除以 n 的余数 r。

(2) 若 r 等于 0,则 n 为最大公约数,算法结束;否则执行第(3)步。

(3) 将 n 的值放在 m 中,将 r 的值放在 n 中。

(4) 转到第(1)步。

上述算法可以证明:设 $t=GCD(m,n)$,则 $m=a*t,n=b*t$,这里的 a 和 b 均为正整数,并且 a 和 b 互质。求 n 和 $m\%n$ 的最大公约数,则 $n=b*t,m\%n=(a-x*b)*t$,这里的 x 为正整数,如果 b 和 $a-x*b$ 不互质,我们很容易得到 a 和 b 不互质,从而可以证明 t 就是最大公约数。

采用欧几里得法求 72 和 48 的最大公约数:先将 72 除以 48 得余数为 24,再以 48 为 m,24 为 n,48 除以 24 得余数为 0,则 $n=24$ 即为所求的最大公约数。只需要 2 次迭代,就可以得到结果。

比较一下上面的三种算法,从算法的复杂度、运行效率等方面考虑,质因数分解法是最复杂的,循环测试法次之,而欧几里得法是最简单的。

本节通过一个例子说明了算法的定义和特性,需要大家注意的是,虽然这里举的例子是以数学中的内容为原型的,但是当今很多算法都不仅仅涉及数学问题,而与生活中可以接触到的事情有广泛的联系,算法是无处不在的。

1.2 重要的问题类型

在继续讨论其他内容前,先回顾一下几种重要的问题类型,包括排序、查找、字符串匹配、图问题、组合问题、几何问题、数值问题。这些问题一方面具有重要的使用价值,另一方面具有一些非常重要的特征,因此,研究它们有重要的意义,后面在介绍各种算法时也会结合这些重要的问题进行介绍。

1.2.1 排序

排序问题是要求我们按照记录中的某个关键字(称为键)将记录按照升序或者降序的方式重新排列。排序问题的前提条件是键值是可排序的。在实际应用中,人们经常需要对数字、字符、字符串等类型的数据列表进行排序,当前许多信息管理系统中的各种数据记录,在处理过程中都需要进行不同的排序,然后进行处理。例如,当一个学期的学生成绩全部给出以后,一般要以班级或者专业为单位,对学生的总分、平均分进行排序,从而确定奖学金的情况,当然,还有可能加入其他考核机制,这时就是对每个学生的成绩记录进行排序,选择的关键字(即键值)就是总分或者平均分。排序问题主要关心如何对键值的列表进行排序。

排序是为了更容易求解问题,例如,对元素序列排序以后,再进行查找将容易得多,所以我们的字典、电话黄页都是按照字典序排好的,因此,排序问题往往作为整个问题的其中一个步骤。当然,现在的许多程序设计工具都内置了排序的类库,能够在直接调用之后产生排序的结果,这就使得许多人即使不知道排序算法,也可以得到排序的结果。我们研究算法的目的是为了解决问题,掌握解决问题的思路,因此,排序问题是解决这类简单问题的一个重要例子,大家可以在研究排序算法时掌握解决这类问题的思路,以便在遇到更为复杂的问题时,可以得心应手地加以解决。

到目前为止,已经开发出了几十种不同的排序算法。寻找更好的排序算法的工作还在进行,但目前,对于长度为 n 的任意数组的排序,最好的排序算法的时间复杂度为 $O(n\log n)$。

排序算法有两个特性特别值得注意。一个是**稳定性**,如果一个排序算法保留了相等值元素在输入中的相对顺序,则它被称为稳定的排序算法。也就是说,输入的两个元素 x_i 和 x_j 等值,它们的位置分别是第 i 位和第 j 位,如果 $i<j$,则排序以后,x_i 和 x_j 分别排在第 k 和第 l 位,那么如果 $k<l$,则说明这个排序算法是稳定的。另一个特性是**在位性**,这个特性和算法所需要的额外存储空间有关。如果一个算法不需要额外的存储空间(交换元素都需要额外空间,这里指除个别存储单元外,不需要更多的存储空间,或者说所需的存储空间是非常少的几个,而不是与待排序元素的个数相关的数量),我们称这种排序算法是在位的。

1.2.2 查找

查找问题是指在给定的集合(集合中可能有多个元素具有相同值)中找寻一个给定的值,这个值称为查找键。查找算法有直接进行的顺序查找,受输入序列限制的折半查找,还有类似对集合元素计数的查找等多种方法。这些方法在实际应用中都有着不可或缺的作用。

对于查找算法来说,没有一种方法在任何情况下都是最优的。查找算法的实现往往需要用到时间和空间的交换。另外,查找问题往往伴随着对数据的插入和删除操作。

1.2.3 字符串匹配

近年来,字符串匹配的问题显著增多了,绝大多数用户系统都需要输入账户、密码以及验证码等,这些都是字符串匹配的问题,如何能够快速匹配曾经是算法研究的重点。

还有很重要的应用是在字符处理软件中,如何在文本中查找一个给定的关键词,也曾一度非常流行,成为研究的重点。本书将会详细地讨论其中的几种解决方案。字符串匹配问题在网络中的应用也非常广泛,例如,在搜索引擎技术中,主要还是基于关键词的搜索,这也和字符串匹配问题有不少联系。

1.2.4 图问题

算法中最古老、最有趣同时也是难题最多的恐怕就是图问题了,图问题的很多经典解法被称为图算法。图是数据结构中最复杂的,它包括顶点和边,可以描述多对多的关系。因此,图结构可以更贴切地构造实际生活中的多种模型,包括交通网络、通信网络、项目时间表、人际关系网络等等。

基本的图算法包括图的遍历算法、最短路径算法、有向图的拓扑排序算法等等。这些算法属于经典问题,由此也引出了很多相关的知识。幸运的是,这些算法可以用来阐述一些通用的算法设计技术,所以后续的章节我们会经常见到这类问题。

有些经典的难题也在图算法中,最广为人知的恐怕要数旅行商问题(也叫货郎担问题)和图的着色问题了。旅行商问题是要找出访问 n 个城市的最短路径,并且保证每个城市只访问一次。图的着色问题是要用最少种类的颜色为图中的顶点着色,并保证任何两个邻接顶点颜色不同。这些问题都具有非常广泛而重要的实际应用,因而研究价值很高。

1.2.5 组合问题

从抽象的角度看,旅行商问题和图的着色问题都是组合问题的特例,虽然二者都来源于图问题,但其解法都和组合问题有关。一般来说,无论从理论角度还是从实践角度,排列组合问题都是计算领域中最难的问题。原因在于:第一,通常随着问题规模的增大,组合对象的数量级呈指数规模增大;第二,还没有一种已知的算法能在可接受的时间内,精确地解决绝大多数这类问题。目前,大多数计算机科学家认为这样的算法是不存在的,但这个猜想既没被证实,也没被证伪,这个问题仍然是计算机科学理论中未被解决的一个重要难题。当然,是不是说这种问题就一概都不能解决呢?答案是否定的。对于其中的一些特定实例,仍然能够找到一些高效的解决方案,这些例子将在后面描述。

1.2.6 几何问题

几何问题主要是处理平面中的几何问题,而解析几何就是用代数的方法解决几何问题。这个方法引入计算机之后,出现了计算几何学科,这里解决的若干几何问题就属于计算几何的范畴。如今的几何问题在计算机中有不同的应用,例如,计算机图形学、计算机成像技术、机器人技术等等,这些方面的应用往往和模式识别等算法相结合,产生出非常优秀的应用效果。

本书也讨论了一些几何问题,例如,最近对、凸包等问题。最近对问题是在包含 n 个点的平面中寻找距离最近的点对;凸包问题是寻找平面 n 个点的最小凸集。我们将用不同的方法解决这两个问题。

1.2.7　数值问题

数值问题有着广阔的应用领域。计算机最早被研制出来就是为了进行科学计算的,这种计算至今仍被广泛使用。一般来讲,计算机中所研究的计算问题是针对离散数据的,而数值问题研究的则是具有连续性的数学问题。这些连续性的数学问题一般需要操作实数,而计算机使用二进制数表示数据,再加上其特殊的内部构造,因此我们只能得到近似解,这样近似的叠加往往使原本正确的方法产生巨大的误差,从而导致一个不可靠的结果。数值问题就是利用计算机将近似结果的精度控制在所允许的范围内,从而得出正确解。对于计算机专业人员而言,应该掌握这部分内容。本书讨论的主要是解决非数值问题的算法,对于数值问题虽然稍有涉及,但不是本书的重点。

1.3　基本数据结构

绝大多数算法关心的是对数据的操作,数据的特殊组织方式在算法设计与分析中扮演了重要的基础角色。解决问题时,先针对问题提出数据的组织形式,也就是数据结构的设计,在数据结构确定之后,才能完成下一步的算法设计。由于大家对这部分内容已经非常熟悉了,这里仅做一个快速的回顾。

数据结构最重要的作用是建立起人和计算机之间的转换桥梁,涉及了数据的逻辑结构和物理结构。数据的逻辑结构是数据在人面前展示的样子,或者说是在人脑中的表现形式;而数据的物理结构是数据在计算机存储设备上的组织形式。

数据结构中介绍的数据类型从逻辑上大致分为 4 类,一对一的线性结构、一对多的树结构、多对多的图结构及松散关系的集合。

1.3.1　线性结构

最重要最基本的数据结构是数组和链表。它们的特点是除第一个和最后一个元素外,其余的每个元素都仅有一个直接前驱和一个直接后继,这样组成了一种一对一的顺序结构。

线性表的实现方式有顺序方式和链式方式,顺序方式通常利用数组完成,链式方式通过链表实现。数组通过下标对线性结构进行随机存取,但与此带来的问题是当有元素插入或删除时将会引起大规模的数据移动。链表可以方便地解决数据插入和删除的问题,但是当访问某个元素时只能从头开始顺序查找。

数组和链表都属于一种称为线性列表的抽象数据结构,也是线性列表最主要的两种表现形式。列表是由数据项构成的有限序列,即按照一定的线性顺序排列的数据项集合。使用最多的两种特殊形式是栈和队列。栈是插入和删除操作都只能在栈顶进行的数据结构,它的特点是后进先出。队列是插入和删除操作分别在队列的两端进行的数据结构,它的特点是先进先出。栈和队列在许多应用问题中被不断地用到,对它们的改进和延伸也非常多。

1.3.2　树结构

树是一种一对多关系的数据结构,表现在父亲节点可以有多个孩子节点,森林是多棵树的组合。树的边数总是比它的顶点数少一。

树中一个非常重要的特性是树的任意两个节点之间总是恰好存在一条从一个节点到另一个节点的简单路径。树结构多用来描述层次关系,例如,文件目录、组织结构图等等。

树的主要应用有状态空间树,在回溯和分支限界章节中将会介绍,这里先不阐述。

树的另一个主要应用是排序树,如二叉查找树、多路查找树等。

1.3.3 图结构

图结构描述的是一种多对多的关系,具体表现在图结构包括顶点和边两种元素,刻画图结构需要刻画顶点和顶点、顶点和边之间的关系,所以,一般用邻接链表和邻接矩阵等方法进行刻画。根据图中边的方向性,图可以分为有向图和无向图两种。

如果在图的边上加上权值,这个权值可以表示代价,这时的图就称为加权图,加权图可以用改造后的邻接链表或者邻接矩阵表示。

图的主要特性有连通性和无环性,二者都与路径有关。从图的顶点 u 到顶点 v 的路径可以这样定义:它是图中始于 u 止于 v 的邻接顶点序列。如果是无向图,那么从顶点 u 到顶点 v 的路径和从顶点 v 到顶点 u 的路径是相同的,而有向图却不是这样的。图的连通性是指从某指定顶点到另一指定顶点是否有简单路径,如果有,那么这两点是连通的。连通性在实际应用中有很大意义,例如,在修建交通设施的时候考虑不同城市之间的连通性,如果我们短期不可能构造全连通的图,可以设置几个重要的枢纽节点,以构造部分连通。

图的无环性与图的回路有关,图的回路是这样一种路径,它的起点和终点是同一个顶点,并且该路径的长度大于 0,同时每边只能出现一次。实际中,我们绕一圈又回到原点构成回路。在不同情况下,图是否包含回路,对所研究的问题将产生非常重要的影响,许多重要的算法要求图是无环图,因为一旦图有回路,算法将不再收敛,而产生无限循环的结果。上节所说的树结构就是一种无环图。

1.3.4 集合

集合是数学中的一个重要概念。集合是指在一定范围的、确定的、可以区别的事物,看做一个整体,就叫做集合,简称集,其中各事物叫做集合的元素或简称元。集合的表示法有穷举描述法和特征构造法。集合的特性有:确定性,互异性和无序性。

确定性:每一个对象都能确定是不是某一集合的元素,没有确定性就不能成为集合,例如,"个子高的同学"、"很小的数"都不能构成集合。

互异性:集合中任意两个元素都是不同的对象。不能写成 $\{1,1,2\}$ 应写成 $\{1,2\}$。

无序性:$\{a,b,c\}$ 和 $\{c,b,a\}$ 是同一个集合。

集合的主要运算有集合的并集、交集和差集。

集合在计算机中一般用序列或者位串表示。序列需要穷举所有的元素,可以采用数组或链表;而位串是用元素个数长的比特串表示元素,如果某元素包含在集合中,则对应的比特位为 1,反之则为 0。在计算机中使用集合时,我们不得不提到列表。二者最主要的区别是:第一,集合不可以包含相同的元素,而列表可以;第二,集合是元素的无序组合,而列表是有序的。

在计算时,对集合的最多操作就是从集合中查找一个元素、增加一个元素或删除一个元素。能够实现这三种操作的数据结构称为字典。如果处理的是动态内容的查找,那么必须考虑字典的查找效率和增、删效率,在实现上需要平衡二者的效率关系。实现字典时,简单的可以用数组实现,如果追求高效时可以使用散列法和平衡查找树等复杂技术实现。

1.3.5　数据的物理结构

数据的物理结构是指数据在计算机中的存储形式,包括顺序结构、链式结构、索引结构和散列结构等等。学习数据结构时我们会看到上述介绍的线性结构、树、图和集合 4 种主要逻辑结构在实现时都至少有顺序结构和链式结构的存储实现。因此首先需要实现每种数据结构的逻辑表现形式及其在存储设备上的物理形式,找到二者之间的对应关系,才能进行进一步的学习和研究。一旦确定了数据的物理结构,我们就可以定义在此之上的各种数据操作。例如,单个数据的插入或删除、数据的查找、数据的重新组织等等。掌握了这些,我们对于数据结构的理解就达到了要求,以此为基础,我们便可以进行算法之旅了。

1.4　算法问题求解基础

1.4.1　算法求解框架

我们认为,算法是问题的程序化的解决方案。这些解决方案本身并不是答案,而是获得答案的精确指令。现在列出在算法设计过程中的一系列典型步骤,并做简要的讨论。

算法设计的一般步骤。

(1) 对问题进行分析,建立数学模型。

(2) 对相关的已知知识进行梳理,以分解问题。

(3) 设计算法,建立初步解。

(4) 对设计的算法进行正确性证明。

(5) 对正确的算法进行效率分析。

(6) 对分析后的算法进行程序实现。

(7) 相应文档的完善。

以上步骤是算法设计的过程,也可以说是算法求解的框架,在进行算法设计和分析时大致都经历了上面的过程。设计算法需要以对问题的充分理解为基础,需要设计者具备算法设计的基础知识,设计出算法后,需要对算法的正确性进行证明,以保证算法是正确的,某些时候还要对算法的主要特性进行分析,最终完成算法到可执行程序的转化。在接下来的章节中,除了要掌握这个过程,按照它进行算法的设计和分析,还要重点学习有关算法设计的技术,以便遇到问题时有足够的算法设计知识。

1.4.2　算法设计步骤

1) 分析问题并建立数学模型

在设计算法之前,首先需要全面理解给定的问题。而这种理解基本上可以看做是由"未知"到"已知"的一个过程。人类具有学习和创造的能力,根据已经掌握的知识,对问题有一定的理解,而解决问题是结合对问题的"理解",加上"创造"的过程。

在开始这个过程时,需要仔细阅读问题的描述,解决疑惑点,手工处理一些小规模的实例,考虑边界情况和特例,直到对问题非常清晰为止。

计算机所解决的问题域也存在着内聚性,也就是说很多问题将会重复出现,如果待解决的问题恰恰在我们所熟悉的问题当中,就可以用一个已知的算法求解。然而更多的情况是问题本身不完全在我们已经解决的问题范围内,此时,清晰细致地分析就显得格外重要了。对问题的分析、分解和利用已知创造是解决问题的重要手段。当我们找不到可用的算法时,就可利用本节所介绍的一系列步骤。

在理解问题时,对于算法的输入需要重点考虑。严格确定算法处理实例的范围非常重要,在处理这些输入值的过程中,重要的是正确处理某些"边界值",它将决定算法的正确性。因为一个正确的算法不仅应该能够处理大多数的输入情况,而且应该能够正确处理所有合法的输入。

借用软件工程中的软件生命周期模型对问题进行需求分析所占的比例是比较高的,而这个步骤是开始,也是最重要的一步。毕竟,如果一开始就出错或者偏差,问题的解决方案将会偏差的越来越大。

2) 梳理相关的已知知识

(1) 了解设备的性能。完全理解了问题之后,接下来需要了解运行算法的计算设备的性能。当今计算机主要还是以冯·诺依曼体系结构为基本原理的。冯·诺依曼体系结构的主要内容是:数字计算机的数制采用二进制;计算机应该按照程序顺序执行。同时,这个体系结构的根本在于程序是装入内存后执行的,内存能够进行随机存取,而指令是逐条顺序执行的,每次执行一步操作。相应的,设计在这种计算机上运行的算法被称为顺序算法。

一些更新式的计算机打破了随机存取模型的核心假设,它们可以在同一时间执行多条操作,即并行计算。能够利用这种计算能力的算法称为并行算法。不过,就目前来看,在很长一段时间内,随机存取模型下的算法设计和分析的经典技术仍然是算法学的基础。

设计算法时是否需要考虑计算机的速度和存储容量呢? 在 20 世纪中后期,由于计算机计算能力不强、存储容量很小,当时的程序员很多时候需要做一件事情:用时间换空间。例如,有一个编译器,在整个编译过程中,对源程序扫描了十多次,其实此类工作之所以要把内存的数据移动到外存,其原因就是当时内存大小受限制。如今,即使是一台很"慢"的计算机,也具有惊人的速度和存储容量。因此,当今我们使用计算机处理任务时,一般是不需要过多的考虑计算机的性能。当然,有些问题原本就非常复杂,比如常见的排列组合问题,当输入规模比较大时,我们的计算机仍然不能很好地解决,在这种情况下,认识特定计算机系统的速度和存储容量是很有必要的。我们讨论的问题主要是把设计算法作为科学实验,因此我们不需要考虑这些问题。

(2) 在精确解法和近似解法之间选择。精确计算对应的算法称为精确算法,近似计算对应的算法则称为近似算法。为什么会选择近似算法呢?

- 有些问题很多情况下的确无法求得精确解,比如求平方根、和圆周率有关的计算、解非线性方程和求定积分等问题。
- 由于某些问题固有的复杂性,用已知的精确算法解决问题可能会慢得无法忍受。比如一些图算法使用蛮力法求解将会形成组合爆炸的局面。

- 一个近似计算可以作为更复杂的精确计算的一部分。

遇到以上情况,将会考虑使用近似算法来为整体服务。

(3) 确定适当的数据结构。我们都知道 Pascal 之父、结构化程序设计的先驱 Niklaus Wirth 先生的名著《算法＋数据结构＝程序》这本书,通过书名我们知道算法和数据结构对于程序设计的重要性。有些算法对于输入数据的表现形式要求并不高,但是有些算法的确需要一些基于精心设计的数据结构。这些问题我们将在一些需要增强输入的算法中讨论,通常这类问题需要对问题实例的数据进行构造和重构。通过学习数据结构,我们可以感觉到,对于同一个问题,选择的数据结构不同,将会带来不一样的算法实现技术。

(4) 算法设计技术。现在,关于算法解题的一些必要技术已经具备,如何设计算法解决给定的问题,这正是本书和这门学科所要解答的问题,也希望读者通过本书的描述能够对算法设计有一点启发。

目前主流的算法设计类型相关教材有两种组织形式,一种是以问题类型进行章节编排的,这类教材一般对一种问题使用多种解法解决;另一种是以问题的解法分类进行章节编排的,这类教材的代表之一就是美国人 Anany Levitin 著的《算法设计与分析基础》,由潘彦先生翻译。

以问题的解法分类进行章节编排有一个好处,就是能使读者对这种解决方案进行强化,并通过多种实例巩固该算法的解题思路,理解算法的解题思想。

3) 算法描述

算法的描述从目的上讲,一方面是要让设计算法、实现算法的这些人易读,因此,在描述算法时应简洁易懂;另一方面要让实现算法的人方便翻译成程序设计语言,因此,在描述的时候应向实现语言靠近。

基于以上的特点和要求,本书以更加贴近 C 语言描述的方式描述算法,从这点看来好像更偏向于上述的第二个方面,其实这也是希望读者更加适应程序设计语言的实现方式,从而对代码更加熟悉。

当然,描述算法时也应适当加入自然语言描述的伪代码,对于一些需要大量篇幅实现而与算法本身联系不紧密的细节,我们将以自然语言描述的形式一带而过。

4) 算法的正确性证明

一旦完成算法的描述,必须证明算法是正确的。从定义上讲,就是对符合要求的输入,经过算法的运算,能够得到正确的输出。对于一些算法,证明其正确性可能还比较容易,但对于大多数算法,证明其正确性却不是很容易。这里,我们一般采用数学归纳法证明算法的正确性,证伪算法可以采用举反例的方法。在计算机中,算法的输入一定是有限可数的,所以最简单的办法就是穷举法,只是这种方法的代价可能比较大。值得一提的是,对于使用关键值验证的方法在证明算法正确性上具有片面性。算法中近似算法的正确性不是精确定义的,因此在证明时,我们只需要考虑计算误差在算法规定的范围内即可说它是正确的。

5) 算法分析

我们所设计的算法,通常希望它能有较好的性能,即算法的效率(包括时间效率和空间效率)是高的。时间效率体现了算法的运行速度,空间效率体现了算法运行时所需要的额外存储空间。下一章将着重分析算法的时间效率。

　　算法应该具备的特性还包括简单性。简单,这不像算法的效率可以定量的衡量,因为简单性包含了很多人为的认知。如在第一节的例子中,我们很容易分辨出欧几里得算法比质因数分解法要好很多,但是和循环测试法相比就没有那么明显的简单了。对于算法的设计者来说,算法简单使得一些其他的特性可能会更好。当然,这里的简单包括相关人员阅读起来感觉简单、实现简单、算法的方法简单等等。

　　算法应该具备的特性还有一般性。这里的一般性包括算法所解决问题的一般性和算法接受的输入的一般性。我们希望能用一种简单而覆盖全部问题的解法求解更多的问题,这种想法当然好,但是不一定可行。因此我们所研究的算法问题一般是特定情况和环境下的解法。所以针对这个限定范围,我们必须要严格定义。比如求解最大公约数问题时,要求两个输入的数据都是正整数,如果输入中有负整数,就不允许使用该算法了(当然负整数的最大公约数没有太大意义)。对于输入情况,求解最大公约数时,欧几里得算法在实现的时候可以使算法能够处理当第二个输入整数为 0 时的情况,感兴趣的读者可以试一试,在这种改动之下,我们可以看到对输入更具有一般性的算法。

　　对于算法的这些特性,算法设计人员应该不断地追求,以得到更加改善的算法,而正是由于这种追求,算法相关的学科才能更进一步的发展。

　　6）为算法书写代码

　　可执行的程序代码是所研究算法的最终归宿。算法一旦设计完成,最后一步就是为算法编写程序,并在计算机上执行验证。程序的正确性是需要证明的,一方面包括对实现算法的正确性验证,另一方面是对所编写程序本身的验证,对于这些正确性证明,是我们需要掌握的。有专门的书籍针对程序的正确性、测试和调试等技术进行了描述,这些技术是我们在做算法程序验证前需要掌握的。

　　对于算法的输入,在绝大多数情况下是需要验证的,而本书在讲述算法的过程中对这部分没有做过多的检验,而是假定所介绍算法的输入都是符合输入条件的,这种假设在理想的实验环境下可以满足,但是如果要编写有意义的程序,应当非常注意这部分。

　　另一个问题是算法应该是不断地改进的。对算法的研究本身是一种创造性劳动,而对算法的改进应当是不断进行的,这种追求是永无止境的。不过,在实际的工程应用中,这件事往往会受到许多约束,需要在资源有限的情况下,在互斥的目标之间做权衡,设计者的时间就是其中的一种资源。

　　7）相关文档的撰写

　　在完成了算法的设计、分析和实现之后,需要进行的是相关文档的编写和整理工作。这个过程往往是初学者不愿意做的,但这项工作是非常重要的。算法设计、分析和实现的完成,标志着算法已经成型,撰写文档就是为了让该算法可以传播出去,以便造福更多研究该问题的人员。初学者往往对于这种工作不能给予足够的重视,这里希望大家从开始就能够养成良好的习惯,重视文档编写的工作。

　　在结束这一节之前,笔者希望教师们在讲授到这里的时候提醒同学们,在笔者授课的过程中,见到两类典型的学生,一类是"理论型"的,他们能够对所学的算法表述得很清晰很明确,但是动手做实验实现算法时却困难重重;另一类是"实践型"的,他们往往非常喜欢在实验的时候用程序展现算法,编写的程序也非常好,但是他们对于算法的内在含义往往不求甚解。这两类学生都有强项和弱项,我们希望读者在学习算法的过程中既要对理论知识掌握清楚,又要加强动手能力,这样才能真正对算法做到更好的学习。

1.5 算法的表示

在数据结构和算法的学习中,都会涉及到算法的表示问题。

在算法设计和分析的各个阶段更好地表示算法可以帮助人们理解算法。就笔者个人观点,算法的表示涉及两个方面,一方面是为了让编写算法的人和阅读算法的人能够更好地理解算法,从这个意义上讲,算法的表示应该更贴近人的习惯;另一方面,算法的表示应该便于算法向计算机程序过渡,从这个意义上讲,算法的表示应该便于生成计算机程序。

算法的表示有自然语言、类程序设计语言或流程图等、程序设计语言描述法三种方式。自然语言不用多说,可以方便编写算法和阅读算法的人理解算法;程序设计语言便于算法向计算机程序过渡;而类程序设计语言或流程图主要偏向于程序设计语言的表示方式,在适当的时候、适当的位置添加注释等内容,从而避免复杂的实现内容,突出算法的重点。

下面介绍如何使用这 3 种不同的表示方法描述解决问题的过程,以求解 sum＝1＋2＋3＋4＋5＋…＋(n−1)＋n 为例。

(1) 自然语言描述法:

① 确定 n 的值;

② 初始化 i 为 1;

③ 初始化 sum 为 0;

④ 如果 i≤n 时,执行⑤,否则转去执行⑧;

⑤ 计算 sum 加上 i 的值后,重新赋值给 sum;

⑥ 计算 i 加 1,结果重新赋值给 i;

⑦ 转去执行④;

⑧ 输出 sum 的值,算法结束。

从上面的描述中不难发现,使用自然语言描述算法的方法虽然比较容易掌握,但是存在着很大的缺陷。例如,当算法中含有多分支或循环操作时,很难表述清楚。另外,使用自然语言描述算法还很容易造成歧义(称之为二义性),譬如有这样一句话——“武松打死老虎”,我们既可以理解为“武松/打死/老虎”,又可以理解为“武松/打/死老虎”。自然语言中的语气和停顿不同,就可能使他人对相同的一句话产生不同的理解。又如“你输他赢”这句话,使用不同的语气说,可以产生 3 种截然不同的意思,读者不妨试试看。为了解决自然语言描述算法中可能存在着的二义性,我们采用第 2 种描述算法的方法——流程图。

(2) 流程图描述法:

从图 1.5 中可以比较清晰地看出求解问题的执行过程。在程序设计基础课程中大家已经熟悉了流程图,这里不再赘述。

流程图的缺点是在使用标准中没有规定流程线的用法,因为流程线能够转移、指出流程控制方向,即算法中操作步骤的执行次序。在早期的程序设计中,曾经由于滥用流程线而导致了可怕的“软件危机”,震动了整个软件业,并展开了关于“转移”用法的大讨论,从而产生了一个新的计算机科学的分支——程序设计方法。

(3) 无论是使用自然语言还是使用流程图描述算法,仅仅表述了编程者解决问题的一种思路,都无法被计算机直接接受并执行。因此我们引进了第 3 种非常接近于计算机编程语言的算法描述方法——伪代码。

伪代码描述法:

① 算法开始;

② 输入 n 的值;

③ i ← 1;

④ sum ← 0;

⑤ do while i<=n

⑥   { sum ← sum + i;

⑦   i ← i + 1; }

⑧ 输出 sum 的值;

⑨ 算法结束。

伪代码是一种书写程序或描述算法时使用的非正式、透明的表述方法。它并非是一种编程语言,这种方法针对的是一台虚拟的计算机。

伪代码通常采用自然语言、数学公式和符号来描述算法的操作步骤,同时采用计算机高级语言(如 C、Pascal、VB、C++、Java 等)的控制结构描述算法步骤的执行顺序。本书采用以 C 语言为主的伪代码描述方法,但在类型说明、具体实现等方面适当地采用了其他说明方式,从而便于算法向程序的转换。

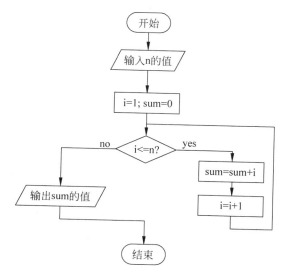

图 1.5　用流程图描述算法

1.6 为什么学习算法

算法在计算机科学中的作用不言而喻,如果对计算机科学、程序设计感兴趣,那一定要学好算法。算法提供给我们的是解决问题的方法和思路,是一种解决问题的基本套路和成熟方案。如果你将从事程序设计的相关工作,就需要先把解决问题的思路理清,这种思路不光是按照人类的思维,还要按照计算机的工作方式进行,只有这样编写的程序才能思路清晰,给读写程序的人带来方便。具体来讲,笔者认为以下几点很重要。

第一,算法是程序设计的灵魂。计算机离不开软件的运行,而软件的编写离不开算法,要想更好地掌握计算机,必须了解算法。学好算法,可以设计出更加高效优质的软件,从而为解决更加复杂的问题提供基础。

第二,算法体现着解决问题的思路和方法。不光使用计算机需要算法,我们平时所做的很多工作都或多或少地需要算法,掌握好算法,即使不用计算机来处理问题,依然可以得到高效的解决方案。

第三,算法是一种思想、一种思路,可以锻炼分析问题和解决问题的能力。算法要求对问题建立数学模型,然后通过计算和各种操作解决这个问题。算法可以帮助我们在解决问题时更加有条理、更加高效。这也是学习自然科学知识的目的所在。

第四,研究算法是件快乐的事情。算法在帮助我们探索问题的过程中起到了非常重要的作用,而在这个过程中充满了艰辛的努力和产生结果的喜悦。

总结

本章主要介绍了什么是算法、算法的特性、算法重要问题的类型、基本数据结构、使用算法求解问题的一般步骤、算法的表示以及为什么学习算法。在这一章中概括了和算法相关的基本问题,在后续章节中将一一详细描述。

习题 1

1. 谈谈你对算法的理解。

2. 请简述算法的特性。

3. 设计一个计算 $\lfloor \sqrt{n} \rfloor$ 的算法,其中 n 是正整数。

4. 证明等式 $Gcd(m, n) = Gcd(n, m \bmod n)$ 对每一对正整数 (m, n) 都成立。

5. 写出将十进制整数转换为二进制整数的算法,并用自然语言和流程图方式描述。

6. 要求解包含 n 个元素的线性表的查找问题,已知该线性表有序,如何利用这个特性?请对以下情况分别解答。

(1) 该线性表是一个数组。

(2) 该线性表是一个链表。

7. 按照算法要求的精确性写出你阅读一本书的过程。

8. 如何实现一个相对较小,程度为 n 的字典(例如,中国的 31 个省市),已知所有元素唯一,并详细说明每个字典操作的实现。

第2章 算法效率分析基础

2.1 算法分析框架

2.1.1 算法分析概述

本节概要地描述了算法效率分析的一般性框架。首先必须指出,算法效率研究中,最关心的是时间效率和空间效率。时间效率指出了算法的运行时间情况;空间效率指出了算法所需要的额外辅助空间的情况。由于计算机硬件产品技术的日益提高,现在对算法的空间效率考虑得不像以前那么多,但一个非常浪费内存空间的算法仍然是不提倡的。即使对空间效率的关注度已有所降低,但仍然非常需要关注算法的时间效率。针对目前所面临的大多数问题,关注的重点应放在时间效率上,而这也成为衡量一个算法优劣的最重要指标。

算法效率分析对算法的设计、选用和改进都有重要的指导意义和实用价值。对于任意给定的问题,尽可能设计出复杂度低的算法。当给定的问题包含多种解法时,选择复杂度最低者是在选用算法时应遵循的一个重要准则,算法效率分析有助于改进算法。

2.1.2 算法正确性分析

算法分析可分为狭义分析和广义分析。狭义分析指对算法的时间效率和空间效率进行分析;广义分析指对算法的全部特性进行分析,包括算法的正确性、可读性等特性。需要强调的是,没有被分析的特性并不是不重要,如算法的正确性,若一个算法连正确性都不能保证,则对该算法的其他特性研究是没有任何意义的。算法的正确性证明是一件既复杂又艰难的工作,如果从数学上严格对其证明,那么其难度远大于算法本身,实际中常常在一个有限的范围内证明其正确性。

2.1.3 时空效率分析

算法的时空效率与算法的输入规模密切相关,一般情况下,当输入规模显著增加时,算法的运行时间常常也会增加,算法的时间效率与空间效率显著下降。

选择不同的参数规模作为输入时将影响时空效率的分析结果。

例如,计算两个 n 阶方阵的乘积。该问题的结果(目标矩阵)依然为 n 阶方阵,其中的每个元素需要进行 n 次乘法、$n-1$ 次加法计算得到,如果只考虑乘法运算,由于目标矩阵中包含 n^2 个元素,因此求解目标矩阵需要进行 n^3 次元素乘法运算。

　　分析该问题的时间效率时,若选择矩阵阶数 n 作为输入度量参数,乘法作为基本操作,则该问题算法的时间效率为 n^3。若选择矩阵中的元素个数 N 作为输入度量参数,基本操作不变,则时间效率为 $N^{3/2}$。

　　算法输入规模度量参数确定之后,接下来考虑算法运行时间的度量单位。最容易想到的是时、分、秒等,但使用起来有许多不便,如采用何种方法计时、计时是否准确等问题需要重点考虑。采用人为计时的方法不准确,利用计算机计时,需要考虑当前计算机的工作状态,如在同一台计算机、不同时刻分别执行某算法所需的时间也不同,显然这种计时方法也不可取。从求解绝对时间的角度无法准确得出算法的运行时间,经过深入研究,人们发现采用算法中基本操作的执行次数来衡量算法的时间复杂度尤为合适。

　　一个算法的绝对运行时间是算法中所有操作的运行时间之和,而每一步操作都可分解为若干条机器指令的集合,同一台计算机执行各条机器指令的时间固定,于是,求解算法运行时间的问题转化为了求解算法中机器指令条数的问题。一般而言,算法中总会有某种操作的执行次数所占比例最大,将该操作记为基本操作,一个算法的运行时间主要取决于基本操作的执行次数,其他操作可以忽略不计。如排序问题,求解算法中执行次数最多的操作是比较运算,因此选择比较运算作为基本操作,算法中比较运算的执行次数也就作为其运行时间了。

　　假设算法的输入规模为 n,第 i 个操作记为 op_i,执行时间记为 c_{op_i},执行次数记为 $C_i(n)$,则该算法的总执行时间为:

$$T(n) = \sum_i c_{op_i} * C_i(n) \approx c_{op} * C(n),$$

其中,c_{op} 为基本操作的执行时间;$C(n)$ 为基本操作执行的次数。

　　从 $T(n)$ 的结果可以看出,算法的执行时间与算法中基本操作的执行时间和执行次数密切相关。研究算法效率的目的是分析不同算法效率的优劣程度,从中选择效率高的算法。对于同一台计算机,同一种基本操作的执行时间是固定的,因此,只需比较不同算法中基本操作的执行次数即可。在以后的研究中,主要分析算法中基本操作的执行次数,即 $C(n)$。

　　多数情况下,一个算法中基本操作的执行次数不仅取决于问题的输入规模,还与输入数据有关。作为例子,下面来看顺序查找的算法。

```
//顺序查找算法,在数组 A[0..n-1]中查找给定值 K
//输入: 查找目标,数组 A[0..n-1]; 查找键 K
//输出: 如果查找成功,返回第一个匹配 K 的元素的下标
//如果查找失败,返回 - 1
int SeqSearch(A[0..n-1], K)
{
    i = 0;
    while ((i < n) && (A[i]<> K))
        i++;
    if (i == n) i = -1;
    return i;
}
```

　　很明显,对于输入规模为 n 的列表,该算法可能在一次比较之后就完成查找,也有可能

在进行了 n 次比较之后才停止,这就有了算法的最差效率、最优效率和平均效率。最差效率指算法在最坏情况下运行的效率,即算法的运行时间最长。最优效率恰好相反,指算法在最优情况下运行的效率,即算法的运行时间最短。最差效率、最优效率分别给出了算法在输入规模为 n 的前提下,算法运行效率的上界和下界。这两种效率说明了算法在两个极端情况下的运行情况,而实际中我们常常关心算法在一般或随机情况下的运行效率,即算法的平均效率。计算平均效率,需要对算法的输入情况作概率统计,使之能够满足各种情况,以算法 SeqSearch 为例,该算法的最差效率和最优效率很容易得到,若在列表中的最后一个位置出现待查找的键值或列表中不存在该键值,就属于最坏的输入情况,需要进行 n 次比较运算,此时算法的效率就是最差效率,即 $C_{\text{worst}}(n) = n$;若列表中第一个元素就是待查找的键值,那么只需进行一次比较,就可完成查找,这种情况属于最好的输入情况,即最优效率 $C_{\text{best}}(n) = 1$。

平均效率的计算要复杂一些,查找有两种结果:查找成功和查找失败。设查找成功的概率为 p(p 是 0 到 1 之间的数),则查找失败的概率为 $1-p$。查找成功时,若关键值出现在列表中各位置的概率相同,即在列表中第 i 个位置查找成功的概率为 p/n,需要完成 i 次比较($1 \leqslant i \leqslant n$),查找失败时所需的比较次数是 n,则有算法的平均效率 $C_{\text{avg}}(n)$:

$$C_{\text{avg}}(n) = n * (1-p) + \sum_{i=1}^{n} i * \frac{p}{n}$$

$$= n * (1-p) + \frac{p}{n} * \sum_{i=1}^{n} i$$

$$= n * (1-p) + \frac{p}{n} * \frac{n(n+1)}{2}$$

$$= n * (1-p) + \frac{p * (n+1)}{2}$$

从以上对算法各种效率的分析过程可知,最差效率和最优效率的计算相对简单,但需要清楚它们所对应的极端输入情况;而平均效率的计算较为复杂,需要考虑所有输入情况,并对输入情况进行概率分布的设定。一般而言,算法的平均效率比算法的最差效率要好一些,而人们关心的也是算法的一般情况,所以应着力设计出平均效率好的算法。

2.1.4 算法分析过程

从上述讨论中可以看出,对算法效率分析的主要目标是时间复杂度分析,对其分析之前,需完成以下几点工作。

(1) 确定输入度量参数:算法的时间效率最终将表示成一个关于输入度量参数的函数,以便研究在输入规模显著增加的情况下,时间效率的变化情况。

(2) 确定基本操作:算法的时间效率不是算法的真实运行时间,而是算法中基本操作的执行次数,还需要对其计算方法进行研究。

(3) 确定效率分析目标:同一个算法在不同的输入样本下效率也不同,此时需要确定分析算法的最差效率、平均效率,还是最优效率。

(4) 确定算法复杂度的阶:通常关心的是当算法的输入规模增大时,算法效率的变化情况,也就是算法复杂度的阶。

根据以上讨论,在接下来的几节中将重点研究算法分析的一般步骤。

2.2 渐进符号和基本效率类型

2.2.1 三种渐进符号

为了表示算法中的效率类型,引入了 3 种渐进符号,O、Ω 和 Θ,三者都表示函数的集合。它们的定义分别为:

函数 $t(n)$ 包含在 $O(g(n))$ 中,记作 $t(n) \in O(g(n))$。成立的条件是:$\exists n_0$ 和 c,其中 c 为大于 0 的常数,n_0 为非负整数 $\forall n \geqslant n_0$,都有 $t(n) \leqslant c * g(n)$ 成立,则 $t(n) \in O(g(n))$。

函数 $t(n)$ 包含在 $\Omega(g(n))$ 中,记作 $t(n) \in \Omega(g(n))$。成立的条件是,$\exists n_0$ 和 c,其中 c 为大于 0 的常数,n_0 为非负整数,$\forall n \geqslant n_0$,都有 $t(n) \geqslant c * g(n)$ 成立,则 $t(n) \in \Omega(g(n))$。

函数 $t(n)$ 包含在 $\Theta(g(n))$ 中,记作 $t(n) \in \Theta(g(n))$。成立的条件是,$\exists n_0$ 和 c_1、c_2,其中 c_1、c_2 为大于 0 的常数,n_0 为非负整数,$\forall n \geqslant n_0$,都有 $c_2 * g(n) \leqslant t(n) \leqslant c_1 * g(n)$ 成立,则 $t(n) \in \Theta(g(n))$。

当需要进行判断某函数属于另一个函数的哪种渐进性时,可以采用如上定义法,寻找 n_0 和常数 c(或者 c_1、c_2),然后按照不等式判断关系,确定该函数属于另一个函数的哪种渐进性。这种方法是可行的,但在实际操作时一般不采用该方法,而是依据渐进性符号的特性,采用估计的方法判断后再进行证明。

2.2.2 渐进符号的特性

定理 2.1 如果 $t_1(n) \in O(g_1(n))$,并且 $t_2(n) \in O(g_2(n))$,则 $t_1(n) + t_2(n) \in O(\max\{g_1(n), g_2(n)\})$(这个定理对于 Ω 和 Θ 符号也成立)。

定理 1 的证明就不在这里赘述了,如果大家感兴趣可以自己完成。基本思路:根据渐进性符号的定义,寻找相应的常数,由定理的条件推出结论。

根据定理 1 可以得到,当两个函数相加时,其主要的贡献来自于变化显著的部分,也就意味着算法的整体效率是由较大增长次数的部分决定的,换句话说,采用计算基本操作执行次数的方法衡量算法的效率就是找到了算法中增长次数大的部分,从而表示了算法执行效率的主要部分。该定理也可以用一句话来表述,即算法效率取决于相加的各部分中变化最显著的那一部分。

定理 2.2 如果 $t_1(n) \in O(g_1(n))$,且 $t_2(n) \in O(g_2(n))$,则 $t_1(n) * t_2(n) \in O(g_1(n) * g_2(n))$(这个定理对于 Ω 和 Θ 符号也成立)。

定理 2 的证明也留作大家思考。该定理用一句话概括:两个函数的乘积,各自贡献各自的阶,结果就是二者阶的乘积。

由定理 1 和定理 2,可以得到快速估计所研究函数阶的方法。如果函数是多项的,则寻找次数最高的、变化最显著的项;对于一项函数,可以看该函数由几个部分的乘积组成,分别求最简的主项做乘积即可。

但是,还有个需要解决的问题,那就是如果函数是由两项的和构成的,前一项的一部分变化显著,后一项的另一部分变化显著,那究竟谁更显著呢?可根据以下方法判断:根据两项比率求极限。

$$\lim_{n \to \infty} \frac{t(n)}{g(n)} = \begin{cases} 0 & t(n) \text{ 的增长次数比 } g(n) \text{ 小} \\ c > 0 & t(n) \text{ 的增长次数和 } g(n) \text{ 相同} \\ \infty & t(n) \text{ 的增长次数比 } g(n) \text{ 大} \end{cases}$$

根据极限定义可知，第一种情况意味着 $t(n) \in O(g(n))$，第三种情况意味着 $t(n) \in \Omega(g(n))$，而第二种情况较为复杂，即意味着 $t(n) \in \Theta(g(n))$，同时 $t(n) \in O(g(n))$ 和 $t(n) \in \Omega(g(n))$ 这两种情况也可以使用该符号。

例 2.1 比较 $\log_2 n$ 和 $\sqrt{n}$ 的增长次数。

分析：不容易直接看出两个函数哪个增长次数较快，可以利用前面介绍的根据比率求极限的方法。

解：

$$\lim_{n \to \infty} \frac{\log_2 n}{\sqrt{n}} = \lim_{n \to \infty} \frac{\mathrm{d}(\log_2 n)}{\mathrm{d}(\sqrt{n})} = \lim_{n \to \infty} \frac{\frac{1}{n} * \log_2 e}{\frac{1}{2\sqrt{n}}} = 2 * \log_2 e * \lim_{n \to \infty} \frac{1}{\sqrt{n}} = 0$$

因此，$\log_2 n$ 比 $\sqrt{n}$ 的增长次数小。

2.2.3 基本效率类型

算法效率分析的结果一般用效率类型表示，这里将常用的几种基本效率类型作一个总结。

1）常量 C

2）对数函数 $\log n$

这种复杂度类型的算法是最好的，因为它的增长速度比线性还慢，在第 5 章介绍的减常因子的算法中，算法复杂度就属于这种效率类型。

3）线性函数 n

对输入规模为 n 的序列进行遍历，遍历一次算法的复杂度为 n。

4）$n \log n$

分治法一般属于这种效率类型，它在循环过程中采取了分化的策略。

5）幂函数 n^c（其中 c 为常数）

对 n 个元素的序列扫描一次，会产生复杂度为 n 的效率，进行 c 重扫描就会产生幂函数的效果。常见的有 n^2，n^3 等。

6）指数函数 a^n（其中 a 为常数）

一些排列组合类算法会产生这样的复杂度，这种复杂度的问题属于难解的范围。

7）阶乘 $n!$

这类复杂度的算法比指数型的增长速度更快。

以上给出了算法效率常用的基本效率类型，通常遇到的往往是这些基本类型的组合形式，常用的解法产生的效率类型也是这些基本类型的组合。在设计算法时应尽量让其复杂度向前几种效率类型靠近，而不是向指数函数、阶乘这样的效率类型靠近。

2.3　非递归算法的数学分析方法

在本节和下一节中,将使用 2.1 节介绍的通用分析框架对算法的效率进行分析。在此先介绍算法分析的步骤,然后通过实例加以验证。

非递归算法效率的数学分析方法一般步骤如下。

(1) 决定用哪个(或哪些)参数作为输入规模的度量参数。

(2) 找出算法的基本操作(非递归算法的基本操作一般是算法最内层循环中最耗时的操作)。

(3) 检查基本操作的执行次数是否只依赖输入规模,如果是,则直接求解;否则考察算法的最差效率、最优效率及平均效率(这一步也可以说是在明确所要计算的目标是什么)。

(4) 建立算法基本操作执行次数的求和表达式。

(5) 利用求和运算的标准公式和法则求解算法基本操作的执行次数,最终确定效率类型。

学习了数学分析方法的基本步骤之后,以实例加以验证该方法的有效性。根据上述步骤(3),发现所做的求解工作分为两种情况,一种是直接求解;另一种是分别考察算法的最差效率、最优效率及平均效率。先看简单的情况,即算法的基本操作执行次数只与输入规模有关,此类问题的操作具有普遍性,也就是对所有的数据都可以等价处理,这类算法时间复杂度的分析比较容易。

例 2.2　交换两个变量 i 和 j 的值。

```
void Swapij(int * i, int * j)
{
    int temp;
    temp = &i;
    &i = &j;
    &j = temp;
}
```

算法复杂度分析过程步骤如下。

(1) 算法输入规模的度量是待交换的两个变量(由于例子简单,这里的输入规模不是 n 而是 2)。

(2) 算法的基本操作是赋值操作。

(3) 算法足够简单,其基本操作执行次数只与输入规模有关,与具体输入数据无关。

(4) 直接求解基本操作的执行次数,结果为 $C(n)=3$。

(5) $C(n)=3\in O(1)$,说明该算法复杂度为常数阶。

这个例子看似与前面的分析不是十分匹配,其实是想告诉大家,算法中循环体之外的操作,其复杂度都是常数阶。因此,若算法中没有循环,即使做了再多的计算,耗时再长(有这样的复杂计算),其时间复杂度仍然为常数阶。而一些相对简单却重复的操作,其复杂度却高于常数阶。所以,不能单以一个算法的运行时间来衡量算法的复杂度高低。

例 2.3 有下列算法,请进行复杂度分析。

```
void calculate1(int n)
{
    int x = 0;
    int y = 0;
    for(int k = 1; k <= n; k++)
        x += 1;
    for(int i = 1; i <= n; i++)
        for(int j = 1; j <= n; j++)
            y += 1;
}
```

对以上算法进行复杂度的数学分析,步骤如下。

(1)算法输入规模的度量是输入变量 n,因为通过 n 控制循环次数。

(2)算法的基本操作是加法操作。y+=1 和 x+=1 看似与 i、j 和 k 的加 1 操作并没有什么不同,其实 x+=1 和 y+=1 的操作比 i、j、k 的加 1 操作复杂。另外,即使二者相同,也不会影响算法复杂度阶的大小。所以在寻找基本操作时,对于 for 循环,可以不注重循环控制变量的加 1 操作,而对于 while 循环,则不能忽略。

(3)算法循环的次数直接受 n 控制,所以只要 n 确定,循环体的执行次数就确定。

(4)基本操作的执行次数: $C(n) = \sum_{k=1}^{n} 1 + \sum_{i=1}^{n} \sum_{j=1}^{n} 1 = n + n^2$。

(5) $C(n) = n + n^2 \in \Theta(n^2)$,说明该算法复杂度为平方阶。

通过这个实例可以看到,当算法中存在并列的多个循环时,一般情况下,循环嵌套次数越多,算法复杂度的结果越取决于该循环,所以在选择基本操作时,一般需要找到嵌套次数最多的循环中最内层、最耗时的操作。

例 2.4 有下列算法,请进行复杂度分析。

```
void calculate2(int n)
{
    int x = 1;
    for(int i = 1; i <= n; i++)
        for(int j = 1; j <= i; j++)
            for(int k = 1; k <= j; k++)
                x += 1;
}
```

对以上算法进行复杂度数学分析,步骤如下。

(1)算法输入规模的度量是输入变量 n,因为 n 是最外层循环变量的终值。

(2)算法的基本操作是加法操作。

(3)算法循环的次数直接受 n 控制,所以只要 n 确定,循环体的执行次数就确定。

(4)基本操作的执行次数:

$$C(n) = \sum_{i=1}^{n} \sum_{j=1}^{i} \sum_{k=1}^{j} 1 = \sum_{i=1}^{n} \sum_{j=1}^{i} (j - 1 + 1)$$

$$= \sum_{i=1}^{n} \frac{i(i+1)}{2} = \frac{1}{2} \left(\sum_{i=1}^{n} i^2 + \sum_{i=1}^{n} i \right)$$

$$= \frac{1}{2} \left(\frac{n(n+1)(2n+1)}{6} + \frac{n(n+1)}{2} \right)$$

$$= \frac{2n^3 + 9n^2 + 7n}{12}$$

(5) $C(n) = \dfrac{2n^3 + 9n^2 + 7n}{12} \in \Theta(n^3)$，说明该算法的复杂度为立方阶。

学习了以上基本操作执行次数只与输入规模有关的实例之后，再学习一个基本操作执行次数不仅与输入规模有关，还与具体的输入数据有关的实例，这个例子是本章给出的顺序查找实例。

例 2.5　算法 SeqSearch($A[0..n-1]$, K)。

对例 2.5 算法进行复杂度的数学分析，步骤如下。

(1) 输入规模的度量是 n，n 是数组中元素的个数。

(2) 基本操作的选择。算法中只有一重循环，循环中包含三种操作：i<n、A[i]<>K 和 i++，这里有加法操作和比较操作，在计算机中的比较相当于减法，减法又相当于加法，此时需要考虑参加运算的数据类型，有 i 的操作都是整数加，而 A[i] 与 K 可以为整数，也可以为更复杂的数据类型，不失一般性，选择 A[i]<>K，即数组元素和键值比较作为基本操作。

(3) 基本操作的执行次数不只与输入规模 n 有关，对于任意的键值 K 而言，总有可能仅一次比较就能完成查找（若 A[0] 恰恰与 K 相同），也有可能比较 n 次才结束（A[0..n-1] 中未出现 K，或 K 出现在 A 中的最后一个位置）。因此需要分别研究该算法的最差效率、最优效率和平均效率。

(4) 最差效率、最优效率及平均效率的分析见 2.1.3 节。

(5) $C_{avg}(n) = n * (1 - p) + \dfrac{p * (n-1)}{2} = \Theta(np)$。

例 2.6　求两个 n 阶方阵 $\boldsymbol{A}$，$\boldsymbol{B}$ 的乘积：$\boldsymbol{C} = \boldsymbol{A} \times \boldsymbol{B}$。

【分析】　只要求出 C 中每个元素 c_{ij} 即可，根据线性代数的知识可得：$c_{ij} = \sum_{k=1}^{n} a_{ik} * b_{kj}$。

算法如下。

```
//输入是两个二维方阵,输出是二者的乘积,方阵是 n 阶的
void CMatrixMulti(A[1..n][1..n], B[1..n][1..n], C[1..n][1..n])
{
    for(int i = 1; i <= n; i++)
        for(int j = 1; j <= n; j++)
        {
            C[i][j] = 0;
            for(int k = 1; k <= n; k++)
                C[i][j] += A[i][k] * B[k][j];
        }
}
```

对以上算法进行复杂度数学分析,步骤如下。

(1) 输入规模的度量选择数组的下标 n,因为 n 控制循环执行的次数。

(2) 基本操作在最内层的循环中选择,最内层的循环中包含元素的乘、元素的加、元素的赋值等操作,根据各操作的复杂度选择元素的乘作为基本操作。

(3) 基本操作的执行次数只受 n 的控制,与具体的输入无关,所以直接求 $C(n)$(作为思考,大家考虑如果矩阵中存在很多 0,此步是否依然成立?)。

(4) $C(n) = \sum_{i=1}^{n} \sum_{j=1}^{n} \sum_{k=1}^{n} 1 = n^3$。

(5) $C(n) = n^3 \in \Theta(n^3)$。

矩阵乘法算法的复杂度属于立方阶。

例 2.7 矩阵元素唯一性的验证。判断矩阵中是否存在两个相等的元素。

【分析】 矩阵中的元素,既可以二维数组的形式组织,也可以一维数组的形式组织,本问题的求解与数据的组织方式无关,选择比较简单的一维数组形式。算法如下。

```
//输入已经转换成一维数据的形式
//输出如果没有两个元素相同,则为 true; 否则为 false
bool CalUniqueMatrix(A[1..n])
{
    for(int i = 1; i <= n - 1; i++)
        for(int j = i + 1; j <= n; j++)
            if(A[i] == A[j]) return false;
    return true;
}
```

对以上算法进行复杂度数学分析,步骤如下。

(1) 输入规模的度量选择数组的下标 n,因为 n 控制循环执行的次数。

(2) 基本操作在最内层的循环中选择,其中包含判断和返回两种操作,由于注意到返回操作不是每次都执行,因此选择判断操作作为基本操作。

(3) 基本操作的执行次数不仅受 n 的控制,还与具体的输入有关,所以需要分析其最差效率、最优效率及平均效率。此算法的平均效率受两个因素的随机概率影响,较为复杂,本书暂不做研究。

(4)～(5)

最优效率: $C_{\text{best}}(n) = 1$

最差效率: $C_{\text{worst}}(n) = \sum_{i=1}^{n-1} \sum_{j=i+1}^{n} 1 = \sum_{i=1}^{n-1} (n-i) = \frac{n(n-1)}{2} \in \Theta(n^2)$

由最差效率可知该算法的最差复杂度是平方阶的。

本节通过多个实例讨论了非递归算法的数学分析方法。一般包含五步,第一步确定输入规模度量的参数;第二步寻找算法中的基本操作,非递归算法的基本操作一般出现在最内层循环中,若最内层循环中存在多种操作,则需要选择最耗时的操作;第三步确定基本操作的执行次数是否仅与输入规模的度量有关,是否还与具体输入情况等因素有关,以便确定求解的目标是什么,这种情况需要读者经过多个实例反复训练加以掌握;最后两步是建立求解公式并求解,最终确定效率类型。

2.4　递归算法的数学分析

2.4.1　递归算法的数学分析方法

本节仍然使用 2.1 节介绍的通用分析框架分析算法的效率,和上一节不同的是,本节分析递归算法。先介绍分析的一般步骤,然后通过实例加以验证。

递归算法效率的数学分析方法一般步骤如下。

(1) 决定用哪个(或哪些)参数作为输入规模的度量。

(2) 找出算法的基本操作(递归算法的基本操作一般是在递归调用附近最耗时的操作。如果大家做过递归和非递归的转换,则可以清楚地看到递归调用附近的操作可以转换成循环内部的操作,所以执行次数最多的操作在递归调用附近)。

(3) 确定基本操作的执行次数是否只依赖于输入规模,若是则直接求解;否则需要考察算法的最差效率、最优效率及平均效率。

(4) 建立算法中基本操作执行次数的递推关系式及其初始条件。

(5) 求解递推关系式或确定它的增长次数。

接下来看一些递推关系的典型实例。

例 2.8　求 n 的阶乘 $n!$。

【方法 1：迭代算法】

```
int fact1(int n)
{
    int fact = 1;
    for(int i = 1; i <= n; i++)
        fact = fact * i;
    return fact;
}
```

【方法 2：递归算法】

```
int fact2(int n)
{
    if (n == 0 ‖ n == 1) return 1;
    else return (n * fact2(n-1));
}
```

对递归算法进行时间复杂度数学分析,步骤如下:

(1) 输入规模的度量参数为 n。

(2) 算法的基本操作为乘法,出现在 n * fact2(n−1)中,包含乘法及递归调用时参数的减法操作(相当于循环控制变量)。

(3) 基本操作的执行次数只与 n 有关。因为是在求 n 的阶乘,所以只有一个变量。

（4）列出基本操作执行次数的递推关系式及初始条件：

$$M(n) = M(n-1)+1; \quad M(1)=0$$

解递推关系式：

$$M(n) = M(n-1)+1=M(n-2)+2=\cdots=M(1)+(n-1)=n-1$$

（5）$M(n)=n-1\in O(n)$，为线性复杂度。

分析可知，求解 $n!$，直接求解时，需要从 1 乘 2 一直乘到 n，需要完成 $n-1$ 次乘法。

例 2.9 汉诺塔问题。

汉诺塔（又称河内塔）问题是源于印度一个古老传说的益智玩具。大梵天创造世界的时候做了三根金刚石柱子，在一根柱子上从下往上按照大小顺序摆着 64 片黄金圆盘。大梵天命令婆罗门把圆盘从下面开始按大小顺序重新摆放在另一根柱子上。并且规定，在小圆盘上不能放大圆盘，在三根柱子之间一次只能移动一个圆盘，如图 2.1 所示。

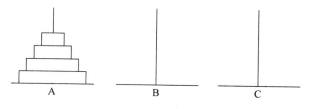

图 2.1 汉诺塔问题

不管故事的可信度如何，这个问题总是需要解决的。汉诺塔问题更一般的通用模型是：现在有三根相邻的柱子，标号为 A、B、C，A 柱子上从下到上按金字塔状叠放着 n 个不同大小的圆盘，现在要把所有盘子一个一个地移动到柱子 C 上，并且每次移动同一根柱子上都不能出现大盘子在小盘子上方的情况，请问至少需要多少次移动，设移动次数为 $H(n)$。

使用递归算法求解问题，考虑 n 个盘子的移动，如果前 $n-1$ 个盘子已经从 A 柱移动到 B 柱，那么把第 n 个盘子从 A 柱移动到 C 柱，再将前 $n-1$ 个盘子从 B 柱移动到 C 柱即可，前 $n-1$ 个盘子如何从 A 柱移动到 B 柱及如何从 B 柱移动到 C 柱的方法与原问题的求解思路相同，这就是递归算法求解该问题的思想。

```
//汉诺塔问题,输入 n 个盘子,从 A 柱移动到 C 柱,可以借助 B 柱
void Hanoi( int n, A, B, C)
{
    if(n == 1) MoveOne(n, A, C);          //MoveOne 为移动一个盘子
    else
    {
        Hanoi(n-1, A, C, B);
        MoveOne(n, A, C);
        Hanoi (n-1, B, A, C);
    }
}
```

对以上算法进行复杂度数学分析，步骤如下。

（1）输入规模的度量为 n，盘子的数量。

（2）基本操作在递归调用处寻找，基本操作应该是 MoveOne，即移动一个盘子的操作。

（3）由于输入中起决定作用的是盘子数量 n，本问题求的是盘子移动次数，恰恰就和这

里分析的基本操作执行次数一致,所以问题的基本操作执行次数只与输入规模 n 有关,与具体输入情况无关。

　　(4) 盘子移动次数的递推关系式: $M(n) = M(n-1)+1+M(n-1)$,初始条件: $M(1)=1$。

　　(5) 求解上述递推式:

$$M(n) = 2M(n-1)+1 = 2^2 M(n-2)+2+1 = \cdots$$
$$= 2^{n-1} M(1) + 2^{n-2} + \cdots + 2 + 1$$
$$= \sum_{i=0}^{n-1} 2^i = 2^n - 1 \in \Theta(2^n)$$

　　从求解结果可以看出,汉诺塔问题的移动次数是指数阶的。当 $n=64$ 时,$M(64) = 2^{64}-1=18\ 446\ 744\ 073\ 709\ 551\ 615$。假如每秒钟移动盘子一次,共需多长时间呢? 一个平年 365 天有 31 536 000 秒,闰年 366 天有 31 622 400 秒,平均每年 31 556 952 秒,计算一下,18 446 744 073 709 551 615/31 556 952＝584 554 049 253.855 年。这表明移完这些金片需要 5845 亿年以上,而地球存在至今不过 45 亿年,太阳系的预期寿命据说也就是数百亿年。真的过了 5845 亿年,不说太阳系和银河系,至少地球上的一切生命,连同梵塔、庙宇等,都早已经灰飞烟灭。

　　与汉诺塔故事相似的,还有另外一个印度传说:舍罕王打算奖赏国际象棋的发明人——宰相西萨·班·达依尔。国王问他想要什么,他对国王说:“陛下,请您在这张棋盘的第 1 个小格里赏给我 1 粒麦子,在第 2 个小格里给 2 粒,第 3 个小格给 4 粒,以后每一小格都比前一小格加一倍。请您把这样摆满棋盘上所有 64 格的麦粒,都赏给您的仆人吧!”国王觉得这个要求太容易满足了,就命令给他这些麦粒。当人们把一袋一袋的麦子搬来开始计数时,国王才发现:就是把全印度甚至全世界的麦粒全拿来,也满足不了那位宰相的要求。那么,宰相要求得到的麦粒到底有多少呢? 总数为 $1+2+2^2+2^3+\cdots+2^{63}=2^{64}-1$,和移完汉诺塔的次数一样,我们已经知道这个数字有多么大了。人们估计,全世界两千年也难以生产这么多麦子!

　　看过了汉诺塔问题及其复杂度,接着讨论一下递归算法。递归法求解问题使分析和解决一些问题显得容易了许多,不需要更加仔细的考虑算法究竟是如何执行的,以及执行到什么时候停止。不过这种简洁性,往往可能造成算法效率的低下。但在分析算法的执行过程时,不得不重新考虑这些问题,这时往往需要构建算法的递归调用树。递归调用树的节点相当于递归调用的先后,以汉诺塔问题为例,本书绘制了其递归调用树,如图 2.2 所示。在分析递归算法的执行过程时,可以通过递归调用树产生的先后顺序获知算法执行时是按何种顺序得到的。

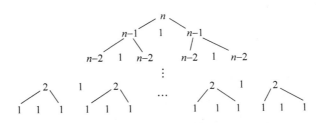

图 2.2　汉诺塔递归算法的递归调用树

2.4.2　斐波那契数列

作为递归算法求解问题的一个实例,在这节将探讨一个著名的数列:斐波那契数列。在美国作家丹·布朗的畅销小说改编的电影《达·芬奇密码》中,曾多次用到了这个数列,在许多其他的真实事件和作品中,斐波那契数列也展示了其独特的魅力,带着这种神秘色彩,开始斐波那契数列之旅吧。

斐波那契数列是:$0,1,1,2,3,5,8,13,21,34,55,\cdots$

这个数列可以用一个简单的递推式和初始条件来描述:

$$F(0)=0,\ F(1)=1(或者\ F(1)=F(2)=1)$$

当 $n>1$ 时,

$$F(n)=F(n-1)+F(n-2)$$

斐波那契数列是为了解决"兔子繁殖问题"而提出的。这个问题的描述是:如果一对兔子每个月能生一对小兔,而每对小兔在它出生后的第三个月,又能开始生一对小兔。假定在不发生死亡的前提下,由一对小兔开始,若干个月后会有多少对兔子。斐波那契数列提出之后,被广泛地应用在很多领域,表现出了很多特性,下面分别来讨论 n 项斐波那契数列的一般形式及其计算方法。

1)斐波那契数列的精确公式

由斐波那契数列的通项公式 $F(n)=F(n-1)+F(n-2)$ 可以看出它是常系数齐次二阶线性递推式,整理之后得 $F(n)-F(n-1)-F(n-2)=0$,其特征方程为:$r^2-r-1=0$,特征方程的解为:$r_{1,2}=\dfrac{1\pm\sqrt{5}}{2}$,因此通项 $F(n)=\alpha\left(\dfrac{1+\sqrt{5}}{2}\right)^n+\beta\left(\dfrac{1-\sqrt{5}}{2}\right)^n$,代入初始条件 $F(0)=0$,$F(1)=1$,解得 $\alpha=\dfrac{1}{\sqrt{5}}$,$\beta=-\dfrac{1}{\sqrt{5}}$。至此,已求得了斐波那契数列的通项公式:$F(n)=\dfrac{1}{\sqrt{5}}\left(\dfrac{1+\sqrt{5}}{2}\right)^n-\dfrac{1}{\sqrt{5}}\left(\dfrac{1-\sqrt{5}}{2}\right)^n$。仔细查看得知,通项公式中计算的是无理数的乘积,而得到的结果是整数。

2)求解斐波那契数列的算法

以下采用多种方法求解斐波那契数列。

【方法1:递归法】

可以直接从斐波那契数列的递推式中构造算法。

```
int Fibonacci1(int n)
{
    if(n<0) return (-1);                //非法输入
    if(n<=1) return(n);                 //初始值
    else return(Fibonacci1(n-1) + Fibonacci1(n-2));
}
```

对以上算法进行复杂度数学分析,步骤如下。

(1)算法的输入规模为 n,表示第 n 项斐波那契数。

（2）算法的基本操作在递归调用处，为加法，由于每项斐波那契数都是整数，所以这里的加法是整数加。

（3）基本操作的执行次数仅取决于 n，算法没有中途结束的情况，只要 n 确定，其计算执行次数是一定的。

（4）建立基本操作执行次数的递推关系式：用 $A(n)$ 表示加法操作的次数，有：$A(n) = A(n-1) + A(n-2) + 1$。

（5）求解定阶：$A(n) - A(n-1) - A(n-2) - 1 = 0$，整理得 $(A(n)+1) - (A(n-1)+1) - (A(n-2)+1) = 0$ 把 $A(n)+1$ 看做整体，初始值有 $A(0)+1 = 1, A(1)+1 = 1$，则 $A(n) + 1 = F(n+1)$，所以 $A(n) = F(n+1) - 1 = \dfrac{1}{\sqrt{5}}\left(\dfrac{1+\sqrt{5}}{2}\right)^{n+1} - \dfrac{1}{\sqrt{5}}\left(\dfrac{1-\sqrt{5}}{2}\right)^{n+1} - 1$。

从以上分析可以看出，为了计算第 n 项斐波那契数，使用加法的次数比第 $n+1$ 项斐波那契数的值少 1，产生这么多加法的原因恰恰是递归引起的。通过绘制一个计算斐波那契数的递归调用树可知，加法过多的原因是计算 $F(n)$ 时，需首先计算 $F(n-1)$ 和 $F(n-2)$，而在计算 $F(n-1)$ 的时候已经算过 $F(n-2)$ 了，但是递归算法看不到这点，所以引起的重复计算过多。

【方法 2：迭代法】

算法如下。

```
int Fibonacci2(int n)
{
    int F[n+1];
    F[0] = 0; F[1] = 1;
    for(int i = 2; i <= n; i++)
        F[i] = F[i-1] + F[i-2];
    return F(n);
}
```

对以上算法进行复杂度数学分析，步骤如下。

（1）算法的输入规模为 n，表示第 n 项斐波那契数。

（2）算法的基本操作在最内层循环内，为加法，由于每项斐波那契数都是整数，所以这里的加法是整数加。

（3）基本操作的执行次数仅取决于 n，算法没有中途结束的情况，只要 n 确定，其计算执行的次数是一定的。

（4）$A(n) = \displaystyle\sum_{i=2}^{n} 1 = n - 2 + 1 = n - 1$。

（5）$A(n) = n - 1 \in \Theta(n)$。

很显然，迭代法的效率比递归法好了很多。但仔细观察后发现这个算法的空间效率不太好，占用了很多额外的存储空间。可以通过简单的改造，只需使用 2 个额外变量就能完成计算。

```
int Fibonacci3(int n)
{
    int F, Fa, Fb;
```

```
Fa = 0; Fb = 1;
for( int i = 2; i <= n; i++)
{
    F = Fa + Fb;
    Fb = Fa;
    Fa = F;
}
return F;
}
```

迭代法使得算法的时空效率都达到最优。

【方法 3：近似计算法】

已经得到斐波那契数列的通项公式：$F(n)=\dfrac{1}{\sqrt{5}}\left(\dfrac{1+\sqrt{5}}{2}\right)^{n}-\dfrac{1}{\sqrt{5}}\left(\dfrac{1-\sqrt{5}}{2}\right)^{n}$。利用这个通项公式，以及：$\dfrac{1+\sqrt{5}}{2}\approx 1.618\,03$ 和 $\dfrac{1-\sqrt{5}}{2}\approx-0.618\,03$，原式的后一项可近似为 0，所以原式约为 $0.447\,21\times(1.618\,03)^{n}$，取整之后可得第 n 项斐波那契数。当然，这个算法要保留足够的小数位精度，尤其是计算的中间结果一定不能舍弃过多的小数位。

【方法 4：矩阵乘方法】

容易由数学归纳法证明得到：

$$\text{当 } n \geqslant 1 \text{ 时，} \quad \begin{pmatrix} F(n-1) & F(n) \\ F(n) & F(n+1) \end{pmatrix} = \begin{pmatrix} 0 & 1 \\ 1 & 1 \end{pmatrix}^{n}$$

该算法只需要对整数进行矩阵乘方运算即可。

本节，主要讲述了递归算法的数学分析方法的一般步骤，通过实例，特别是斐波那契数列的求解验证了算法分析的方法，请大家多加练习。

2.5 算法的其他分析方法

算法的复杂度分析是一个具有挑战性的工作，本章主要给出了事前估计法，即利用数学模型建立算法中基本操作执行次数的方法估计算法的时间复杂度，在实际应用中，这种方法不一定容易执行，所以进行算法分析还有另一种方法：事后验证法。

事后验证法是指一旦设计出算法，并且对算法进行了实现，那么可以挑选合适的多组样本数据，在算法中设置计算点，通过执行程序得到基本操作的执行次数，通过多样本数据分析，最终得出结论。工程实践中常使用这种方法。在这一过程中，样本的选择需要格外注意，要以贴近实际的概率来选择样本，而不是使用简单的随机数发生器产生样本，合适样本的生成需要深入分析待解决的实际问题。当然，此工作需要花费人们大量的时间和精力。

在进行算法的事后验证分析时，很多时候还需要人们对数据进行可视化处理，即将算法的执行过程、得到的数据以某种直观的形式显示出来，以达到更好的效果。这些问题可能在实际应用中会遇到，希望大家能够对自己的算法进行这样的尝试。

总结

本章讨论了算法效率分析的基础内容,首先提出了算法分析的框架并引入了衡量算法效率类型时常用的三种渐进符号和基本的效率类型,然后用主要的篇幅介绍了非递归算法和递归算法的数学分析方法,最后概要叙述了算法效率分析的其他方法。这章是本书后续章节进行算法效率分析的基础,请读者掌握算法的数学分析方法。

习题 2

1. 请简述递归算法和非递归算法的数学分析方法步骤。

2. 求函数的渐近表达式:

(1) $3n^2 + 10n$
(2) $\dfrac{n^2}{10} + 2^n$

(3) $21 + \dfrac{1}{n}$
(4) $\log_2 n^3$

(5) $10\log 3^n$

3. 在一个抽屉里有 22 只手套:5 双红手套、4 双黄手套和 2 双绿手套。在黑暗中挑选手套,而且只能选好之后才检查手套的颜色。在最优情况和最差情况下,最少选择几只手套就能找到一双匹配的手套?

4. 请指出下面每一对函数中,第一个函数增长次数比第二个函数增长次数大、小还是相同。

(1) $n(n+1)$ 和 $2000n^2$
(2) $100n^2$ 和 $0.01n^3$

(3) $\log_2 n$ 和 $\ln n$
(4) $\log_2^2 n$ 和 $\log_2 n^2$

(5) 2^{n-1} 和 2^n
(6) $(n-1)!$ 和 $n!$

5. 求解下列递推关系式。

(1) $x(n) = x(n-1) + 5$,其中 $n > 1$,$x(1) = 0$。

(2) $x(n) = 3x(n-1)$,其中 $n > 1$,$x(1) = 4$。

(3) $x(n) = x(n-1) + n$,其中 $n > 1$,$x(1) = 1$。

(4) $x(n) = x\left(\dfrac{n}{2}\right) + n$,其中 $n > 1$,$x(1) = 1$(对于 $n = 2^k$ 的情况求解)。

6. 对于计算 $n!$ 的递归算法,建立其递归调用次数的递推关系并求解。

蛮力法

本章介绍蛮力法,这是一种最简单直接的设计策略。蛮力法也叫暴力法、枚举法或穷举法。蛮力法解决问题比较简单直接,常常基于问题的描述和所涉及的概念、定义直接求解,逐一列举并处理问题所涉及的所有情形,而后得到问题的答案。因此,把蛮力法概括为一句话就是:直接去做吧。

蛮力法依据的基本技术是扫描技术和枚举方法,关键是依次处理所有的元素或依次处理所有可能的情况。蛮力法的优点是逻辑清晰,往往是解决问题的最直接的算法,但其缺点是效率不高。因此蛮力法是很多算法的基础,对蛮力法加以优化,就可以得到效率更高的算法。

3.1 概述

通常蛮力法使用循环结构来实现,对所处理问题的所有对象或所有可能的情况逐一进行处理。通过循环的上下限控制枚举的范围,循环体中根据问题的定义进行结果的筛查,以便求得所要求的解。

蛮力法框架描述如下。

```
BruteForce()
{
    n = 0;
    for(k = 区间下限; k <= 区间上限; k++)
        if(约束条件)
        {   找到一个解;
            n++;
        }
    return (汇总的解);
}
```

采用扫描或枚举方法的蛮力法求解问题,通常需要实施以下几个步骤。
(1)确定扫描或枚举变量。
(2)确定枚举变量的范围,设置相应的循环。
(3)根据问题要求确定约束条件,以找到合理的解。
在第 1 章中我们已经采用过一次蛮力法,那就是在求解两个正整数的最大公约数解法中的循环测试法,在那里可以看到蛮力法的表现。

虽然巧妙高效的算法很少来自蛮力法,但是绝不能忽视蛮力法的作用,具体表现在:

(1)蛮力法求解问题的范围是最少受限制的,因为蛮力法是以问题的定义为依据的,而问题的定义最能够包含问题的空间。

(2)在实际应用中,如果待解决的问题规模不大,其运算时间是可以接受的,此时,设计一个更高效的算法在代价上不值得。

(3)蛮力法可以作为某类问题解决方案时间效率的底限,用于评估同类问题更高效的算法,为教学和科研服务。

因此,在算法规模不大、没有必要使用优化算法或某些优化算法过于复杂(可能因为复杂的算法反而浪费时间)的情况下,蛮力法仍是可选的方法之一。

例 3.1　百鸡百钱问题。

我国古代数学家张丘建在《张丘建算经》一书中提出了"百鸡问题":今有鸡翁一,值钱五;鸡母一,值钱三;鸡雏三,值钱一。百钱买百鸡,问鸡翁、鸡母、鸡雏各几何?

【分析】　设鸡翁、鸡母、鸡雏的个数分别为 x、y、z,题意给定共 100 钱要买百鸡,若全买公鸡最多买 20 只,显然 x 的值在 $0\sim20$ 之间;同理,y 的取值范围在 $0\sim33$ 之间,可得到下面的不定方程:

$$\begin{cases} 5x+3y+z/3=100 \\ x+y+z=100 \end{cases}$$

所以此问题可归结为求这个不定方程的整数解的问题。

由程序设计实现不定方程的求解与手工计算不同。在分析确定方程中未知数变化范围的前提下,可通过对未知数可变范围的穷举,验证方程在什么情况下成立,从而得到相应的解。实现算法如下:

```
void HundredFowlsMoney ()
{
    for(x = 0;x <= 20;x++)          //外层循环控制鸡翁数 x 在 0～20 变化
        for(y = 0;y <= 33;y++)      //内层循环控制鸡母数 y 在 0～33 变化
        {
            z = 100 - x - y;        //内外层循环控制下,鸡雏数 z 的值受 x,y 的值的制约
            //验证取 z 值的合理性及得到一组解的合理性
            if(z % 3 == 0&&5 * x + 3 * y + z/3 == 100) 输出 x,y,z 的值;
        }
}
```

运行结果:

1:$x=0$ $y=25$ $z=75$

2:$x=4$ $y=18$ $z=78$

3:$x=8$ $y=11$ $z=81$

4:$x=12$ $y=4$ $z=84$

下面各节将讨论蛮力法在各个实际问题中的应用。

3.2 排序问题

本节考虑用蛮力法求解排序问题。排序问题在第 1 章已经介绍过,为了简化问题,本书所讲的排序问题是指输入是一个可排序的 n 个元素的序列,输出是非降序的序列。

目前人们为解决排序问题已经研究出了几十种排序算法,其中最简单直接的排序方法是选择排序和冒泡排序,这两种算法恰好体现了蛮力法基于问题本身的、清晰的解决思路。

3.2.1 选择排序

选择排序的基本思想是:对有 n 个元素的序列进行 $n-1$ 趟排序。第一趟排序对序列从头到尾进行扫描,找到最小元素与第一个元素交换;第二趟排序对序列从第二个元素起到序列尾扫描,仍找最小元素,然后与第二个元素交换;一般来说,第 i 趟排序从序列的第 i 个元素起到序列尾的 $n-i+1$ 个元素中找最小元素,与第 i 个元素交换。按上述方法完成对 n 个元素序列的排序。

为简单起见,假定序列元素存放在数组中。算法如下:

```
void SelectionSort(A[0..n-1])
{
    for(int i = 0; i <= n-2; i++)
    {
        min = i;
        for(int j = i+1; j <= n-1; j++)
            if(A[j] < A[min]) min = j;
        swap   A[i] and A[min]
    }
}
```

作为例子,下面给出了对于序列 $80,18,72,95,29,45,12$ 执行算法的操作步骤,如下所示。

|80	18	72	95	29	45	**12**	$i=0$:min 最后得 6,交换二者。
12	|**18**	72	95	29	45	80	$i=1$:min 最后得 1。
12	18	|72	95	**29**	45	80	$i=2$:min 最后得 4,交换二者。
12	18	29	|95	72	**45**	80	$i=3$:min 最后得 5,交换二者。
12	18	29	45	|**72**	95	80	$i=4$:min 最后得 4。
12	18	29	45	72	|95	**80**	$i=5$:min 最后得 6,交换二者。
12	18	29	45	72	80	|95	结束。

算法执行过程中,竖线左侧是已经排好序的元素,从竖线右侧的第一个元素开始本轮扫描,直到扫描完最后一个元素,即得本轮要找的最小元素;最小元素的初始位置设置为 i,加粗字体的元素表示本轮扫描得到的最小元素,将最小元素和第 i 个位置的元素交换位置,则完成一次扫描。该序列有 7 个元素,经过 6 趟扫描即可完成排序。

对选择排序算法进行复杂度分析,步骤如下。

(1) 决定算法的输入规模 n 为待排序的元素数量。

(2) 选取算法的基本操作是最内层循环中的元素比较,即当前元素 A[j]和目前的最小元素 A[min]的比较。

(3) 分析算法的基本操作执行次数只与输入规模 n 有关,和具体输入情况无关,所以无须区分最差效率、平均效率和最优效率的情况。

(4) 建立基本操作的执行次数的求和表达式:

$$C(n) = \sum_{i=0}^{n-2} \sum_{j=i+1}^{n-1} 1 = \sum_{i=0}^{n-2} (n-1-i) = \frac{n(n-1)}{2}$$

(5) 确定时间复杂度 $C(n) = \frac{n(n-1)}{2} \in \theta(n^2)$。

所以,对于任何输入,选择排序的算法效率类型是 $\theta(n^2)$。

对于排序问题,主要操作除了元素的比较外,还有一项是元素的交换操作,算法 SelectionSort 的元素交换操作的复杂度为 $O(n)$,即每进行一趟排序最多只交换一次。

第 1 章中介绍了算法的两个重要特性:稳定性和在位性。对于算法 SelectionSort,除了需要一个额外变量 t 来作为元素交换时的辅助空间外,不再需要额外的辅助空间,因此其具有在位性。若有序列 4,4,2,利用选择排序,算法执行过程如下:

$$\begin{array}{ccc} |4_1 & 4_2 & 2 \\ 2 & |4_2 & 4_1 \\ 2 & 4_2 & 4_1 \end{array}$$

可知,排序之后第一个元素 4 被交换到后面,而第二个元素 4 排到了前面。由此可知,选择排序不具有稳定性。

3.2.2 冒泡排序

蛮力法在排序问题上的另一个应用是冒泡排序。冒泡排序的基本思想是:对有 n 个元素的序列也进行 $n-1$ 趟排序。第一趟排序对序列从头到尾进行相邻元素比较,如果逆序(即大的在前,小的在后),则交换相邻的两个元素,这样一趟排序后,最大的元素"沉"到了序列的第 n 个位置;第二趟排序对序列从头到第 $n-1$ 个元素进行相邻元素比较,如果逆序则交换,这样第二趟排序后,次大元素"沉"到了序列倒数第二的位置;第 i 趟排序从序列的头到第 $n-i+1$ 个元素进行相邻元素比较,做同样的操作,一趟排序后,第 i 大的元素落到了第 $n-i+1$ 的位置上。经过 $n-1$ 趟排序,即可完成排序。算法如下。

```
void BubbleSort(A[0..n-1])
{
    for(int i = 0; i <= n-2; i++)
        for(int j = 0; j <= n-2-i; j++)
            if(A[j+1] < A[j]) swap A[j] and A[j+1]
}
```

作为例子,对于序列 80,18,72,95,29,45,12 执行算法的操作步骤,如下所示。

80	18	72	95	29	45	12	
18	72	80	29	45	12	|**95**	i=0：最大值 95 就位。
18	72	29	45	12	|**80**	95	i=1：第二大值 80 就位。
18	29	45	12	|**72**	80	95	i=2：第三大值 72 就位。
18	29	12	|**45**	72	80	95	i=3：第四大值 45 就位。
18	12	|**29**	45	72	80	95	i=4：第五大值 29 就位。
12	|**18**	29	45	72	80	95	i=5：第六大值 18 就位。排序结束。

算法执行过程中，竖线右侧是已经排好序的元素，扫描时从左侧开始，每次比较当前元素及其右侧元素，如果是逆序，则交换，这样的结果是每轮扫描都把当前的极大值"沉"到当前序列的最末尾。这个序列有 7 个元素，经过 6 轮扫描即可完成排序。

对选择排序算法进行复杂度分析，步骤如下。

（1）算法的输入规模 n 为待排序的元素数量。

（2）算法的基本操作是最内层循环中的元素比较（比较的是当前元素 A[j]和其右侧元素 A[j+1]，虽然该操作在最内层循环的 if 语句中）。

（3）算法的基本操作执行次数只与输入规模 n 有关，和具体输入情况无关。虽然基本操作在最内层循环的 if 语句中，但其为条件，所以每次都执行，而且循环没有中途退出的情况。

（4）基本操作的执行次数

$$C(n) = \sum_{i=0}^{n-2} \sum_{j=0}^{n-2-i} 1 = \sum_{i=0}^{n-2}(n-1-i) = \frac{n(n-1)}{2}$$

（5）$C(n) = \dfrac{n(n-1)}{2} \in \theta(n^2)$。

所以，对于任何输入，冒泡排序都是复杂度为 $O(n^2)$ 的算法。

同样的，来看元素的交换操作，算法 BubbleSort 的元素交换操作的最差情况（逆序输入时）会达到 $O(n^2)$，因为每执行一次元素的比较操作，条件都成立，那这样元素的交换操作和元素的比较操作复杂度相同。而最优情况下（即序列已经有序），算法 BubbleSort 的元素交换操作将会是 0。

下面分析算法 BubbleSort 的稳定性和在位性。首先，算法 BubbleSort 除了需要一个额外变量 t 来做交换时的辅助空间外，不需要更多的额外辅助空间，所以其具有在位性。冒泡排序具有稳定性，这里不再举例，可以简单地看一下，序列每次做比较的都是相邻元素，如果前一个元素和后一个相等，那最内层的条件不会为真，则不会发生元素的交换，这样等值的元素，前面的不会被交换到后面去，因此，冒泡排序具有稳定性。

对于冒泡排序，可以有一个简单的改进，就是设置一个检查值，如果某次扫描的时候没有发生元素的交换，则证明当前序列已经排好序了，无须后续的比较，算法提前结束，增加算法的性能。

3.3 查找问题

本节考虑用蛮力法求解查找问题。查找问题也已经介绍过，这一节介绍元素序列的顺序查找和字符串的顺序查找。如果大家学习过《数据结构》课程，应该已经掌握了若干种查找算法。

3.3.1　顺序查找

第 2 章介绍算法的时间复杂度分析方法时,曾经两次提到过这个问题的算法,且顺序查找算法是直观的说明蛮力法的一个例子,请参阅第 2 章的算法 SeqSearch（A[0..n−1]，K）,分析这个算法效率的时候会分最差效率、最优效率和平均效率。

最差效率:　　　　　　　　$C_{worst}(n) = n$

最优效率:　　　　　　　　$C_{best}(n) = 1$

平均效率:　　　　　　　　$C_{avg}(n) = n * (1 - p) + \dfrac{p * (n-1)}{2}$

从以上的算法及其分析来看,顺序查找有着蛮力法典型的优点和缺点。优点是简单直接,缺点是效率低下。当然,对于蛮力法总是离不开一个话题就是如何提高效率,这里一个简单的办法是将 A[0..n−1]扩展为 A[0..n],在 A[n]的位置放置查找关键字 K,作为监视哨。这样在循环语句 while（i<n && A[i]<>K）中,可以省去 i<n 的条件判断,由条件 A[i]<>K,在 A[n]的位置一定能结束循环,从而提高了算法的效率。

3.3.2　字符串匹配

字符串匹配问题现在在许多领域都有广泛地应用,在文档编辑器中查找、替换等功能也是基于字符串匹配等算法。这里,待查找的字符串称为文本,与其进行部分匹配的字符串称为模式。蛮力法求字符串匹配问题就是从文本中使用蛮力法找到初次匹配模式的位置。

字符串匹配问题的蛮力算法需要将模式对准文本的开始位置,从左向右逐一检查二者的对应字符,如果相同,则检查下一字符;如果不同,则将模式的起始位置重新设成开始位置(相当于对应的匹配位置又重新开始)。如果成功找到匹配位置,则返回最左端字符在文本中的位置。如果匹配的位置距离文本的最后字符长度小于模式的长度,则宣告匹配失败。如果用 W[0..n−1]表示文本,用 M[0..m−1]表示模式,则在文本中可能匹配成功的位置为 0 至 $n-m$,因为 $n-m$ 的右侧字符距离文本的最后一个字符 W[n−1]的长度已经不足 m,匹配一定不成功。针对以上叙述有如下算法:

```
//蛮力法求解字符串匹配问题
//输入: 文本 W[0..n-1],模式 M[0..m-1],二者均为字符数组
//输出: 如果查找成功,返回第一个匹配模式的子串在文本中的首字符位置
//如果查找失败,返回 - 1
int BruteforceIndex (W[0..n-1], M[0..m-1])
{
    for(int i = 0; i <= n - m; i++)
    {
        int j = 0;
        while (j < m)&&(W[i + j] == M[j])
        {
            j++;
            if (j == m) return i;                //查找成功
        }
    }
```

```
        return (-1);                              //查找失败
    }
```

现在分析这个算法的效率,步骤如下。

(1) 算法输入规模的度量为两个变量: n 和 m,分别代表文本和模式的长度。

(2) 算法的基本操作为内层循环的操作。内层循环为 while 循环,其操作除 $W[i+j]==M[j]$ 为字符间的比较外,其他操作为下标操作,即数组的下标变量操作。因此,基本操作选为 $W[i+j]==M[j]$ 字符间的比较操作。

(3) 因为最内层循环的操作中存在分支语句,而且分支语句在条件成立时有 return i,因此,循环的执行次数不只与输入规模有关,还与输入的具体情况有关,因此需要分析最优复杂度、最差复杂度以及平均复杂度。

(4)~(5)最优复杂度: 如果模式很短(即 m 很小),则 $C_{best}(n,m)=m$(即在文本的第一个位置成功匹配模式);如果文本和模式的长度相近(即 $n-m$ 很小),则 $C_{best}(n,m)=n-m$(即不能成功匹配模式,并且每次匹配均在第一个字符就匹配失败)。因此,$C_{best}(n,m)=\min\{m,n-m\}$。

最差复杂度: $C_{worst}(n,m)=(n-m+1)m\in\theta(nm)$,通过算法可以简单得到这个结论,也就是外层循环执行 $n-m+1$ 次,内层循环每次都执行 m 次。例如,文本为 aaaaaaaaaaaaaaaaaaac,而模式为 aaab 时,会出现这种极端的情况,而一般情况下,例如在自然语言文本中查找词的情况下则很少出现,在这种情况下该算法的平均效率要比最差效率好很多,大约是 $\theta(n+m)$ 的复杂度。

在这一节的最后来看蛮力法求解字符串匹配问题的实例分析,文本为 patch not applied,模式为 app。

```
patch not applied
app                                    //匹配一次,不成功
 app                                   //匹配两次,不成功
  app                                  //匹配一次,不成功
   app                                 //匹配一次,不成功
    app                                //匹配一次,不成功
     app                               //匹配一次,不成功
      app                              //匹配一次,不成功
       app                             //匹配一次,不成功
        app                            //匹配一次,不成功
         app                           //匹配一次,不成功
          app                          //匹配三次,成功
```

共计匹配 14 次,最终在 $W[10]$ 的位置匹配成功。从本例可以看出,实际的匹配在很多位置只需要很少次匹配就可以得到匹配不成功的结果。

3.4 几何问题

本节讨论使用蛮力法求解计算几何中的两个著名问题: 最近对问题和凸包问题。这两个问题都是求解平面上有限点集的问题,它们都有相应的实际应用价值。

3.4.1　最近对问题

问题描述：最近对问题是求解平面点集 n 个点中距离最近的两个点间的问题。为简单起见，在二维坐标平面来考虑该问题。如果讨论的点以标准二维坐标形式给出，则有点 $P_i(x_i, y_i)$ 和 $P_j(x_j, y_j)$，二者的两点间距离可以利用公式 $d(P_i, P_j) = \sqrt{(x_j - x_i)^2 + (y_j - y_i)^2}$。通过这个公式，可以计算平面上任意两点之间的距离。

因此，蛮力法的求解思路就是对平面 n 个点两两组对，计算并记录最小距离。这里需要注意两个问题，其一，点对之间的距离是没有方向性的，即 $d(P_i, P_j) = d(P_j, P_i)$，所以在计算点对之间的距离时，任意两点只需要计算一次距离即可，如果点存放在数组中，则只需要考虑下标 $i < j$ 的所有情况；其二，在计算点对之间的距离时，如果仅仅为了比较大小，可以不计算开平方，而是计算距离的平方。简化了公式的计算。算法如下。

```
//蛮力法求解最近对问题.输入为 n 个点的列表,P[i][0]存 i 点的横坐标
//P[i][1]存 i 点的纵坐标.输出距离最近的两个点的下标 ind1 和 ind2
double ClosestPoints(P[n][2],int * ind1, int * ind2)
{
    mind = + ∞ ;                                    //初值赋成最大值
    double dis = 0;
    ind1 = 0; ind2 = 0;
    for(int i = 0; i <= n - 2; i++)
        for(int j = i + 1; j <= n - 1; j++)
        {
            dis = (P[j][0] - P[i][0]) * (P[j][0] - P[i][0]) + (P[j][1] - P[i][1]) * (P[j][1] - P[i][1]);
            if (dis < mind) {mind = dis; &ind1 = i; &ind2 = j;}
        }
    return(mind);
}
```

对以上算法进行复杂度分析，步骤如下。

（1）算法的输入规模 n 为点集中点的个数。

（2）算法的基本操作为最内层循环的坐标乘法。

（3）算法基本操作的执行次数只与输入规模 n 有关，尽管最内层循环中有分支语句，但不会中途跳出循环，而且基本操作的执行与分支语句无关。因此直接求执行次数 $C(n)$ 即可。

（4）～（5）$C(n) = \sum_{i=0}^{n-2} \sum_{j=i+1}^{n-1} 2 = 2 \sum_{i=0}^{n-2} (n-1-i) = 2 * \frac{n(n-1)}{2} = n(n-1) \in \theta(n^2)$。

所以，蛮力法求解最近对问题的复杂度是平方级的。

3.4.2　凸包问题

接下来介绍使用蛮力法求解凸包的问题。凸包的定义，直观的来看就是，由平面上 n 个点组成的集合，其凸包就是包含这些点的最小凸多边形，凸多边形的任何一条边所在的直线把凸多边形全部划在了同一个半平面内。

举例来说,如果有平面上的两个点,则包含这两点的凸包是他们构成的线段。如果是平面上的三个点,如果这三点不共线,则包含这三点的凸包是以这三点为顶点构成的三角形;如果这三点共线,则包含这三点的凸包是由距离最远的两点构成的线段(第三点在线上)。令 S 是平面上的一个点集,封闭 S 中所有点的最小凸多边形,称为 S 的凸包,表示为 CH(S)。在图 3.1 中,由线段表示的多边形就是点集 $S = \{p_0, p_1, \ldots, p_{12}\}$ 的凸包。

求取凸包的常用算法有蛮力法、格雷厄姆扫描法(Graham)、分治法和 Jarris 步进法,等等。在这里介绍蛮力法。

凸包有一个重要的性质:如果点集中两个点的连线属于凸多边形的边,当且仅当点集中其余的点都在这两个点连线的同一侧。利用这个性质,可以求解凸包问题。若已知由 n 个点构成集合的凸包是以其中某些点为顶点的凸多边形(这个凸多边形一定是最小凸多边形),且这些点具有凸包的性质,则它们之间的某些连线共同构成了凸包的全部边。

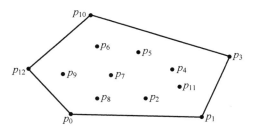

图 3.1 点集 S 的凸包 CH(S)

为了解决凸包问题,要做的就是从这 n 个点中挑出这些顶点,这些顶点称为"极点"。图 3.1 中的极点是 p_0、p_1、p_3、p_{10}、p_{12},它们的连线 $p_0 p_1$、$p_1 p_3$、$p_3 p_{10}$、$p_{10} p_{12}$、$p_{12} p_0$ 构成了凸包的边。由此可见,解决凸包问题需要找出所有极点,并且将所有极点按顺时针或逆时针顺序排列。

蛮力法求解凸包问题的基本思想:对于由 n 个点构成的集合 S 中的两个点 p_i 和 p_j,当且仅当该集合中的其他点都位于穿过这两点的直线的同一边时(假定不存在三点同线的情况),它们的连线是该集合凸包边界的一部分。对每一对顶点都检验一遍后,满足条件的线段构成了该凸包的边界。

在平面上,穿过两个点 (x_1, y_1) 和 (x_2, y_2) 的直线是由下面的方程定义的:
$$ax + by = c \quad (其中,a = y_2 - y_1, b = x_2 - x_1, c = x_1 y_2 - y_1 x_2)$$

这样一条直线把平面分成了两个半平面,其中一个半平面中的点都满足 $ax + by > c$,另一个半平面中的点都满足 $ax + by < c$,因此,为了检验这些点是否位于这条直线的同一边,可以简单地把每个点代入方程 $ax + by = c$,检验这些表达式的符号是否相同。当然,如果这时有 $ax + by = c$,这说明第三点和前两点共线,这时可以重新审核可能的凸包边界,即这三点中靠两侧的点是可能的极点,而中间的点则不是。算法如下。

```
//凸包问题,在全局变量 point[0..n-1]中存放 n 个点
//point[i]为结构体,point[i].x 和 point[i].y 分别存放点的横、纵坐标值
//point[i].flag 存放是否为极点的标志
void ConvexHull()
{
    for(i = 0;i < n;++i)
        for(j = j + 1;j < n;++j)
        {
            a = point[j].y - point[i].y;
            b = point[j].x - point[i].x;
```

```
            c = (point[i].x * point[j].y) - (point[i].y * point[j].x);
            sign1 = 0;                          //sign1 和 sign2 分别记录直线两边点的数量
            sign2 = 0;
            for(k = 0;k < n;k++)
            {
                if((k == j) || (k == i)) continue;
                if ((a * point[k].x + b * point[k].y) == c)
                    {++sign1; ++sign2;};        //共线,则算两边都有该点
                if ((a * point[k].x + b * point[k].y)> c)
                    ++sign1;
                if ((a * point[k].x + b * point[k].y)< c)
                    ++sign2;
            }
            if (((sign1 == (n - 2)) || ((sign2 == (n - 2)))
            {
                point[i].flag = 1;
                point[j].flag = 1;              // my_point[i].flag 为 1 表示是极点
            }
        }
    //此处可以按顺时针或逆时针序输出 flag 为 1 的点
    }
```

这个算法存在一个问题,就是只给出了全部的凸包极点,但是没有将这些极点按照顺时针或逆时针排序,这个问题请大家作为思考题去解决,提示的思路是可以在凸包的内部找一个点,然后以这个点为中心,顺时针或逆时针输出所有的极点。

上述算法由所有点两两组合,共组成了 $n(n-1)/2$ 条边,每条边都要对其他 $n-2$ 个顶点求出在直线方程 $ax+by=c$ 中的符号,所以,其时间复杂度是 $O(n^3)$。

在这节中,讨论了两个几何问题:最近对问题和凸包问题,很显然,蛮力法求解这两个问题简单直接,使用的思路是最简单的定义法,但是效率比较低下,这也印证了在本章之初介绍蛮力法的基本思想时所做的分析。后续的章节中会给出解决这些问题的更好的方法,请大家先思考如何改进这两个问题的解法。

3.5 组合问题

在日常生活中经常遇到排列、组合或者给定集合的子集等问题,并且要求找到一个方案,使得某些期望的特性达到最大值或者最小值,比如路径长度或者分配成本等等。对于这类问题,往往用穷举法,思路简单直接,就是将所有可能的情况——列举出来,然后计算每种情况的期望特性值,从而找出最大值或者最小值。虽然这种穷举法思路比较简单,也看似容易实现,但是由于穷举往往会产生组合对象,甚至很快达到组合爆炸的情况,所以这种思路只能解决规模非常有限的问题。在这一节里通过两个重要的应用(旅行商问题和背包问题)来阐述蛮力法求解组合问题的方法。

3.5.1 旅行商问题

旅行商问题(Traveling Saleman Problem,TSP)又译为旅行推销员问题、货郎担问题。

该问题是最基本的路线问题,求解旅行者由起点出发,通过所有给定的点之后,最后再回到起点的最小路径成本。该问题的描述虽然简单,但在地点数目增多后求解却极为复杂。以100个地点为例,如果要列举所有路径后再确定最佳行程,那么总路径数量之大,几乎难以计算出来。多年来全球数学家绞尽脑汁,试图找到一个高效的算法,近来在大型计算机的帮助下才取得了一些进展。

旅行商问题最简单的求解方法是枚举法,搜索空间是 n 个点的所有排列的集合,复杂度为 $(n-1)!$。这个问题可以用加权图来建模,即用加权图的顶点表示要到达的各个城市,用边的权重表示城市间的距离,所得的结果是由 $n+1$ 个顶点的序列构成的,其中开始和结束的顶点相同,都是指定的出发城市,其余 $n-1$ 个顶点是剩下的 $n-1$ 个不同城市的排列,所以得到的枚举规模是 $n-1$ 的全排列(当然如果不考虑路径的方向性,则路径条数是 $n-1$ 全排列数的二分之一)。

图 3.2 给出了旅行商问题的一个小规模实例。

图 3.2 的加权图的邻接矩阵为:

$$\begin{bmatrix} \infty & 3 & 3 & 2 & 6 \\ 3 & \infty & 7 & 3 & 2 \\ 3 & 7 & \infty & 2 & 5 \\ 2 & 3 & 2 & \infty & 3 \\ 6 & 2 & 5 & 3 & \infty \end{bmatrix}$$

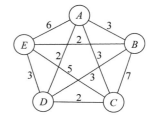

图 3.2 旅行商问题实例

不失一般性,假定出发点和结束点均为 A,表 3.1 给出了采用蛮力法求解旅行商问题的所有线路和相应的代价。

表 3.1 旅行商问题的求解过程

线 路	代 价	线 路	代 价
A-B-C-D-E-A	3+7+2+3+6=21	A-D-B-C-E-A	2+3+7+5+6=23
A-B-C-E-D-A	3+7+5+3+2=20	A-D-B-E-C-A	2+3+2+5+3=15
A-B-D-C-E-A	3+3+2+5+6=19	A-D-C-B-E-A	2+2+7+2+6=19
A-B-D-E-C-A	3+3+3+5+3=17	A-D-C-E-B-A	2+2+5+2+3=14
A-B-E-C-D-A	3+2+5+2+2=14	A-D-E-B-C-A	2+3+2+7+3=17
A-B-E-D-C-A	3+2+3+2+3=13(最优解)	A-D-E-C-B-A	2+3+5+7+3=20
A-C-B-D-E-A	3+7+3+3+6=22	A-E-B-C-D-A	6+2+7+2+2=19
A-C-B-E-D-A	3+7+2+3+2=17	A-E-B-D-C-A	6+2+3+2+3=16
A-C-D-B-E-A	3+2+3+2+6=16	A-E-C-B-D-A	6+5+7+3+2=23
A-C-D-E-B-A	3+2+3+2+3=13(最优解)	A-E-C-D-B-A	6+5+2+3+3=19
A-C-E-B-D-A	3+5+2+3+2=15	A-E-D-B-C-A	6+3+3+7+3=22
A-C-E-D-B-A	3+5+3+3+3=17	A-E-D-C-B-A	6+3+2+7+3=21

从表 3.1 可以看出,一共有 24 种路线,如果路线是无向的,则只有 12 种路线。如果不假定从 A 点出发最终回到 A 点,而是可以从任意点出发回到该点,那么复杂度应该是 $n!$。根据在第 2 章学习的函数增长情况,对于这种复杂度的算法只能计算当 n 很小的时候的情况,因为 $n!$ 的增长速度实在是太快了。

3.5.2 背包问题

背包问题的名称来源于如何选择最合适的物品放置于给定背包中,在 1978 年由 Merkel 和 Hellman 提出。背包问题经常出现在商业、组合数学、计算复杂性理论、密码学和应用数学等领域中,也可以将背包问题描述为决策问题,即在总重量不超过 W 的前提下,总价值是否能达到 V。

0-1 背包问题是最基本的背包问题,描述如下:给定一组物品,每种物品都有自己的重量和价值,在限定的总重量内将物品装入背包,且每个物品只有 0 和 1 两种选择,即要么物品完全放入背包,要么完全不放入背包,最终使背包内物品的总价格最高。

举例如下,这里有 4 件物品,背包容量 $W=10$,4 件物品的重量及价值参见表 3.2,求解将哪些物品装入背包可使这些物品的重量总和不超过背包容量,且价值总和最大。

表 3.2　4 件物品的重量及价值

选项	物品 1	物品 2	物品 3	物品 4
重量 $w[i]$	2	2	6	5
价值 $v[i]$	6	3	5	4

根据蛮力法,可枚举所有物品装入背包的可能性,如表 3.3 所示。

表 3.3　4 件物品装入背包的可能情况

装入物品子集	总重量	总价值	选择情况
φ	0	0	
{1}	2	6	
{2}	2	3	
{3}	6	5	
{4}	5	4	
{1,2}	4	9	
{1,3}	8	11	
{1,4}	7	10	
{2,3}	8	8	
{2,4}	7	7	
{3,4}	11	9	超重
{1,2,3}	10	14	最终结果
{1,2,4}	9	13	
{1,3,4}	13	15	超重
{2,3,4}	13	12	超重
{1,2,3,4}	15	18	超重

在这个问题中,蛮力法枚举给出的是 4 个物品集合的所有子集,为找出最终解,需要计算所有子集的总重量及总价值(如果超重可以不计算总价值),然后找出符合重量要求的最大价值。本例最终结果是装入物品 1、2 和 3,取得的最大价值是 14。由于 4 个物品的子集数是 $2^4=16$,所以上例一共列举了 16 种可能的情况。如果推广成一般情况,物品数是 n,则

蛮力法需要枚举 2^n 种情况,所以这种算法的最终效率为 $O(2^n)$。

从上面两个问题的分析可以看到,旅行商问题的蛮力法复杂度是 $O(n!)$,背包问题的蛮力法复杂度是 $O(2^n)$,二者的复杂度类型都属于增长非常显著的。实际上,这两个问题就是所谓的NP困难问题中最著名的例子。对于NP困难问题,目前没有已知的、效率类型可以用多项式来表示的算法,也就是说无法用计算机在有限时间内解决所有这样的问题。多数计算机科学家相信,这样的算法是不存在的,虽然这个猜想并未得到证实(当然,也没被证伪)。对于这种类型的问题,将会在后续的章节讨论其更优的解法。

总结

本章介绍了蛮力法。算法的思想就是根据问题的定义采用直接的方法进行求解,这种方法简单直接,能够最广泛地解决问题,同时也是衡量其他算法的最低标准。一般而言,蛮力法有其自身的缺陷,那就是效率不高,但由此也给大家留下了改进的空间,那就是如何进一步设计算法,以提高效率。在接下来的章节中,可以对照每种问题的蛮力法来探索新的算法。

习题 3

1. 简述蛮力法的基本思想及特点。

2. 请针对实例 2、6、1、4、5、3、2,分别用选择排序和冒泡排序进行排序,并写出详细过程。

3. 选择排序稳定吗? 冒泡排序稳定吗?

4. 如果对列表进行一次比较之后,没有元素交换位置,则排序已经完成,根据这条,对冒泡排序进行改进。

5. 对于共线的 n 个点,其最近对问题有没有比蛮力法效率更高的算法?

6. 对三维空间中的 n 个点,设计其最近对问题的算法。推广到 n 维空间是否可行?

7. 求下列集合的凸包,并指出它们的极点(如果存在的话)。

(1) 线段。

(2) 正方形。

(3) 正方形的边界。

(4) 直线。

8. 描述一个求解哈密顿回路问题的穷举查找算法。

9. 解释一下如何对排序问题应用穷举查找,并确定这种算法的效率类型。

第4章

分治法

在计算机科学中,分治法是基于多项分支递归的一种很重要的算法范式,很多有效的算法实际上就是这个通用算法的特殊实现。分治法是指将一个复杂的问题分成两个或更多的相同或相似的子问题,再把子问题分成更小的子问题,一直这样循环下去,直到最后子问题可以简单的直接求解,原问题的解即子问题的解的合并。此算法是许多高效算法的基础,如排序算法(快速排序,归并排序),傅里叶变换(快速傅里叶变换)等。

4.1 概述

任何一个采用计算机求解的问题所需的计算时间都与其规模有关。问题的规模越小,越容易直接求解,解题所需的计算时间也越少。

例如,对于 n 个元素的排序问题,当 $n=1$ 时,不需要任何比较。

当 $n=2$ 时,只要作一次比较即可排好序。

当 $n=3$ 时,只要作 3 次比较即可。

......

但当 n 较大时,问题就不那么容易处理了,规模较大时,处理起来相当困难。

分治法的基本设计思想:将一个难以直接解决的大问题,分割成一些规模较小的相同问题,以便各个击破,分而治之。

实践题目:给定一个顺序表,编写一个求出其最大值和最小值的分治算法。

分析:由于顺序表的结构没有给出,作为演示分治法这里从简,后面有具体描述。

4.2 分治法的基本策略及步骤

4.2.1 分治法的基本策略

对于一个规模为 n 的问题,如果该问题不容易解决,那么可以将其分解为 k 个规模较小的子问题,这些子问题相互独立且与原问题形式相同,递归地求解这些子问题,然后将各子问题的解合并得到原问题的解。

如果原问题可分割成 k 个子问题,$1<k\leqslant n$,且这些子问题都可解并可利用这些子问题的解求出原问题的解,即这些子问题往往是原问题的较小规模,那么反复应用分治手段,可

以使子问题与原问题类型一致而其规模却不断缩小,最终使原问题缩小到比较容易直接求解的程度。同时运用递归过程与分治法在算法设计中,由此产生了许多高效的算法。

分治法所能解决的问题一般具有以下几个特征。

(1) 该问题的规模缩小到一定的程度就可以解决。

(2) 该问题可以分解为若干个规模较小的相同问题。

(3) 利用该问题分解出的子问题的解可以合并为该问题的解。

(4) 该问题所分解出的各个子问题是相互独立的,即子问题之间不包含公共的子问题。

4.2.2 分治法的基本步骤

分治法在每一层递归上都有三个步骤。

(1) 分解:将原问题分解为若干个规模较小,相互独立,与原问题形式相同的子问题。

(2) 解决:若子问题规模较小而容易被解决则直接求解,否则递归地解各个子问题。

(3) 合并:将各个子问题的解合并为原问题的解。

分治法的一般算法设计模式如下。

```
Divide - and - Conquer(p)
{
    if (|p|<= n₀) adhoc(p);
    divide p into smaller subinstances p₁, p₂, …, pₖ;
    for(i = 1; i<= k; i++)
      yᵢ = divide - and - conquer(pi);
    return merge(y₁, …, yₖ);
}
```

其中,$|p|$ 表示问题 p 的规模。n_0 为一阈值,表示当问题 p 的规模不超过 n_0 时,问题已容易解出,不必再继续分解。adhoc(p)是该分解法中的基本子算法,用于直接解小规模的问题 p。当 p 的规模不超过 n_0 时,直接用算法 adhoc(p)求解。算法 merge(y_1, …, y_k)是该分治法中的合并子算法,用于将 p 的子问题 p_1, p_2, …, p_k的解 y_1, …, y_k合并为 p 的解。

根据分治法的分割原则,原问题应该分为多少个子问题才较适宜,每个子问题的规模应该怎样才适当? 人们从大量实践中发现,在用分治法设计算法时,最好使子问题的规模大致相同,即将一个问题分成大小相等的 k 个子问题的处理方法是行之有效的,许多问题可以取 $k=2$。这种使子问题的规模大致相等的做法是出自一种平衡子问题的思想,它总是比子问题的规模不等的做法要好。

例 4.1 给定一个顺序表,编写一个求出其最大值和最小值的分治算法。

【分析】 由于顺序表的结构没有给出,作为演示分治法,假定数据存储在一个整型数组中,大小由用户定义,数据随机生成。如果数组大小为 1 则可以直接给出结果,如果大小为 2 则一次比较即可得出结果,如果求解的问题数组长度比 2 大就分治,算法如下。

```
// s 为当前分治段的开始下标; e 为当前分治段的结束下标
// * meter 为表的地址; * max 为存储当前搜索到的最大值; * min 为存储当前搜索到的最小值
void PartionGet (int s, int e, int * meter, int * max, int * min)
```

```
{
    int i;
    if(e - s <= 1)
    {
        if(meter[s] > meter[e])
        {
            if(meter[s] > * max)  * max = meter[s];
            if(meter[e] < * min)  * min = meter[e]; }
        else
        {
            if(meter[e] > * max)  * max = meter[e];
            if(meter[s] < * min)  * min = meter[s];
        }
        return;
    }
    i = s + (e - s)/2;                    //这里使用了二分法,也可以是其他
    PartionGet (s, i, meter, max, min);
    PartionGet (i + 1, e, meter, max, min);
}
```

4.3 排序问题

随着科技的不断发展,计算机的应用领域越来越广,但由于计算机硬件的速度和存储空间的有限性,如何提高计算机速度并节省存储空间一直是软件编写人员努力的方向。在众多措施中,排序操作成为程序设计人员考虑的因素之一,排序方法选择适当与否直接影响程序执行的速度和辅助存储空间的占有量,进而影响整个软件的性能。

排序是计算机内经常进行的一种操作,就是将一组"无序"的记录按其关键字的某种次序排列起来,使其具有一定的顺序,便于进行数据查找。

4.3.1 合并排序

合并排序是采用分治法的一种非常典型的应用,它是建立在归并操作上的一种有效的排序算法。合并排序是将两个(或两个以上)有序表合并成一个新的有序表,即把待排序序列分成为若干个子序列,每个子序列是有序的,然后再把有序的子序列合并为整体有序的序列。将已有序的子序列合并,得到完全有序的序列,即先使每个子序列有序,再使子序列段间有序。若将两个有序表合并成一个有序表,称为二路归并。合并排序也称为归并排序。

```
void MergeSort (int r[], int r₁[], int s, int t)
{
    if(s == t) r₁[s] = r[s];
    else
    {
      m = (s + t)/2;
      MergeSort(r, r₁, s, m);              //归并前半个子序列
      MergeSort(r, r₁, m + 1, t);          //归并后半个子序列
```

```
            Merge(r₁,r,s,m,t);                      //合并两个已排序的子序列
        }
    }
    int Merge( int r[ ], int r₁[ ], int s, int m, int t)
    {
        i = s; j = m + 1; k = s;
        while(i <= m && j <= t)
        {
            if(r[i]<= r[j]) r₁[k++] = r[i++];        //取 r[i]和 r[j]中较小者放入 r₁[k]
            else r₁[k++] = r[j++];
        }
        if(i <= m)                                   //若第一个子序列没处理完,则进行收尾处理
            while(i <= m)
                r₁[k++] = r[i++];
        else                                         //若第二个子序列没处理完,则进行收尾处理
            while(j <= t)
                r₁[k++] = r[j++];
    }
```

合并排序算法的效率如何呢？对于二路归并排序而言,因为每一趟归并会使有序子段的长度增长 1 倍,即是原有序子段长度的 2 倍,所以从长度为 1 的子段开始,需经过 $\log_2 n$ 次归并才能产生长度为 n 的有序段,而每一趟归并都需要进行至多 $n-1$ 次比较,故其时间复杂度为 $O(n\log_2 n)$。

合并排序在最坏情况下的键值比较次数十分接近于任何基于比较的排序算法在理论上能够达到的最少次数。在一般情况下,按此方式进行合并排序所需的合并次数较少。例如,对于所给的 n 元素数组已排好序的极端情况,合并排序算法不需要执行合并步,而算法 MergeSort 需要执行 $\lceil \log n \rceil$ 次合并。因此,在这种情况下,合并排序算法时间复杂度为 $O(n)$,而算法 MergeSort 需要时间复杂度为 $O(n\log n)$。

4.3.2 快速排序

快速排序是对冒泡排序的一种改进,由 C. A. R. Hoare 在 1962 年提出。假设将要排序的数组是 $A[0],\cdots,A[n-1]$,首先任意选取一个数据(通常选用第一个数据)作为关键数据,然后将所有比它小的数都放到它前面,所有比它大的数都放到它后面,这个过程称为一趟快速排序。值得注意的是,快速排序不是一种稳定的排序算法,也就是说,多个相同值的相对位置也许会在算法结束时产生变动。

一趟快速排序的算法是。

(1)设置两个变量 i、j,排序开始的时候 $i=0$、$j=n-1$。

(2)以第一个数组元素作为关键数据,赋值给 key,即 key＝$A[0]$。

(3)从 j 开始向前搜索,即由后开始向前搜索($j=j-1$,即 $j--$),找到第一个小于 key 的值 $A[j]$,$A[j]$ 与 $A[i]$ 交换。

(4)从 i 开始向后搜索,即由前开始向后搜索($i=i+1$,即 $i++$),找到第一个大于 key 的 $A[i]$,$A[j]$ 与 $A[i]$ 交换。

(5)重复第(3)、(4)步,直到 $i=j$((3),(4)步是在程序中没找到小于或大于 key 值的时

候 $j=j-1$, $i=i+1$, 直至找到为止。找到并交换的时候 i、j 指针位置不变。另外, 当 $i=j$ 时一定正好是 $i++$ 或 $j--$ 完成的时候, 此时令循环结束)。

实现方法: 附设两个指针 low 和 high, 初值分别指向第一个记录和最后一个记录, 首先从 high 所指位置起向前搜索, 找到第一个小于基准值的记录与基准记录交换, 然后从 low 所指位置起向后搜索, 找到第一个大于基准值的记录与基准记录交换, 重复这两步直至 low=high 为止。算法如下。

```
void quicksort(int r[], int low, int high)
{
    int i, j;                                   //记录 low 和 high 的初始值,作为递归的参数
    if (low < high)
    {
        i = low; j = high; r[0] = r[i];
        do
        {
            while(r[j] > r[0] && i < j) j-- ;
            if(i < j)
            {
                r[i] = r[j]; i++;
            }
            while(r[i] < r[0] && i < j) i++;
            if(i < j)
            {
                r[j] = r[i]; j-- ;
            }
        } while(i != j);
        r[i] = r[0];
        quicksort(tab, low, i - 1);
        quicksort(tab, i + 1, high);
    }
}
```

快速排序的运行时间与划分是否对称有关, 其最坏情况发生在划分过程产生的两个区域分别包含 $n-1$ 个元素和 1 个元素的时候。由于算法 quicksort 的时间复杂度为 $O(n)$, 所以如果算法 quicksort 的每一步都出现这种不对称划分, 则其时间复杂度 $T(n)$ 满足下式, 解此递归方程可得 $T(n)=O(n^2)$。

$$T(n) = \begin{cases} O(1) & n \leqslant 1 \\ T(n-1) + O(n) & n > 1 \end{cases}$$

在最好情况下, 每次划分所取的基准都恰好为中值, 即每次划分都产生两个大小为 $n/2$ 的区域, 此时, quicksort 的时间复杂度 $T(n)$ 满足下式, 其解为 $T(n)=O(n\log n)$。

$$T(n) = \begin{cases} O(1) & n \leqslant 1 \\ 2T(n/2) + O(n) & n > 1 \end{cases}$$

可以证明, 快速排序算法在平均情况下的时间复杂度也是 $O(n\log n)$, 这在基于比较的排序算法类中算是快速的, 快速排序也因此而得名。

4.4 查找问题

查找是程序设计中最常用的算法之一,根据给定的某个值,在查找表中确定一个其关键字等于给定值的记录或数据元素。若表中存在这样的一个记录,则称查找是成功的,此时查找的结果为整个记录的信息,或指示该记录在查找表中的位置;若表中不存在这样的一个记录,则称查找不成功,此时查找的结果为一个"空"记录或"空"指针。

假定要从 n 个整数中查找 x 的值是否存在,最原始的办法是从头到尾逐个查找,这种查找的方法称为顺序查找,其查找效率低。假如要从 1000 个数据中查找某一个所需的数据,而该数据恰恰是最后一个,则需要取数据和比较数据 1000 次。对 n 个数据的平均取数和比较的次数为 $n/2$ 次。

4.4.1 折半查找

折半查找法也称为二分查找法,其基本思想为:在有序表中,取中间元素作为比较对象,若给定值与中间元素的关键码相等,则查找成功;若给定值小于中间元素的关键码,则在中间元素的左半区继续查找;若给定值大于中间元素的关键码,则在中间元素的右半区继续查找。不断重复上述查找过程,直到查找成功,或所查找的区域已无数据元素,则查找失败。

例 4.2 在有序表 $\{5,13,19,21,37,56,64,75,80,88,92\}$ 中采用折半查找元素。

(1) 首先查找元素 21,过程如下。

假设指针 low 和 high 分别指示待查元素所在范围的下界和上界,指针 mid 指示区间的中间位置,即 $mid=\lfloor(low+high)/2\rfloor$。在此例中,low 和 high 的初值分别为 1 和 11,即 [1,11] 为待查范围。

下面先看给定值 key=21 的查找过程:

05	13	19	21	37	56	64	75	80	88	92
↑low					↑mid					↑high

首先令查找范围中间位置的数据元素的关键字 $r[mid]$ 与给定值 key 相比较,因为 $r[mid]>key$,说明待查元素若存在,必在区间 $[low,mid-1]$ 内,则令指针 high 指向第 $mid-1$ 个元素,重新求得 $mid=\lfloor(1+5)/2\rfloor=3$。

05	13	19	21	37	56	64	75	80	88	92
↑low		↑mid		↑high						

仍以 $r[mid]$ 和 key 相比较,因为 $r[mid]<key$,说明待查元素若存在,必在 $[mid+1,high]$ 范围内,则令指针 low 指向第 $mid+1$ 个元素,求得 mid 的新值为 4。比较 $r[mid]$ 和 key,相等,则查找成功,所查元素在表中的序号等于指针 mid 的值。

05	13	19	21	37	56	64	75	80	88	92
			↑low ↑high							
			↑mid							

（2）查找元素 85，过程如下。

05	13	19	21	37	56	64	75	80	88	92

↑low　　　　　　　　　↑mid　　　　　　　　　↑high

$r[\text{mid}] < \text{key}$　令 $\text{low} = \text{mid} + 1, \text{mid} = \lfloor (7+11)/2 \rfloor = 9$

05	13	19	21	37	56	64	75	80	88	92

↑low　　↑mid　　↑high

$r[\text{mid}] < \text{key}$　令 $\text{low} = \text{mid} + 1, \text{mid} = \lfloor (8+11)/2 \rfloor = 9$

05	13	19	21	37	56	64	75	80	88	92

↑low ↑high
↑mid

$r[\text{mid}] > \text{key}$　令 $\text{high} = \text{mid} - 1$，此时因为下界 low＞上界 high，说明表中没有关键字等于 key 的元素，查找不成功。

05	13	19	21	37	56	64	75	80	88	92

↑high ↑low

从上述例子可见，折半查找过程以处于区间中间位置记录的关键字和给定值比较，若相等，则查找成功，若不等，则缩小范围，直至新的区间中间位置记录的关键字等于给定值或查找区间的大小小于零时（表明查找不成功）为止。折半查找过程的算法描述如下。

```
int binsearch ( int r[1..n ], int key)
{
   int low = 1, high = n, mid;
    while (low <= high)
      {
         mid = (low + high)/2;
         if (r[mid] = = key)        return mid;
         if (r[mid]>key)           high = mid - 1;
         else low = mid + 1;
      }
     return - 1;
}
```

折半查找的性能分析。从折半查找过程看，以表的中点为比较对象，并以中点将表分割为两个子表，对定位到的子表继续进行这种操作。所以，对表中每个数据元素的查找过程，可用二叉树来描述，称这个描述查找过程的二叉树为判定树。对于例 4.2 的有序表，按折半查找构造的判定树如图 4.1 所示。

可以看到，查找表中任一元素的过程，即是判定树中从根节点到该元素节点路径上各节点

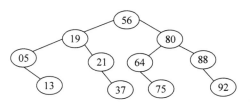

图 4.1　例 4.2 中描述折半查找过程的判定树

关键码的比较次数,也即该元素节点在树中的层次数。对于 n 个节点的判定树,树高为 k,根据二叉树的性质有 $n \leqslant 2^k - 1$,即 $\log_2(n+1) \leqslant k$,所以 $k = [\log_2(n+1)]$。因此,折半查找在查找成功时,所进行的关键码比较次数最多为 $[\log_2(n+1)]$。

接下来讨论折半查找的平均查找长度。为便于讨论,以树高为 k 的满二叉树($n = 2^k - 1$)为例。假设表中每个元素的查找是等概率的,即 $P_i = 1/n$,则树的第 i 层有 2^{i-1} 个节点,因此,折半查找的平均查找长度为:

$$\text{ASL} = \sum_{i=1}^{n} P_i \times C_i = \frac{1}{n}(1 \times 2^0 + 2 \times 2^1 + \cdots + k \times 2^{k-1})$$

$$= \frac{n+1}{n} \log_2(n+1) - 1 \approx \log_2(n+1) - 1$$

所以,折半查找的时间复杂度为 $O(\log_2 n)$。虽然折半查找的平均查找效率高,但要求是有序表,另外,链式存储的线性表无法适应折半查找算法。

4.4.2 二叉树遍历及其相关特性

所谓遍历是指沿着某条搜索路线,一次对树中的每个节点均做一次且仅做一次访问。遍历是二叉树上最重要的运算之一,是二叉树上进行其他运算的基础。所谓二叉树的遍历,是指按一定的顺序对二叉树中的每个节点均访问一次,且仅访问一次。二叉树的遍历根据根节点访问位置的不同,分为三种:前序遍历、中序遍历和后序遍历。这三种遍历算法都递归地访问二叉树的顶点,也就是说,访问二叉树的根、它的左子树和右子树。

对于前序遍历,首先访问根节点,然后是左子树、右子树。

对于中序遍历,首先访问左子树,然后是根节点、右子树。

对于后序遍历,首先访问左子树,然后是右子树、根节点。

上述三种遍历方法的代码在数据结构中都有相应的介绍。

下面通过计算二叉树中分支节点数的递归算法来讲解分治法在二叉树中的应用。该实例要求返回二叉树 t 中所含节点的个数。显然,若 t 为空,则 t 中所含节点的个数为 0;否则,t 中所含节点的个数等于左子树中所含节点的个数加上右子树中所含节点的个数再加上 1。而求左子树中所含节点的个数和右子树中所含节点的个数的过程与求整棵二叉树中所含节点个数的过程完全相同,只是处理的对象范围不同,因此可以通过递归调用加以实现。算法如下。

```
int BranchNodes(BTNode * t)
{
    int num1, num2, n;
    if(t == NULL) return 0;
    else
        if(t -> lchild == NULL && t -> rchild == NULL) n = 0;
        else n = 1;
    num1 = BranchNodes(t -> lchild);
    num2 = BranchNodes(t -> rchild);
    return (num1 + num2 + n);
}
```

下面以给定的二叉树的顶点数 n 来度量问题实例的规模。

显然,为了计算树 t 的节点数,算法执行的加法操作次数 $A(n)$ 有以下的递推关系:

$$A(n) = A(n(左子树)) + A(n(右子树)) + 1 \quad n > 0$$
$$A(0) = 0 \qquad\qquad\qquad\qquad\qquad\qquad n = 0$$

在解这个递推关系之前,首先指出,加法运算并非是该算法中最频繁执行的操作,检查树是否为空,才是二叉树算法中的典型操作。检查树是否为空的比较次数为 $C(n) = 2n+1$,而加法操作的次数为 $A(n) = n$。在这种类型中最重要的例子是二叉树的三种经典遍历算法,这三种遍历算法都递归地访问二叉树的节点,也就是说,访问二叉树的根、它的左子树和右子树。但是,并不是所有关于二叉树的算法都需要遍历左右子树。

4.5　数值计算问题

4.5.1　大整数乘法

通常,在分析一个算法的时间复杂度时,都将加法和乘法运算当作是基本运算来处理,即将执行一次加法或乘法运算所需的计算时间当作一个仅取决于计算机硬件处理速度的常数。

这个假定仅在计算机硬件能对参加运算的整数直接表示和处理时才是合理的。然而,在某些情况下,我们需处理很大的整数,它无法在计算机硬件能直接表示的范围内进行处理。若用浮点数来表示它,则只能近似地表示它的大小,计算结果中的有效数字也受到限制。若要精确地表示大整数并在计算结果中要求精确地得到所有位数上的数字,就必须采用软件的方法实现大整数的算术运算。

通过实例来讲解大整数的计算,采用分治法实现两个 n 位大整数的乘法运算。设 X 和 Y 都是 n 位的二进制整数,如果采用小学所学的方法来设计一个计算乘积 XY 的算法,那么计算步骤太多,效率较低。如果将每两个 1 位数的乘法或加法看做一步运算,那么这种方法要作 $O(n^2)$ 步运算才能求出乘积 XY。

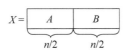

图 4.2　大整数 X 和 Y 的分段

将 n 位的二进制整数 X 和 Y 各分为 2 段,每段的长为 $n/2$(为简单起见,假设 n 是 2 的幂),如图 4.2 所示。

由此,$X = A2^{n/2} + B$,$Y = C2^{n/2} + D$。这样,X 和 Y 的乘积为:

$$XY = (A2^{n/2} + B)(C2^{n/2} + D) = AC2^n + (AD + CB)2^{n/2} + BD \quad (n \text{ 为整数}) \quad (4.1)$$

如果按式(4.1)计算 XY,则我们必须进行 4 次 $n/2$ 位整数的乘法(AC,AD,BC 和 BD),以及 3 次不超过 n 位的整数加法(分别对应于式(4.1)中的加号),此外还要做两次移位(分别对应于式(4.1)中的乘 2^n 和乘 $2^{n/2}$)。所有这些加法和移位共有 $O(n)$ 步运算。设 $T(n)$ 是 2 个 n 位整数相乘所需的运算总数,则由式(4.1),有:

$$\begin{cases} T(1) = 1 \\ T(n) = 4T(n/2) + O(n) \end{cases}$$

由此可得 $T(n) = O(n^2)$。因此,用式(4.1)来计算 X 和 Y 的乘积并不比小学生的方法

更有效。要想改进算法的时间复杂度,必须减少乘法次数。可将 XY 写成另一种形式:

$$XY = AC2^n + [(A-B)(D-C) + AC + BD]2^{n/2} + BD \quad (n \text{ 为整数}) \quad (4.2)$$

式(4.1)经过变换,它仅需做 3 次 $n/2$ 位整数的乘法($AC, BD, (A-B)(D-C)$),6 次加、减法和两次移位。采用解递归方程的方法马上可得其解为 $T(n) = O(n^{\log 3}) = O(n^{1.59})$。利用式(4.2),并考虑到 X 和 Y 的符号对结果的影响,给出大整数相乘的完整算法 MULT 如下。

```
//X 和 Y 为两个小于 2n 的整数,返回结果为 X 和 Y 的乘积 XY
//参数 n 表示数位
Long int MULT( int X, int Y, int n)
{
    S = sign(X) * sign(Y);              //S 为 X 和 Y 的符号乘积
    X = ABS(X); Y = ABS(Y);            //X 和 Y 分别取绝对值
    if (n = =1)
        if(X = =1&&Y = =1) return(S);
        else return(0);
    else
    {
        A = X 的左边 n/2 位;
        B = X 的右边 n/2 位;
        C = Y 的左边 n/2 位;
        D = Y 的右边 n/2 位;
        m₁ = MULT(A,C,n/2);
        m₂ = MULT(A - B,D - C,n/2);
        m₃ = MULT(B,D,n/2);
        S = S * (m₁ * 2ⁿ + (m₁ + m₂ + m₃) * 2^(n/2) + m₃);
        return(S);
    }
}
```

上述二进制大整数乘法同样可应用于十进制大整数乘法,以提高乘法的效率、减少乘法次数。下面给出大整数乘法的实例。

例 4.3 设 $X = 3141, Y = 5327$,用上述算法计算 XY 的计算过程见如下列表,其中带符号的数值是在计算完成 AC, BD 和 $(A-B)(D-C)$ 之后才填入的。

$X = 3141$	$A = 31$	$B = 41$	$A - B = -10$
$Y = 5327$	$C = 53$	$D = 27$	$D - C = -26$
	$AC = (1643)$		
	$BD = (1107)$		
	$(A-B)(D-C) = (260)$		
$XY = (1643) * 10^4 + [(1643) + (260) + (1107)] * 10^2 + (1107) = (16\,732\,107)$			
$A = 31$	$A_1 = 3$	$B_1 = 1$	$A_1 - B_1 = 2$
$C = 53$	$C_1 = 5$	$D_1 = 3$	$D_1 - C_1 = -2$
	$A_1 C_1 = 15$	$B_1 D_1 = 3$	$(A_1 - B_1)(D_1 - C_1) = -4$
$AC = 1500 + (15 + 3 - 4) * 10 + 3 = 1643$			

续表

$B=41$	$A_2=4$	$B_2=1$	$A_2-B_2=3$
$D=27$	$C_2=2$	$D_2=7$	$D_2-C_2=5$
	$A_2C_2=8$	$B_2D_2=7$	$(A_2-B_2)(D_2-C_2)=15$
$BD=800+(8+7+15)*10+7=1107$			
$\mid A-B\mid=10$	$A_3=1$	$B_3=0$	$A_3-B_3=1$
$\mid D-C\mid=26$	$C_3=2$	$D_3=6$	$D_3-C_3=4$
	$A_3C_3=2$	$B_3D_3=0$	$(A_3-B_3)(D_3-C_3)=4$
$(A-B)(D-C)=200+(2+0+4)*10+0=260$			

如果将一个大整数分成 3 段或 4 段做乘法,时间复杂度会发生什么变化呢?是否优于分成 2 段做的乘法? 这个问题请大家自己考虑。

4.5.2　Strassen 矩阵乘法

矩阵乘法是线性代数中最常见的运算之一,它在数值计算中有广泛的应用。若 A 和 B 是两个 $n\times n$ 的矩阵,则它们的乘积 $C=AB$ 同样是一个 $n\times n$ 的矩阵。A 和 B 的乘积矩阵 C 中的元素 $C[i][j]$ 定义为:

$$C[i][j]=\sum_{k=1}^{n}A[i][k]B[k][j] \tag{4.3}$$

若按定义来计算 A 和 B 的乘积矩阵 C,则每计算 C 的一个元素 $C[i][j]$,需要做 n 个乘法和 $n-1$ 次加法。因此,求出矩阵 C 的 n^2 个元素所需的计算时间为 $O(n^3)$。20 世纪 60 年代末,Strassen 采用了类似于在大整数乘法中用过的分治技术,将计算两个 n 阶矩阵乘积所需的计算时间改进到 $O(n\log 7)=O(n^{2.18})$。

首先,需要假设 n 是 2 的幂次方。将矩阵 A、B 和 C 中每一个矩阵都分成 4 个大小相等的子矩阵,每个子矩阵都是 $n/2\times n/2$ 的方阵,因此可将方程 $C=AB$ 重写为式(4.4):

$$\begin{bmatrix}C_{11} & C_{12}\\ C_{21} & C_{22}\end{bmatrix}=\begin{bmatrix}A_{11} & A_{12}\\ A_{21} & A_{22}\end{bmatrix}\begin{bmatrix}B_{11} & B_{12}\\ B_{21} & B_{22}\end{bmatrix} \tag{4.4}$$

由此可得:

$$C_{11}=A_{11}B_{11}+A_{12}B_{21} \tag{4.5}$$

$$C_{12}=A_{11}B_{12}+A_{12}B_{22} \tag{4.6}$$

$$C_{21}=A_{21}B_{11}+A_{22}B_{21} \tag{4.7}$$

$$C_{23}=A_{21}B_{12}+A_{22}B_{22} \tag{4.8}$$

如果 $n=2$,则两个二阶方阵的乘积可以直接用式(4.3)~式(4.4)计算出来,共需 8 次乘法和 4 次加法。当子矩阵的阶大于 2 时,为求两个子矩阵的积,可以继续将子矩阵分块,直到子矩阵的阶降为 2。由此,就产生了一个分治降阶的递归算法。按照这个算法,计算两个 n 阶方阵的乘积转化为计算 8 个 $n/2$ 阶方阵的乘积和 4 个 $n/2$ 阶方阵的加法。两个 $n/2\times n/2$ 矩阵的加法显然可以在 $c*n^2/4$ 的时间内完成,c 为一个常数。由此,上述分治法的计算时间 $T(n)$ 应该满足式(4.9):

$$\begin{cases}T(2)=b & n=2\\ T(n)=8T(n/2)+cn^2 & n>2\end{cases} \tag{4.9}$$

式(4.9)的解仍然是 $T(n) = O(n^3)$。上述方法并不比按照原始定义直接计算更有效。由于式(4.5)~式(4.8)并没有减少矩阵的乘法次数,相对来说,矩阵乘法耗费的时间比矩阵加减法耗费的时间要多得多。要想改进矩阵乘法的时间复杂度,必须减少子矩阵乘法运算的次数。按照上述分治法的思想可以看出,要减少乘法运算次数,关键在于计算两个二阶方阵的乘积时,能否用少于 8 次的乘法运算。Strassen 提出了一种新的算法计算两个二阶方阵的乘积。此算法只进行 7 次乘法运算,但增强了加、减法的运算次数。这 7 次乘法如下式(4.10)~式(4.16):

$$M_1 = A_{11}(B_{12} - B_{22}) \tag{4.10}$$

$$M_2 = (A_{11} + A_{12})B_{22} \tag{4.11}$$

$$M_3 = (A_{21} + A_{22})B_{11} \tag{4.12}$$

$$M_4 = A_{22}(B_{21} - B_{11}) \tag{4.13}$$

$$M_5 = (A_{11} + A_{22})(B_{11} + B_{23}) \tag{4.14}$$

$$M_6 = (A_{12} - A_{22})(B_{21} + B_{23}) \tag{4.15}$$

$$M_7 = (A_{11} - A_{21})(B_{11} + B_{12}) \tag{4.16}$$

做了这 7 次乘法后,再做若干次加、减法就可以得到:

$$C_{11} = M_5 + M_4 - M_2 + M_6 \tag{4.17}$$

$$C_{12} = M_1 + M_2 \tag{4.18}$$

$$C_{21} = M_3 + M_4 \tag{4.19}$$

$$C_{22} = M_5 + M_1 - M_3 - M_7 \tag{4.20}$$

以上计算的正确性很容易验证。例如,

$$
\begin{aligned}
C_{22} &= M_5 + M_1 - M_3 - M_7 \\
&= (A_{11} + A_{22})(B_{11} + B_{22}) + A_{11}(B_{12} - B_{22}) \\
&\quad - (A_{21} + A_{22})B_{11} - (A_{11} - A_{21})(B_{11} + B_{12}) \\
&= A_{11}B_{11} + A_{11}B_{22} + A_{22}B_{11} + A_{22}B_{22} + A_{11}B_{12} \\
&\quad - A_{11}B_{22} - A_{21}B_{11} - A_{22}B_{11} - A_{11}B_{11} - A_{11}B_{12} \\
&\quad + A_{21}B_{11} + A_{21}B_{12} \\
&= A_{21}B_{12} + A_{22}B_{22} \tag{4.21}
\end{aligned}
$$

由式(4.21)便知其正确性。至此,我们可以得到完整的 Strassen 算法如下。

```
void Strassen(n,A,B,C);
{
    if (n == 2) then MATRIX - MULTIPLY(A,B,C)
    else {
        将矩阵 A 和 B 依式(4.10)~式(4.16)分块;
        Strassen(n/2,A₁₁,B₁₂ - B₂₂,M₁);
        Strassen(n/2,A₁₁ + A₁₂,B₂₂,M₂);
        Strassen(n/2,A₂₁ + A₂₂,B₁₁,M₃);
        Strassen(n/2,A₂₂,B₂₁ - B₁₁,M₄);
        Strassen(n/2,A₁₁ + A₂₂,B₁₁ + B₂₂,M₅);
        Strassen(n/2,A₁₂ - A₂₂,B₂₁ + B₂₂,M₆);
        Strassen(n/2,A₁₁ - A₂₁,B₁₁ + B₁₂,M₇);
```

$$C = \begin{bmatrix} M_5 + M_4 - M_2 + M_6 & M_1 + M_2 \\ M_3 + M_4 & M_5 + M_1 - M_3 - M_7 \end{bmatrix}$$
    }
}

其中,MATRIX−MULTIPLY(A,B,C)是按通常的矩阵乘法计算 $C=AB$ 的子算法。

Strassen 矩阵乘积分治算法中,用了 7 次对于 $n/2$ 阶矩阵乘积的递归调用和 18 次 $n/2$ 阶矩阵的加减运算。由此可知,该算法所需的计算时间 $T(n)$ 满足式(4.22)的递归方程:

$$\begin{cases} T(n) = b \\ T(n) = 7T(n/2) + an^2 & n > 2 \end{cases} \tag{4.22}$$

按照解递归方程的套用公式法,其解为 $T(n) = O(n^{\log 7}) \approx O(n^{2.81})$。由此可见,Strassen 矩阵乘法的时间复杂度比普通矩阵乘法有较大的改进。

4.6 几何问题

4.6.1 用分治法解最近对问题

$p_1 = (x_1, y_1), \cdots, p_n = (x_n, y_n)$ 是平面上的 n 个点,它们构成了集合 S,最近对就是找出集合 S 中距离最近的点对。严格来讲,最近对可能多于一对,为了简单起见,只找出其中的一对作为问题的解。

用分治法解决最近对问题,其实就是将集合 S 分成两个集合 S_1 和 S_2,每个子集中有 $n/2$ 个点。接着在每个子集中递归地求解其最近的点对,在求出每个子集的最近点对后,在合并步中,如果集合 S 中最接近的两个点都在子集 S_1 或 S_2 中,则问题很容易解决,如果这两个点分别在 S_1 和 S_2 中,问题就比较复杂了。

先考虑一维的情形,S 中的点退化为 x 轴上的 n 个点 $x_1, x_2, x_3, \cdots, x_n$。用 x 轴上的某个点 m 将 S 划分为两个集合 S_1 和 S_2,并且 S_1 和 S_2 含有点的个数相同。递归地在 S_1 和 S_2 中求出最近点对 (p_1, p_2) 和 (q_1, q_2),如果集合 S 中的最近点对都在子集 S_1 或 S_2 中,则 $d = \min\{(p_1, p_2), (q_1, q_2)\}$ 即为所求,如果集合 S 中的最近点对分别在 S_1 和 S_2 中,则一定是 (p_3, q_3),其中 p_3 是子集 S_1 中的最大值,q_3 是子集 S_2 中的最小值,如图 4.3 所示。

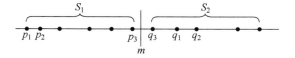

图 4.3　分治法应用于最近对的一维情况

按这种分治策略求解最近对问题的算法效率取决于划分点 m 的选取,一个基本要求是遵循平衡子问题的原则。如果选取 $m = (\max\{S\} + \min\{S\})/2$,则有可能因集合 S 中点分布的不均匀而造成子集 S_1 和 S_2 的不平衡;如果用 S 中各点坐标的中位数作为分割点,则会得到一个平衡的分割点 m,使得子集 S_1 和 S_2 中有个数大致相同的点。

接着考虑二维的情形,S 中的点为平面上的点,将平面上的点集分割为点的个数大致相

同的两个子集 S_1 和 S_2，选取垂直线 $x=c$ 来作为分割线，其中，m 为 S 中各点 x 坐标的中位数。遵循分治方法，我们可以递归地求出左子集 S_1 和右子集 S_2 中的最近对。设 d_1 和 d_2 分别是 S_1 和 S_2 点对中的最小距离，因为距离最近的两个点可能位于分界线的两侧。所以，在合并较小子问题的解时，需要增加一个步骤来检查是否存在这样的点。显然，我们把这种尝试限制在以 $x=c$ 为对称的、宽度为 $2d$（d_1 和 d_2 中的最小值）的垂直带中，如图 4.4(a) 所示。

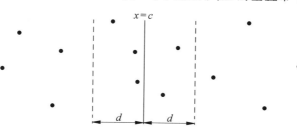

(a) 分治法应用于最近对的二维情况

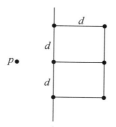

(b) 对于点 p 需要检查的6个点

图 4.4

设 S_1 和 S_2 分别是该垂直带左右部分的点构成的子集。现在，对于 S_1 中的每个点 $P(x,y)$，需要检查 S_2 中的点和 P 之间的距离是否小于 d。这种点的 y 轴坐标一定位于区间 $[y-d$，$y+d]$ 中，这样的点最多为 6 个，因为 S_2 中的点相互之间的距离至少为 d。S_1 和 S_2 中的点按照 y 轴坐标以升序排列，所以每次迭代时对这些点不必重新排序，只要合并两个已经排好序的集合就可以了。我们可以顺序地处理 S_1 中的点，同时使用一个指针在 S_2 中的宽度为 $2d$ 的区间中来回移动，取出 6 个候选点，来计算它们和 S_1 当前点 p 之间的距离，找到与之距离小于 d 的点，更新最短距离，直到循环结束，即可求出最短距离。

通过与第 3 章蛮力法解决最近对问题的比较发现，运行结果相同，从运行时间上来讲分治法远远快于蛮力法。

时间复杂度分析。应用分治法求解含有 n 个点的最近对问题，其时间复杂度可由递推式表示，$T(n)=2*T(n/2)+f(n)$。由以上分析，合并子问题的解的时间为 $f(n)=O(1)$。进而可得分治法求最近对问题的时间复杂度为 $T(n)=O(n\log_2 n)$。

4.6.2　用分治法解凸包问题

令 S 是平面上的一个点集，由线段表示的多边形就是点集 $S=\{p_0,p_1,\cdots,p_n\}$ 的凸包。

1）凸包问题的分治思想

第一步：把给定点集中的点在横坐标方向上按照大小排序。如图 4.5 所示，p_1 和 p_n 必定是凸多边形的两个顶点。$p_1 p_n$ 这条直线把点集分为两个集合：S_1 是位于直线上侧或在直线上的点构成的集合；S_2 是位于直线下侧或在直线上的点构成的集合。

第二步：在上凸包点集 S_1 中找到一个距离直线 $p_1 p_n$ 最远点 p_{max}，如图 4.6 所示。显然 $p_1 p_{max} p_n$ 三点围成的三角形中的点不可能作为凸包的顶点，所以只需考虑直线 $p_1 p_{max}$ 左边的点集 $S_{1,1}$ 以及直线 $p_{max} p_n$ 右边的点集 $S_{1,2}$。

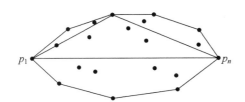
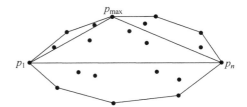

图 4.5　p_1 和 p_n 必定是凸多边形
的两个顶点

图 4.6　直线段 $p_1 p_{max} p_n$ 三点围成的三角形中
的点不可能作为凸包的顶点

不难证明（如图 4.6 所示）。

① p_{max} 是上包的顶点。

② 包含在 $\triangle p_1 p_{max} p_n$ 之中的点不可能是上包的顶点。

因此只需考虑直线 $p_1 p_{max}$ 左边的点和 $p_{max} p_n$ 右边的点。

因此，该算法可以继续递归构造 $p_1 \bigcup S_{1,1} \bigcup p_{max}$ 和 $p_{max} \bigcup S_{1,2} \bigcup p_n$ 的上包，然后简单地把它们连接起来，以得到整个集合 $p_1 \bigcup S_1 \bigcup p_n$ 的上包。

第三步：我们必须知道如何来实现该算法的几何操作。可以利用下面这个非常有用的解析几何知识：如果 $p_1 = (x_1, y_1)$，$p_2 = (x_2, y_2)$，$p_3 = (x_3, y_3)$ 是平面上的任意三个点，那么三角形 $\triangle p_1 p_2 p_3$ 的面积等于下面这个行列式绝对值的二分之一。

$$\begin{vmatrix} x_1 & y_1 & 1 \\ x_2 & y_2 & 1 \\ x_3 & y_3 & 1 \end{vmatrix} = x_1 y_2 + x_3 y_1 + x_2 y_3 - x_3 y_2 - x_2 y_1 - x_1 y_3$$

当且仅当 $p_3 = (x_3, y_3)$ 位于直线 $p_1 p_2$ 的左侧时，该表达式的符号为正。使用这个公式，我们可以在固定的时间内，检查一个点是否位于由两个点确定的直线的左侧，并且可以求得这个点到这根直线的距离。

2) 算法复杂度分析

利用分治法考虑凸包问题，关键步骤是点集按横坐标排序，算法复杂度是 $O(n\log n)$。故凸包问题的分治法的算法复杂度是 $O(n\log n)$。

4.7　分析分治法在安排循环赛中的应用

1) 问题描述

设有 n 位选手参加羽毛球循环赛，循环赛共进行 $n-1$ 天，每位选手要与其他 $n-1$ 位选手比赛一场，且每位选手每天比赛一场，不能轮空，按此要求为比赛安排日程，并可将比赛日程表设计成一个 n 行 $n-1$ 列的二维表，其中，第 i 行第 j 列表示和第 i 个选手在第 j 天比赛的选手。

2）算法设计

此算法设计中，当 n 为 2 的幂次方时，较为简单，可以运用分治法，将参赛选手分成两部分，$n=2^k$ 个选手的比赛日程表就可以通过为 $n/2=2^{k-1}$ 个选手设计的比赛日程表来决定，再继续递归分割，直到只剩下两个选手时，比赛日程表的制定就变得很简单，只要让这两个选手进行比赛就可以了，最后逐步合并子问题即可求得原问题的解。

图 4.7 列出了 8 个选手的比赛日程表的求解过程。这个求解过程是自底向上的迭代过程，其中，左上角和左下角分别为选手 1 至选手 4 以及选手 5 至选手 8 前 3 天的比赛日程，据此，将左上角部分的所有数字按其对应位置抄到右下角，将左下角部分的所有数字按其对应位置抄到右上角，这样，就分别安排好了选手 1 至选手 4 以及选手 5 至选手 8 在后 4 天的比赛日程，如图 4.7(c)所示。算法设计如下。

```
void arrangement(int n, int a[][])
{
    if(n == 1)
    {
        a[0][0] = 1;
        return;
    }
    arrangement(n/2);
    merger(n);
}
void merger(int n)
{
  int m = n/2;
  for(int i = 0;i < m;i++)
      for(int j = 0;j < m;j++)
      {
          a[i][j + m] = a[i][j] + m;      //由左上角小块的值算出对应的右上角小块的值
          a[i + m][j] = a[i][j + m];      //由右上角小块的值算出对应的左下角小块的值
          a[i + m][j + m] = a[i][j];      //由左上角小块的值算出对应的右下角小块的值
      }
}
```

1	2
3	4

(a) $2^k(k=1)$个选手比赛

1	2	3	4
2	1	4	3
3	4	1	2
4	3	2	1

(b) $2^k(k=2)$个选手比赛

1	2	3	4	5	6	7	8
2	1	4	3	6	5	8	7
3	4	1	2	7	8	5	6
4	3	2	1	8	7	6	5
5	6	7	8	1	2	3	4
6	5	8	7	2	1	4	3
7	8	5	6	3	4	1	2
8	7	6	5	4	3	2	1

(c) $2^k(k=3)$个选手比赛

图 4.7　8 个选手的比赛日程表求解过程

下面推广 n 为任意整数。

① 当 n 小于或等于 1 时,没有比赛。

② 当 n 是偶数时,至少举行 $n-1$ 轮比赛。

③ 当 n 为奇数时,至少举行 n 轮比赛,这时每轮必有一支球队轮空。

为了统一奇偶数的不一致性,当 n 为奇数时,可以加入第 $n+1$ 支球队(虚拟球队),并按 $n+1$ 支球队参加比赛的情形安排比赛日程。那么 n 支球队的比赛日程安排和 $n+1$ 支球队的比赛日程安排是一样的。但是每次和 $n+1$ 队比赛的球队都轮空。当 n 为偶数时,对 $n+1$ 赋予 0 即可,并对 $n+1$ 队参赛人员的安排进行赋值 0 的操作。

3)算法时间复杂度分析

分析算法的时间性能,迭代处理的循环体内部有两个循环结构,基本语句是最内层循环体的赋值语句,即填写比赛日程表中的元素。基本语句的执行次数为 4^k,所以,上述算法的时间复杂度为 $O(4^k)$。

$$T(n) = 3\sum_{t=1}^{k-1}\sum_{i=1}^{2^t}\sum_{j=1}^{2^t}1 = 3\sum_{t=1}^{k-1}4^t = O(4^k)$$

总结

本章给大家介绍了分治法。通过前面的学习,我们已经初步了解了分治法的基本原理、解题思路,并将算法思路运用在排序问题、查找问题、数值计算问题、几何问题中。一般而言,分治法的解题思路较为简单,初学者容易理解。在学习过程中,首先要熟悉和理解常见的分治方法,然后通过积极的练习进一步掌握。

习题 4

1. 现有 16 枚外形相同的硬币,其中有一枚比真币重量轻的假币,若采用分治法找出这枚假币,则至少要比较多少次才能够找出该假币。

2. 逆序对的概念:数组 $s[0..n]$ 中如果 $i<j$,$s[i]>j$ 就表示有一个逆序对。对任意一个数组求其逆序对。

解题思路:对于一个数组 s 将其分为两个部分 s_1 和 s_2,求 s_1 和 s_2 的逆序对个数,再求 s_1 和 s_2 合并后逆序对的个数。这个过程与 merge 排序的过程是一样的,可以使用 merge 排序求得。

3. 给出一个分治算法来找出 n 个元素序列中第 2 大的元素,并分析算法的时间复杂度。

解题思路:当序列 $A[1..n]$ 中元素的个数 $n=2$ 时,通过直接比较即可找出序列的第 2 大元素。当 $n>2$ 时,先求出序列 $A[1..n-1]$ 中的第 1 大元素 x_1 和第 2 大元素 x_2;然后,通过 2 次比较即可在三个元素 x_1,x_2 和 $A[n]$ 中找出第 2 大元素,该元素即为 $A[1..n]$ 中的第 2 大元素。

4. 如果在算法 SELECT 执行中每次标准元素都恰好选取的是序列中的真正中值元

素,那么算法的表现如何?

5. 设计一个分治算法来判定给定的两棵二叉树 T_1 和 T_2 是否相同。

解题思路:对于两棵二叉树 T_1 和 T_2,若其根节点值相同,且其左右子树分别对应相同,则 $T_1 = T_2$,否则 $T_1 \neq T_2$。

6. 快速分类算法是根据分治策略来设计的,简述其基本思想。

7. 描述算法 QUICKSORT 在输入数组 $A[1..n]$ 是由 n 个相同元素组成时的执行特点。

8. 算法 QUICKSORT 所需的工作空间在什么范围内?为什么?

第 5 章

分治策略变体
——减治策略和变治策略

前面一章讲述了分治法,在进行分而治之的过程中,会遇到不同的情况,有可能分开的部分并不需要"治",或通过一些简单的变换就可以得出答案,这一章就处理这样的问题。

5.1 减治策略

减治技术利用了一个问题给定实例的解和同样问题较小实例的解之间的某种关系。一旦建立了这种关系,就可以自顶向下递归实现,也可以自底向上非递归的来运用该关系。常见的减治法分为三类。

(1)减去一个常量。

(2)减去一个常量因子。

(3)减去的规模是可变的。

下面分别讨论。

(1)在减常量的变种中,每次算法迭代总是从实例规模中减去一个规模相同的常量。一般来说,减去的一个常量是 1,即如果不断地解决 $n-1$ 规模的问题就能解决 n 规模的问题。偶尔也有减 2 的,这种情况出现得较少,比如,算法根据奇偶性来分做不同处理。

一个常见的例子是求 $f(n)=a^n$ 的值,其中 n 为正整数。可以很容易地找到规模为 n 的实例和规模为 $n-1$ 的实例之间的关系,$a^n=a^{n-1}*a$,即 $f(n)=a*f(n-1)$,所以 $f(n)=a^n$ 可以用递归定义:

$$f(n) = \begin{cases} f(n-1)*a & n > 1 \\ a & n = 1 \end{cases} \tag{5.1}$$

可以通过"自顶向下"来计算 $f(n)$,同时,解决这种问题也可以从规模为 1 的实例开始"自底向上"来计算。这里使用的减常量的减治法与第 4 章的分治法最大的不同点是一般的分治算法在分解之后需要合并,而这里的减常量不需要这样的过程。一些书上把这两种方式称为递推和递归,请大家自己查阅相关内容。

(2)在减常量因子的变种中,每次算法迭代总是从实例的规模中减去一个相同的常数因子。多数情况下,这个因子是 2。

作为例子,仍然考虑求 $f(n)=a^n$ 的值,其中 n 为正整数。规模为 n 的实例和规模为

$n/2$ 之间有着明显的关系：$a^n=(a^{n/2})^2$。这里需要计算的指数都必须为整数，所以对于 n 为偶数的情况很容易使用上面的结论，而对于 n 为奇数的情况，必须转换一下。很显然 n 为奇数时，$n-1$ 为偶数，这样就可以继续使用上面的结论了。最终，$f(n)=a^n$ 可以用递归定义：

$$a^n = \begin{cases} (a^{n/2})^2 & n = 2k \\ (a^{(n-1)/2})^2 * a & n = 2k+1 \\ a & n = 1 \end{cases} \quad (5.2)$$

对于这种减常因子，尤其是减半规模的问题，可以期待其效率类型为 $O(\log n)$。而对这种减常因子的算法，其处理办法也与分治法不同，分治的问题可能规模之间没有相同的规律性。

（3）对于减可变规模的例子比较少见，特别是效率越高的算法越难找到。在算法每次迭代的过程中，规模减小的不是常量，也无显著的规律可循。前面介绍过的，求解两个正整数的最大公约数问题的欧几里得解法就属于这种情况。回顾一下求解最大公约数的例子，

$$\gcd(m,n) = \gcd(n, m \bmod n)$$

在这个递推公式中，右侧的数据规模要小于左侧数据的规模，但是这种减小不是减常量，也不是减常量因子。

5.1.1　插入排序

插入排序的基本思想是：如果直接对 n 个元素的序列进行排序比较困难，但已经有一个有序的数据序列，要求在这个已经排好的数据序列中插入一个数，且要求插入此数据序列仍然有序，那么这个时候就要用到插入排序法。插入排序的基本操作就是将一个数据插入到已经排好序的有序数据中，从而得到一个新的、个数加一的有序数据，这种思想就是减一法思想的集中体现。当然，插入排序是从一个元素开始的，因为一个元素可以看做是有序的，然后对于剩下的 $n-1$ 个元素逐个插入，这样就可以得到 n 个元素的有序序列。

在插入排序的实现过程中，插入的方式有三种。

（1）可以对已经有序的序列进行从右向左的扫描，对于非降序的序列，右侧的元素较大，故在从右向左扫描的过程中，遇到的第一个不大于待插入元素的右侧就是需要插入的位置。从右向左扫描还有一个好处，就是当遇到大于待插入元素的时候，可以直接将这个元素向右挪一个位置，这样可以把当前位置空开，以便存放下一个元素。

（2）也可以从左向右扫描序列，当遇到第一个大于待插入元素的时候，这个第一个大于该元素的位置就应该存放这个元素，于是从这个元素开始到最后一个元素依次向右挪一位，而这种操作也比较容易实现。这两种算法被称为直接插入排序。

（3）在插入之前需要先做查找，即查找该插入元素的位置。前两种算法都做的是顺序查找，而第三种方法在有序序列中查找位置可以用折半查找的方法，这就是折半插入排序。作为例子，不在这里详细叙述这种方法的实现，请大家自行完成。在这里多提一句，折半查找可以对应一棵二叉查找树，需要找的是待插入元素的位置。如果查找成功，则说明有元素和这个待插入元素相同，为保证稳定性，可以从查找成功的位置向右侧继续查找，以查到最后一个相等的元素；如果查找失败，则说明查到了叶子节点，而这个叶子节点可能是小于待插入元素的最右侧元素，也可能是大于待插入元素的最左侧元素，这时需要确切的确定需要

移动的元素,只要注意到这点,这个算法的实现就不是难题了,请读者自行完成。

插入排序算法的基本思想是基于递归的,所以可以自顶向下来实现,但会发现,自底向上迭代的来实现这个算法显得更容易理解一些。下面给出的算法是采用方法(1)来扫描插入的位置。

```
//采用插入方法(1)
//插入排序,输入为元素序列：A[0..n-1]
//输出为排好序的非降序序列：A[0..n-1]
void InsertSort(A[0..n-1])
{
    for(int i = 1; i <= n - 1; i++)
    {
        v = A[i];
        int j = i - 1;
        while (j >= 0)&&(A[j] > v)
        {
            A[j + 1] = A[j];
            j -- ;
        }
        A[j + 1] = v;
    }
}
```

作为例子,来看对于序列 $80,18,72,95,29,45,12$,执行算法的操作过程。

80|	**18**	72	95	29	45	12	$i=1$：$A[1]$插入
18	80|	**72**	95	29	45	12	$i=2$：$A[2]$插入
18	72	80|	**95**	29	45	12	$i=3$：$A[3]$插入
18	72	80	95|	**29**	45	12	$i=4$：$A[4]$插入
18	29	72	80	95|	**45**	12	$i=5$：$A[5]$插入
18	29	45	72	80	95|	**12**	$i=6$：$A[6]$插入
12	18	29	45	72	80	95|	结束

在算法执行过程中,竖线左侧是已经排好序的元素,竖线右侧紧靠竖线的元素是本次扫描的 i 元素。从第 $i-1$ 个元素开始到第 1 个元素查找不大于 i 的元素,同时,将大的元素向右侧移动一位。加粗字体显示的是本次的待插入元素,将待插入元素插入到查找到的位置,可以完成一次插入。这个序列有 7 个元素,经过 6 轮插入即可完成排序。

对插入排序算法进行复杂度分析,步骤如下。

(1) 算法的输入规模 n 为待排序的元素数量。

(2) 算法的基本操作是最内层循环中的元素比较(比较的是当前元素 $A[j]$ 和待插入元素 v)。

(3) 算法的基本操作执行次数不只与输入规模 n 有关,还和具体输入情况有关。因为内层循环可能在执行若干次之后,循环条件不满足,而退出循环。极端情况：当输入为已经排好序的序列时,元素的比较次数最小；而当输入为逆序的序列时,元素的比较次数最大(具体的情况请大家自己验证)。

（4）～（5）基本操作执行次数

$$C_{\text{best}}(n) = \sum_{i=1}^{n-1} 1 = n-1, \quad C_{\text{worst}}(n) = \sum_{i=1}^{n-1}\sum_{j=i-1}^{0} 1 = \sum_{i=1}^{n-1} i = \frac{n(n-1)}{2} \in \Theta(n^2)$$

对于插入排序算法的平均复杂度的精确分析，需要基于对无序元素对的研究（即，如果有一对下标(i,j)，其中$i<j$并且$A[i]>A[j]$，这种情况称为一个倒置。分析序列中的倒置对数量，可以研究元素比较次数的执行情况），这种分析表明，对于随机序列的数组，插入排序的平均比较次数是逆序序列的一半，也就是说$C_{\text{avg}}(n) \approx \dfrac{n^2}{4}$，即，平均性能比最差性能快两倍。插入排序有一种扩展的排序算法——Shell 排序（希尔排序），这种排序算法提供了一种更好的算法来对较大的序列进行排序。

对于插入排序，在位性很显而易见，从右向左的直接插入排序有在位性，因为只用到了一个额外存储空间（而对从左向右直接插入排序和折半插入排序请大家依据所写的算法进行讨论）。根据算法 InsertSort 也可以很容易得出其稳定性，因为如果输入的是相等的两个元素，后一个在插入时是不会插入到前一个之前的，这点由内层循环的 $A[j]>v$ 条件进行保障。而对于折半插入排序这个问题就略显复杂了，请大家思考。

5.1.2 拓扑排序

在这一节里，要讨论有向图的拓扑排序问题。首先复习一下关于有向图的特性。直观来说，若图中的每条边都是有方向的，则称为有向图。有向图中的边是由两个顶点组成的有序对，有序对通常用尖括号表示，如$<v_i,v_j>$表示一条有向边，其中v_i是边的始点，v_j是边的终点。$<v_i,v_j>$和$<v_j,v_i>$代表两条不同的有向边。有向图的表示方式仍然是邻接链表和邻接矩阵。如果从有向图的某个顶点出发，经过若干顶点后，能够回到初始顶点，则这条路径构成了有向图的回路。如果一个有向图不存在回路，则这个有向图称为无环有向图。

有向图在实际应用中具有一些重要的意义。作为启发的例子，考虑五门必修课的集合$\{C_1, C_2, C_3, C_4, C_5\}$，学生必须修完所有这些课程。但是，这些课程之间有一些限制条件：C_1和C_2没有任何先决条件，修C_3之前需要先修完C_1和C_2，修C_4之前需要修完C_3，修C_5之前需要先修完C_3和C_4。学生每学期只能修一门课，那么学生应该按照什么样的顺序学习这些课程？

这种问题可以用有向图来建模，图的节点代表课程，有向边表示先决条件（如图 5.1 所示）。就这个问题来说，是否可以按照某种次序排列出所有顶点，使得对于图中每一条边来说，边的起始顶点总是排在边的结束顶点之前。这个问题称为拓扑排序。经过研究容易发现，有向图是无环有向图，是该图有拓扑排序解的充分必要条件。这里，利用减一法求解拓扑排序，同时，该算法还能够快速判断该图是否为无环有向图。

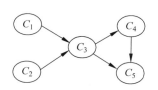

图 5.1　五门课程先决
条件结构图

减一法求解有向图的拓扑排序：不断地从图中找到源点，源点是没有输入边的顶点。如果没有这样的顶点，则说明该图不是无环有向图，拓扑排序的解不存在，算法停止。如果有这样的顶点，则把该顶点和所有从它发出的边都去掉（如果同时存在多个这样的源点，则可以从中间任选一个继续这样的操作）。这样得到的顶点被删除的次序就是该有向图的拓拓排序。图 5.2 给出了图 5.1 的例子的拓扑排序过程。

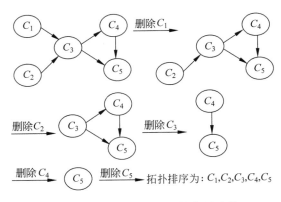

图 5.2 拓扑排序减一法的实现过程

在图 5.2 的求解过程中,选择第一个节点的时候会有两种选择 C_1 或 C_2,这样求得的解会不同,这些不同的解都是正确的。因此,容易得到,有向图的拓扑排序解不唯一。

拓扑排序问题在任务安排时确定任务的先后次序对实际应用有很大帮助,而往往在实际中所遇到的拓扑排序问题不会像这里的例子这么简单,往往非常复杂,利用减一法可以得到结果。另外,由于需要给定图的组织形式,所以当实现了这个方法时,往往得到的拓扑排序结果是唯一的(如果有的话)。

5.1.3 生成组合对象的算法

这一节再次讨论生成组合对象的问题,在第 3 章中,曾经生成过,这里将用减治法重新来实现这些问题。这里讨论的依然是生成全排列问题和生成子集问题。

1) 生成全排列问题

为了简单起见,假设需要对元素进行排列的集合是从 1 到 n 的简单整数集合。对于生成 $\{1,2,\cdots,n\}$ 的所有 $n!$ 个排列的问题,减一技术给出的思路是从 $\{1,2,\cdots,n-1\}$ 这 $n-1$ 个元素的所有 $(n-1)!$ 个排列,如何生成 $n!$ 个排列。如果 $n-1$ 个元素的所有 $(n-1)!$ 个排列已经生成,那么每个 $n-1$ 个元素的排列可以有 n 个位置放入第 n 个元素,按照这种生成方式,每个 $n-1$ 个元素的排列都可以生成 n 个元素的排列,由于原来的每个 $n-1$ 个元素的排列都不同,插入第 n 个元素后,生成的每个 n 个元素的排列也不同,这样得到的排列总数是 $n*(n-1)!=n!$。这样就可以得到 $\{1,2,\cdots,n\}$ 的所有排列。

在生成全排列时,一开始从右向左把 n 插入到 $\{1,2,\cdots,n-1\}$ 的排列中,然后每处理一个 $\{1,2,\cdots,n-1\}$ 的新排列时,调换方向,从而可以得到全部排列。图 5.3 给出了应用该方法从底向上对 $n=3$ 的情况进行处理的例子。

第一步	1					
第二步	12			21		
第三步	123	132	312	321	231	213

图 5.3 从底向上生成排列

根据图 5.3 可以发现,在插入 3 时,是先从右向左插入到 12 中,当 3 插入到最左位置时,12 生成的全部排列已经完成,这时,再将 3 由左向右插入到 21 中,这样得到的排列每两个排列之间只有两个元素数据发生变化,这种情况满足最小变化的要求。

但是,仔细观察上面的方法,发现生成 3 个元素的全排列需要生成 3!+2!+1! 个排列,这样得到的复杂度比蛮力法还高,为了提高效率,将每个元素赋予一个方向。例如,四个元素的全排列的产生,由 1234 开始,设置其优先级为 4 最小,3 次之,2 其次,1 最大,当一个元素从排列的一端移动到另一端,则成为死元素,需要比其优先级大的元素的移动来激活该元素,并且导致该元素反向。每次移动的时候从最小优先级能动的元素开始,直到所有元素都到达死端结束。其中 1 的优先级最大,同时也是唯一不能移动的元素。移动示例如图 5.4 所示。

图 5.4 所示的算法是生成排列的最有效算法之一。该算法的时间复杂度与生成的排列数是成正比的,也就是说该算法的复杂度仍然属于 $\theta(n!)$。

1234	1243	1423	4123		123
4132	1432	1342	1324		132
3124	3142	3412	4312		312
4321	3421	3241	3214		321
2314	2341	2431	4231		231
4213	2413	2143	2134		213

图 5.4 使用方向生成排列(注:图右侧的排列是去掉左侧排列中 4 元素后的结果)

在常用的生成全排列的方法中,还有一种是经常需要用到的,即使用字典序生成全排列。其基本方法如下。

设 P 是 1 至 n 的一个全排列:$p = p_1 p_2 \cdots p_n = p_1 p_2 \cdots p_{j-1} p_j p_{j+1} \cdots p_{k-1} p_k p_{k+1} \cdots p_n$

(1) 从排列的右端开始,找出第一个比右边相邻数字小的数字的序号 j(j 从左端开始计算),即 $j = \max\{i \mid p_i < p_{i+1}\}$。

(2) 在 P_j 的右边的数字中,找出所有比 P_j 大的数中最小的数字 P_k,即 $k = \max\{i \mid p_i > p_j\}$(右边的数从右至左是递增的,因此 k 是所有大于 P_j 的数字中序号最大者,或者说 P_k 是所有大于 P_j 的数字中最右侧的)。

(3) 对换 P_j 和 P_k。

(4) 再将 $p_{j+1} \cdots p_{k-1} p_j p_{k+1} \cdots p_n$ 倒转得到排列。$p' = p_1 p_2 \cdots p_{j-1} p_k p_n \cdots p_{k+1} p_j p_{k-1} \cdots p_{j+1}$,这就是排列 p 的下一个排列。

例如:839647521 是数字 1~9 的一个排列。从它生成下一个排列的步骤如下。

(1) 自右至左找出排列中第一个比右边相邻数字小的数字 4,这时 $j=5$。

(2) 在 4 后的数字中找出比 4 大的数中(7 和 5,共两个)最小的一个 5,这时 $k=7$。

(3) 将 4 和 5 交换,原数 839647521 变为 839657421。

(4) 将 5 右侧的所有数字 7421(这时的这些数字一定是从大到小排列的)倒转为 1247,数字变为 839651247。

所以,839647521 按字典序的下一个排列数为 839651247。

生成全排列的算法除了在这里介绍的之外，还有许多，请大家自行查阅，并逐一进行算法的实现。

2）生成子集问题

在蛮力法问题当中，曾经讨论过背包问题，具体地说是 0-1 背包问题，它要求找出能够装入背包（在背包容量承重要求之内）的价值最高的物品组合。蛮力法讨论这个问题时用的穷举法，即把物品集合的所有子集找出。本节讨论另一个能够生成集合所有子集的算法，使用减一法生成子集问题。

减一法生成子集问题的求解思路是，集合 $\{a_1, a_2, a_3, \cdots, a_n\}$ 的所有子集可以分为两组：不包含 a_n 的子集和包含 a_n 的子集。前一组实际就是 $\{a_1, a_2, a_3, \cdots, a_{n-1}\}$ 的所有子集，而后一组中的每个元素都可以通过把 a_n 添加到 $\{a_1, a_2, a_3, \cdots, a_{n-1}\}$ 的一个子集中得到。所以，如果有 $\{a_1, a_2, a_3, \cdots, a_{n-1}\}$ 的所有子集，对这些元素每个添加上 a_n，再把这些添加了 a_n 的子集加到列表的后面，则可以得到 $\{a_1, a_2, a_3, \cdots, a_n\}$ 的所有子集。表 5.1 给出了应用该算法，从头开始获得 $\{a_1, a_2, a_3\}$ 的所有子集的示例。

表 5.1 使用减一法生成子集

n	子集
0	$\varnothing$
1	$\varnothing$ $\{a_1\}$
2	$\varnothing$ $\{a_1\}$ $\{a_2\}$ $\quad$ $\{a_1, a_2\}$
3	$\varnothing$ $\{a_1\}$ $\{a_2\}$ $\quad$ $\{a_1, a_2\}$ $\quad$ $\{a_3\}$ $\quad$ $\{a_1, a_3\}$ $\quad$ $\{a_2, a_3\}$ $\quad$ $\{a_1, a_2, a_3\}$

和生成排列相同，如果按上述算法，复杂度将超过蛮力法。一般在使用这种方法时，可以从前到后依次生成元素，即看表 5.1 的第一行，先生成 $\varnothing$，然后生成 $\{a_1\}$ 的所有子集 $\varnothing$ 和 $\{a_1\}$，以此类推，最后生成 $\{a_1, a_2, a_3\}$ 的全部子集。当然，这种算法可以将每个子集对应到一个 n 位二进制比特串，每个比特代表了集合中的一个元素，从右向左，比特串中第 i 位为 1 代表 a_i 在子集中。利用这种对应关系，可以生成从 0 到 $2^n - 1$ 的二进制数来生成长度为 n 的比特串，而对应的子集将同时产生。例如，生成 $\{a_1, a_2, a_3\}$ 的所有子集的示例，如图 5.5 所示。

比特串	000	001	010	011	100	101	110	111
子集	$\varnothing$	$\{a_1\}$	$\{a_2\}$	$\{a_1, a_2\}$	$\{a_3\}$	$\{a_1, a_3\}$	$\{a_2, a_3\}$	$\{a_1, a_2, a_3\}$

图 5.5 利用比特串生成子集

挤压序是指，所有包含 a_j 的子集紧排在所有包含 $a_1, a_2, a_3, \cdots, a_{j-1}$ 的子集之后，图 5.5 给出的例子就是生成挤压序的比特串。

生成子集的另一种方法是生成比特串时，使比特串的变化最小，即每一个比特串和它的直接前驱之间仅仅相差一个比特位，也就是说对应的子集和它的直接前驱之间的区别，要么是增加了一个元素，要么是减少了一个元素，但两者不同时发生。这是二进制反射格雷码的例子。例如，当 $n=3$ 时，可以得到二进制反射格雷码为 000 001 011 010 110 111 101 100。

表 5.2 为 0～15 的自然二进制码与格雷码的对照表，从中可以看出，自然二进制码和格雷码可以按以下方法进行转换。

表 5.2 0~15 的二进制码和格雷码对照表

十进制数	0	1	2	3	4	5	6	7
自然二进制码	0000	0001	0010	0011	0100	0101	0110	0111
格雷码	0000	0001	0011	0010	0110	0111	0101	0100
十进制数	8	9	10	11	12	13	14	15
自然二进制码	1000	1001	1010	1011	1100	1101	1110	1111
格雷码	1100	1101	1111	1110	1010	1011	1001	1000

二进制码-格雷码（编码）：从最右边一位起，依次将每一位与左边一位异或，作为对应格雷码该位的值，最左边一位不变（相当于左边是 0）。

格雷码-二进制码（解码）：从左边第二位起，将每一位与左边一位解码后的值异或，作为该位解码后的值（最左边一位依然不变）。

关于格雷码方式生成子集的方法，请大家自行思考编写程序实现。

5.1.4 减常因子算法

在减治法中，减常因子算法也是一种减治法的变种。折半查找使用的思想可以说就是一种减治法，这种算法的效率非常高，通常是对数的，速度很快，但这种算法并不会经常出现。

1）折半查找

折半查找在本书的第 4 章已经介绍过，但是作为折半查找，请大家思考其工作过程是否更应该作为减治法的例子而不是作为分治法的例子（因为最后分开实例后，并没有合并的步骤，这样也可以视为规模的减小，而这种减小应该是不严格的减半操作）。

2）假币问题

假币问题：有一堆硬币，其中只有一枚假币，且假币比真硬币轻。给定一个没有砝码的天平，希望能够以最少的称重次数识别出这枚假币。

解决本问题最简单的思路是把 n 枚硬币分成两堆。如果 n 为偶数，则能够进行等分；如果 n 为奇数，则除剩余的一枚外可以等分。把两堆硬币放在天平的两端，如果有一边较轻，则较轻的一端包含假币，将较重一端的硬币和剩下的一枚（如果有的话）认定为真硬币，继续对较轻一端的硬币进行以上处理，如果两端的硬币一样重，那剩下的一枚（这时一定有剩下的一枚）为假币，识别结束。

根据这个思路，每次的称重都能够将问题的规模缩减为一半（或者直接得到结果），因此这种处理问题的方法为减治法（减半）。在最差情况下，称重次数 $W(n)$，当 $n>1$ 时，$W(n)=W\left(\left\lfloor\dfrac{n}{2}\right\rfloor\right)+1$，则有 $W(n)\approx\log_2 n\in\Theta(\log n)$。

考虑以上的方法，称重的次数不一定是最少的。如果将硬币等分为三堆，将会产生更有效的称重方式。分成三堆后，可能剩下 0 枚、1 枚或 2 枚硬币，这时，从三堆中任选两堆放到天平的两端，如果有一端轻的，那么假币在那端较轻的硬币中，将剩余的两堆硬币及剩下的 0 枚、1 枚或 2 枚硬币全部标为真的，继续对较轻的那堆硬币进行分解，如果两端一样重，那么同时将这两堆硬币标为真的，将剩下的一堆硬币和剩余的 0 枚、1 枚或 2 枚硬币混合起来,继续进行分解。这样进行,称重的次数大约是 $\log_3 n$,虽然效率类型和分两堆的没有差别,但是总的称重次数有所减少。

3）俄式乘法

现在考虑两个正整数相乘的减治法解法,叫做俄式乘法或者叫俄国农夫法。若 n 和 m 是两个正整数,要计算它们的乘积,并且使用 n 作为实例规模的度量,那么,如果 n 是偶数,则有 $n*m=\dfrac{n}{2}*2m$,如果 n 是奇数,则有 $n*m=\dfrac{n-1}{2}*2m+m$。

通过重复使用以上公式,直到前一个数成为 1,结束迭代过程。表 5.3 给出了利用该算法计算 $50*65$ 的例子。

表 5.3　用俄式乘法计算 $50*65$

n	m	
50	65	
25	130	
12	260	（＋130）
6	520	（＋130）
3	1040	（＋130）
1	2080	（＋130＋1040）
		（130＋1040＋2080）＝ 3250

这个算法可能不是求解两个正整数的主流算法,但是仔细观察这个算法会发现,在求解过程中只包含折半、加倍和相加这三种简单操作,从而把复杂的整数乘法分解为简单的计算。据说,在 19 世纪的俄国,农夫们中间曾广泛流行使用这种算法,这个算法的名字也由此而来。这个算法如果使用硬件来实现将会产生比较快的速度,因为折半和加倍都可以在二进制中通过移位来完成,这恐怕也是这个算法能够吸引人的地方之一。

4）约瑟夫斯问题

这个问题是以弗拉维奥·约瑟夫斯命名的,它是公元 1 世纪的一名犹太历史学家。他在自己的日记中写道,他和他的 40 个战友被罗马军队包围在洞中。他们讨论是自杀还是被俘,最终决定自杀,并以抽签的方式决定谁杀掉谁。约瑟夫斯和另外一个人是最后两个留下的人。约瑟夫斯说服了那个人,他们将向罗马军队投降,不再自杀。约瑟夫斯把他的存活归因于运气或天意,但在抽签之前,他是应该计算过最终结果的,下面来讨论如何计算。

推广一下该问题,设现在是 n 个人围坐成一圈,编号分别为 1、2 一直到 n。从编号 1 的那个人开始进行这个残酷的游戏,分别报数 1 和 2,然后报 1 的把报 2 的杀掉。当然第一个位置不一定是安全的,因为如果 n 是奇数,最后一个人将会报 1,并把最后报 2 的第一个人杀掉。当一次报数并去掉一部分人后,剩下的人重复上述的过程,直到最后只剩下一个人。要求这个人是最开始 n 个人之中的哪个位置,即幸存的最终号码的原来编码 $J(n)$。

把奇数 n 和偶数 n 的情况分别来考虑会比较容易。如果 n 为偶数,也就是说 $n=2k$,经过一轮筛选,会剩下 k 个人,并且有规律。原来的偶数位置将全部消失,原来的 1 将成为新的 1,原来的 3 将成为新的 2,原来的 5 将成为新的 3,……很容易发现,新旧编号之间存在如下关系 $J(2k)=2J(k)-1$。

如果 n 为奇数,并且 $n>1$ 时,也就是说 $n=2k+1$,经过一轮筛选,会剩下 k 个人,并且有规律。原来的偶数位置将全部消失,原来的 1 也将消失,原来的 3 将成为新的 1,原来的 5 将成为新的 2,……,很容易发现,新旧编号之间存在如下关系 $J(2k+1)=2J(k)+1$。

最后,如果 $n=1$ 时,得到最终的初始条件 $J(1)=1$。

回到问题的刚开始,现在是 41 个人进入山洞,约瑟夫斯究竟是站在了哪里?

$$J(41)=2J(20)+1$$
$$J(20)=2J(10)-1$$
$$J(10)=2J(5)-1$$
$$J(5)=2J(2)+1$$
$$J(2)=2J(1)-1$$
$$J(1)=1$$

所以有 $J(2)=1$,$J(5)=3$,$J(10)=5$,$J(20)=9$,$J(41)=19$,因此,第 19 位为幸存者的位置。

以上方法可以通过数学归纳法证明其在一般情况下的合理性,同时也可以得到,以上的方法最终算出的值恰恰是 n 的二进制进行一次向左移位而得到的 $J(n)$。$J(41)=J(101001B)=(010011)B=19$。

相信在那样紧急的情况下,是没有足够的时间进行繁琐的推导的,因此,掌握二进制可以在那样的年代赢得宝贵的生命。

5.1.5　减可变规模算法

在减治法中,减可变规模的算法也是一种减治法的变种。也就是说每次减小的规模都不同。在计算最大公约数的欧几里得解法中,就使用了这种思路。这节将再讨论几个这样的例子。

1) 计算中值和选择问题

选择问题是求 n 个数的列表中第 k 小元素的问题。特别的,如果 $k=1$ 或者 $k=n$,就是寻找最小值和最大值的问题。如果 $k=\left\lceil\dfrac{n}{2}\right\rceil$,就是求中值的问题,求中值在许多问题中都会用到。现在要找第 k 小的元素,可以先对 n 个数的列表进行排序,然后无论找第几小的元素都可以提供。但这样的算法运行的时间取决于所选用的排序算法的效率,若使用效率较高的排序算法(如合并排序等等),该算法的效率类型是 $\theta(n\log n)$。

该算法适用于找很多第 k 小的值(这些 k 取值不同),而如果只找其中之一,显然做了过多的工作。如何能够在不完成排序的前提下,找到第 k 小的元素?回顾快速排序算法,会发现,快速排序算法中,使用中轴把整个序列分成了两部分,而这两部分的特点是,前面的部分中所有元素都小于或等于中轴,后面的部分中所有元素都大于或等于中轴。无疑,中轴将会排到其最终应该排到的位置,所以中轴可以确定其排序的最终位置,根据这个位置比较 k,将可以继续确定该在哪个更小的序列中进行寻找。

例 5.1　找出 9 个数的列表中的中值:$4,1,10,9,7,12,8,2,15$。由于 $k=\left\lceil\dfrac{9}{2}\right\rceil=5$,因而本题为找出第 5 小的值。

下标：	1	2	3	4	5	6	7	8	9
序列值：	**4**	1	10	9	7	12	8	2	15
第一轮：	2	1	**4**	9	7	12	8	10	15

4 是排在第 3 小的元素，所以对后一部分元素继续进行寻找：

下标：	1	2	3	4	5	6	7	8	9
序列值：	**4**	1	10	9	7	12	8	2	15
第一轮：	2	1	4	**9**	7	12	8	10	15
第二轮：	2	1	4 ‖	8	7	**9**	12	10	15

9 是排在第 6 小的元素，所以对现在的前一部分元素继续进行寻找：

下标：	1	2	3	4	5	6	7	8	9
序列值：	**4**	1	10	9	7	12	8	2	15
第一轮：	2	1	4	**9**	7	12	8	10	15
第二轮：	2	1	4 ‖	**8**	7 ‖	9	12	10	15
第三轮：	2	1	4 ‖	7	**8** ‖	9	12	10	15

得到 8 是第 5 小的元素，最终得到的中值就是 8。

这个算法的效率如何？在一般情况下该算法应该比快速排序算法更高效，因为一旦中轴排好后，快速排序要对两端的序列进行处理，而这个算法只需要处理一个。因此在输入规模为 n 的情况下，基本操作是元素之间的比较，如果分割的位置在序列的中间，那么比较次数的递推关系式应该是 $C(n)=C(n/2)+(n+1)$，由此可以得到 $C(n)\in\theta(n)$。虽然实际中，算法在迭代时往往不能正好划分到序列的中间，这种划分是不可预测的，但平均情况下的效率与上述的效率相同，也就是说该算法在平均情况下，效率是 $\theta(n)$，而在最差情况下，算法的效率会同快速排序一样，退化为 $\theta(n^2)$。

2）二叉查找树的查找

二叉查找树的节点排列满足有序原则，也就是说二叉查找树中每个节点都有一个元素值，并且对每个节点来说，所有左子树的元素值都小于左子树的根节点的元素值，所有右子树的元素值都大于右子树的根节点的元素值。

由于二叉查找树的排序结构，在二叉查找树中查找一个元素时，可以递归的做以下查找：如果树空，则查找失败；如果树非空，则将待查找元素与树根元素相比，若相同，则找到，查找结束；若待查找元素小于树根元素，则继续在该树的左子树中进行查找；若待查找元素大于树根元素，则继续在该树的右子树中进行查找。显然，这种查找方式将问题由查找一棵二叉查找树的问题化简为查找规模更小的一棵二叉查找树的问题，而规模的减小是不一定的。

二叉查找树的查找次数与树高具有相关性，一般的，如果二叉树比较平衡，二叉树节点数量如果是 n，树高将会是与 $\log_2 n$ 相关的一个数值。但当这棵树成为一棵退化树时，树高变为了 $n-1$，查找的最差效率将会是 $\theta(n)$。幸运的是，对于二叉查找树的统计表明，平均查找效率也是 $\theta(\log n)$。

5.2　变治策略

这里讨论的算法设计方法基于变换的思想,称为变治策略。这种方法在处理问题时分为两个阶段,首先是"变",在这个阶段,将问题的实例变得更容易求解;然后是"治",在这个阶段对改变以后的问题进行求解。

根据对问题实例的变换方式,变治思想有三种主要的类型。

(1) 变换为同样问题的一个更简单的实例,称为实例化简。

(2) 变换为同样问题实例的不同表现形式,称为改变表现。

(3) 变换为不同问题的实例,而新问题已经求解,称为问题化简。

5.2.1　排序问题

1) 预排序

预排序问题在许多地方都有应用,因为如果输入的序列是有序的,则可以用更加简单的处理方式。显然,如果对输入的序列进行排序,所选择的排序算法将会影响最终解决问题的复杂性。本节假设输入的序列都是存储在数组中的整型数值量,以此来简化所做的运算。

目前,所学习过的排序算法能达到的最优效率类型是 $\theta(n\log n)$,较差的效率类型是 $\theta(n^2)$,对应的较差复杂度类型的算法有:直接选择排序、冒泡排序和直接插入排序,而较优复杂度类型的算法有:合并排序、快速排序和二分插入排序,其中快速排序在最差情况下将退化为 $\theta(n^2)$ 型的排序。由于命题:没有一种基于比较的普通排序算法在最坏情况下的效率能够超过 $\theta(n\log n)$,在现有情况下成立。当然,这个命题在平均效率下也成立,所以认为现在能够达到的最优排序算法的效率类型为 $\theta(n\log n)$。

接下来看几个应用预排序的思想解决问题的实例。

(1) 检验数组中元素的唯一性。在第 2 章中,曾经接触过以下算法。

```
//输入已经转换成列表了
//输出如果没有两个元素相同,则为 true; 否则为 false
bool Uniqueness(A[1..n])
{
    for( int i = 1; i <= n − 1; i++)
        for( int j = i + 1; j <= n; j++)
            if(A[i] == A[j]) return false;
    return true;
}
```

其作用是在数组 A[1..n]中检查是否存在相同元素的算法,这个算法对于输入数组 A[1..n]没有要求,经过复杂度分析发现该算法 Uniqueness 的最差复杂度属于 $\theta(n^2)$。

现在使用预排序的方法,如果先对数组 A[1..n]进行排序,之后,对于有序数组检查元素的唯一性只需要检查相邻元素是否相等即可。根据这个方法,可以得到以下的算法。

```
//输入已经对数组完成了排序
//输出如果没有两个元素相同,则为 true; 否则为 false
bool SortUniqueness (A[1..n])
{
    for(int i = 1; i < = n - 1; i++)
        if(A[i] == A[i + 1]) return false;
    return true;
}
```

对于以上算法进行复杂度分析,可以得到在最差情况下,算法的复杂度为 $\theta(n)$,而进行排序较好的算法复杂度为 $\theta(n\log n)$,这样的组合比直接进行比较的算法在最差情况下和一般情况下效率类型更优。

(2) 模式计算。这里定义模式为: 在整型列表中重复出现次数最多的数值。如果对于输入无序的情况,直接进行扫描,可以使用的一种思路是引用额外的二维辅助列表。当出现一个新的数值,则加入列表中,并且将出现次数设置为1;如果出现的值在之前的查找中,能够匹配某个元素值,则将其出现次数加1。这样,可以把无序数组中出现的数值及其频率统计到辅助数组中。

这种方法对于输入序列中任意两个值都不同的 n 个数的情况,将会产生长度为 n 的统计表,并且每个元素的出现频率都为1。第 i 个元素在加入表的时候,会和前 $i-1$ 个元素进行比较,这样累积下来,算法的最差复杂度是 $C_{\text{worst}}(n) = \sum_{i=0}^{n-1} \sum_{j=1}^{i} 1 = \sum_{i=0}^{n-1} i = \dfrac{n(n-1)}{2} \in \theta(n^2)$。

这还不是本问题的最终答案,为了找到最终的模式出现的频率,还要对所有频率进行一次查找,以找到最大频率。但这不会改变最终效率为平方级的事实。所以,如果用蛮力法进行模式统计,不但在最差情况下效率类型会达到平方级,而且需要长度与输入数量相同的二维辅助空间。

如果使用预排序的思想,将输入列表先进行排序,则这个问题会成为,只需要统计连续出现的数值,并记录其频率即可。

```
//输入整型数组,并且已经对数组完成了排序
//输出数组模式
int StatMode(A[0..n - 1])
{
    i = 0; modestat = 0;
    while (i < = n - 1)
    {
        curlength = 1; curval = A[i];
        while (i + curlength < = n - 1)&&(A[i + curlength] == curval)
            curlength++;
        if(curlenght > modestat)
        {    modestat = curlength; modeval = curval;    }
        i += curlength;
    }
    return modeval;
}
```

分析可知,算法 StatMode 的复杂度是 $\theta(n)$(因为对整个 A 的扫描只有一次。虽然算法中有两重循环,但是循环控制变量 i 只进行一次增长,当 i 增长到 $n-1$ 时,循环停止)。因此,如果使用的排序算法的时间复杂度是 $\theta(nlogn)$,那么整个模式计算的复杂度就是 $\theta(nlogn)$,比蛮力法的最差效率要好。

(3) 查找问题。在 n 个数值构成的列表中进行查找给定值的操作,现在已经有了两个版本的查找算法:蛮力法顺序查找和分治法折半查找。蛮力法进行顺序查找时,在最差情况下进行查找的复杂度为 $\theta(n)$。而如果对列表进行排序,较好的排序算法复杂度为 $\theta(nlogn)$。而对已排序的列表进行查找可以使用折半查找,其平均效率为 $\theta(logn)$。这样查找问题的总复杂度为:$C(n) \in \theta(nlogn) + \theta(logn) = \theta(nlogn)$。这样的结果看似比顺序查找还差,但是如果对序列进行的查找不是一次,而是多次,这样的排序还是有效果的。

以上三个问题介绍了预排序的思想,其实这种预排序的处理思想在许多地方都有应用,例如在使用分治法进行几何问题处理的时候,往往都需要对输入的点进行预排序操作。另一个应用的举例是数据库管理系统(DBMS),在使用数据库时很多时候是不考虑数据是如何组织的,只需要进行增、删、查、改操作,而其实数据库的组织总是按照某字段(通常是关键字)进行排序的,这样可以方便用户的其他操作,这种处理也是预排序思想的一种应用。因此,在对数据进行预排序操作之后如果能换回更好的组织效果和简化后续的操作,那是需要经常应用这种操作的。

这种预排序的思想完全是基于实例化简的思路进行,在对输入进行预处理的基础上,为解决该问题带来了更简洁的思路和更高效的算法。

2) 堆和堆排序

堆可以定义为一棵二叉树,树中每个节点包含一个键值,并且满足以下两个条件:树的形状的要求,即这棵树是基本完备的,也就是说这棵树是完全二叉树,树的每层都是满的,按照层次顺序最后一层的最右侧可能缺少一些元素;另一个要求是父母优势原则,即每个节点的键值都大于或等于它的两个子女节点的键值。

在堆中,节点的键值是从上到下排序的,也就是说,在从根到叶子的任一条路径上,键值的序列是递减的(如果允许出现相等键值,则是非递增的)。键值之间不存在左右的顺序关系,即同层的节点之间,不存在大小关系。

堆有一些重要的特性,这里罗列出来。

(1) 只存在一棵 n 个节点的完全二叉树,其高度为 $\lfloor \log_2 n \rfloor$。

(2) 堆的根包含了堆的最大元素。

(3) 堆的一个节点及其子孙节点也构成一个堆。

(4) 由于堆是一棵完全二叉树,所以可以用数组来实现堆。这时,数组(设定下标从 1 开始)的前 n 个元素表示了 n 个节点的堆,对应于堆的层次遍历。在这种表示法中,父母节点位于数组的前 $\lfloor \frac{n}{2} \rfloor$ 个位置,叶子节点位于后 $\lceil \frac{n}{2} \rceil$ 个位置。在数组中,一个位于父母位置 $i \left(1 \leqslant i \leqslant \lfloor \frac{n}{2} \rfloor \right)$ 的键,其子女位于 $2i$ 和 $2i+1$,相应的,位于 $j(2 \leqslant j \leqslant n)$ 的键,其父母应位于 $\lfloor \frac{j}{2} \rfloor$ 处。

由此,可以得到,当使用如上所述的方法用数组组织堆结构时,数组前半部分的元素,位置在 $i\left(1\leqslant i\leqslant\left\lfloor\dfrac{n}{2}\right\rfloor\right)$ 上元素的键值,一定大于位置在 $2i$ 和 $2i+1$ 上元素的键值。实际在编写程序时,这种按照数组组织的堆运行效率会高很多。

针对给定的列表,如何构造堆,是将要讨论的问题。这里有两种方法进行堆的构造,一种是自底向上构造堆,也就是先按照给定列表的顺序放置 n 个键值到 n 个节点的堆的位置,然后从最后一个父母节点 $\left(\left\lfloor\dfrac{n}{2}\right\rfloor\text{的位置}\right)$ 开始直到根节点为止,检查这些节点是否满足父母优势原则,如果该节点不满足,则将子女中最大的键值和父母节点的键值交换,然后继续检查交换后的子女节点与其子女节点的关系,直到这种交换进行到叶子节点后为止。这一过程进行到对堆的根节点元素及其子女节点完成堆化为止。图 5.6 给出了这一过程。

第一步:按照堆的顺序填写所有列表键值。

数组组织形式:
2,9,7,6,5,8
第二步:自底向上对所有父母节点进行父母优势原则判定。

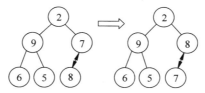

数组组织形式:
2,9,7,6,5,8 ——→ 2,9,8,6,5,7

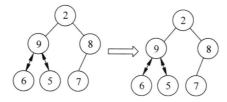

数组组织形式:
2,9,8,6,5,7 ——→ 2,9,8,6,5,7

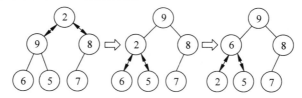

数组组织形式:
2,9,8,6,5,7 ——→ 9,2,8,6,5,7 ——→ 9,6,8,2,5,7

图 5.6   对列表 2,9,7,6,5,8 自底向上构造堆

　　另一种构造堆的方法是自顶向下构造堆,这种方法是不断地将新元素补充在原堆的最后一个位置,然后进行堆化操作,并检查父母优势原则。这种检查是从插入新元素的位置开始的,因为原堆满足堆的条件,现在新插入的节点只需要与其父母节点比较。如果小于父母节点,则完成堆化;如果大于父母节点,则将其与父母节点的键值交换,完成交换后,再与其新的父母节点进行比较。这种操作直到新插入的元素最终满足父母优势原则为止,即当它在某个位置比父母节点小或者它已经成为堆的根时结束。当所有元素都插入堆中,就完成了自顶向下构造堆的过程。图 5.7 展示了对列表 2,9,7,6,5,8 进行自顶向下构造堆的过程。

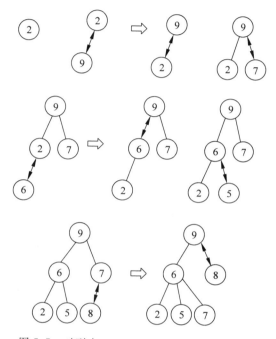

图 5.7　对列表 2,9,7,6,5,8 自顶向下构造堆

　　下一个问题是从堆中找到最大元素(堆顶元素)并删除它。给出的办法是:先将根与堆的最后一个元素交换,堆的规模减小 1;然后将新的堆进行堆化处理,即从新的堆顶元素开始保证父母优势,如果该元素小于两个孩子元素中的较大值,则进行交换;这种交换将一直进行直到满足父母优势原则或者该元素被交换到叶子节点为止。由此可见删除元素所进行的操作应该不超过堆高度的两倍,因此删除操作的时间效率是属于 $O(n\log n)$ 的。以上例为例,进行一次删除最大元素的操作,可以表示为图 5.8。

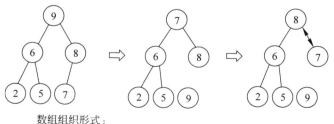

数组组织形式:
9,6,8,2,5,7→7,6,8,2,5,9→8,6,7,2,5,9

图 5.8　从堆 9,6,8,2,5,7 中删除最大元素

有了以上的积累,将进行堆排序。堆排序的过程可以描述为两个步骤。

第一步:先建堆(使用自底向上方法构造堆或者使用自顶向下方法构造堆)。

第二步:重复对堆进行删除最大元素的操作(对 n 个元素的堆进行 $n-1$ 次操作),从而可以完成堆的排序。

仔细观察堆排序会发现,使用数组顺序组织序列完成堆的建立和最大元素的删除过程,恰恰可以得到按非降序排列的数组。大家可以按照上述的步骤完成本节的实例,最终会得到一个非降序的数组。

对堆排序求复杂度,会很容易观察到建堆的过程。如果使用自底向上构造堆,那么只需要一次组织好全部数据,然后进行从最后一个父母节点开始的堆化过程,在这个过程中,每个节点需要进行从自己位置开始,最差到达叶子节点的路径上的节点数 2 倍的比较。如果树有 n 个节点,那么叶子节点就有 $\left\lfloor \dfrac{n}{2} \right\rfloor$ 个,这些节点是不需要进行元素比较操作的;第二层节点有 $\left\lfloor \dfrac{n}{4} \right\rfloor$ 个,要进行 2 次键值比较;第三层节点有 $\left\lfloor \dfrac{n}{8} \right\rfloor$ 个,要进行最多 4 次比较;以此类推,第 i 层节点 $\left\lfloor \dfrac{n}{2^i} \right\rfloor$ 要进行最多 $2*i$ 次比较。最终的比较次数是 $\sum\limits_{i=1}^{\lfloor \log_2 n \rfloor} 2*i*\left\lfloor \dfrac{n}{2^i} \right\rfloor$ 次,这个级数求和的结果最终是 n 到 $2n$ 之间的数,可以用数学归纳法证明。说明自底向上构造堆可以在 $\theta(n)$ 时间内完成。如果使用自顶向下构造堆,则需要进行 n 次元素插入,每次都需要最多 $\lfloor 2*\log_2 i \rfloor$ 次元素比较,其中 i 是小于等于 n 的正整数,所以,最终需要 $\sum\limits_{i=1}^{n} \lfloor 2*\log_2 i \rfloor$ 次比较,这个级数显然属于 $O(n\log n)$ 的复杂度。每次从堆顶删除元素并进行堆化处理,需要的元素比较次数与自顶向下构造堆的次数正好对应相反,所以总的 n 次删除过程用到的时间复杂度属于 $O(n\log n)$。综合以上情况,堆排序的时间复杂度大约是 $O(n\log n)$。根据进一步研究的结果表明,无论是最差情况还是平均情况,堆排序的时间效率都属于 $O(n\log n)$。由此可见,堆排序具有较好的时间复杂度,同时,堆排序用数组实现还具有在位性,因此堆排序具有较优的时间和空间效率。

堆和堆排序属于改变表现的处理方式,在对数组进行了不同的逻辑组织之后,相关的操作都变得容易了。

5.2.2　平衡查找树

二叉查找树是一种实现字典的重要数据结构,二叉查找树的每个节点都包含一个关键字,整个二叉查找树所包含的关键字集合是可排序的,在二叉查找树中,每个节点的所有左子树的关键字均小于该节点的关键字,所有右子树的关键字均大于该节点的关键字。将一个关键字的集合组织成二叉查找树的形式,是一种典型的改变表现的技术。在二叉查找树中进行节点的查找、插入和删除操作,效率都比较高(应该属于 $\theta(\log n)$),所以当树比较平衡时,对整个树中所有节点进行查找、插入和删除操作的总效率为 $\theta(n\log n)$。但当二叉树退化时,整个结构将变为和链表类似的形式,而这时这些操作的效率将退化为 $\theta(n)$。本节将使用两种方法保证二叉查找树的平衡,避免其产生退化的形式。

(1)通过旋转操作,把一棵不平衡的二叉查找树转换成平衡的形式。这里主要介绍的是 AVL 树,还有其他的方式,本书就不做介绍了。这种方法属于实例化简(将不平衡的二叉查找树转化为平衡的二叉查找树)。

(2) 另一种方式属于改变表现,即转化后的树不再是二叉树,可以出现更多的分支,这里主要介绍 2-3 树,更一般的形式是 B 树,读者可通过扩展阅读来进行其他形式实例的理解。

1) AVL 树

在计算机科学中,AVL 树是最先发明的自平衡二叉查找树。AVL 树得名于它的发明者 G. M. Adelson-Velsky 和 E. M. Landis,他们在 1962 年的论文 *An algorithm for the organization of information* 中发表了它。

AVL 树的定义首先要求该树是二叉查找树(满足排序规则),并在此基础上增加了每个节点的平衡因子的定义,一个节点的平衡因子是该节点的左子树树高减去右子树树高的值。如果树上所有节点的平衡因子都是 0、1 或者 −1,则该树就是一棵 AVL 树。如果一棵二叉搜索树是高度平衡的,那么它就成为了一棵 AVL 树,如果它有 n 个节点,其高度可保持在 $O(\log n)$。

如果在一棵原本是平衡的二叉搜索树中插入一个新节点,造成了不平衡,此时必须调整树的结构,使之平衡化。有四种情况可能导致二叉查找树的不平衡,分别为:

(1) LL:插入一个新节点到根节点的左子树(Left)的左子树(Left),导致根节点的平衡因子由 1 变为 2。

(2) RR:插入一个新节点到根节点的右子树(Right)的右子树(Right),导致根节点的平衡因子由 −1 变为 −2。

(3) LR:插入一个新节点到根节点的左子树(Left)的右子树(Right),导致根节点的平衡因子由 1 变为 2。

(4) RL:插入一个新节点到根节点的右子树(Right)的左子树(Left),导致根节点的平衡因子由 −1 变为 −2。

针对四种情况可能导致的不平衡,可以通过旋转使之变平衡。有两种基本的旋转。

(1) 左旋转:将根节点旋转到(根节点的)右孩子的左孩子的位置上。

(2) 右旋转:将根节点旋转到(根节点的)左孩子的右孩子的位置上。

平衡化旋转有两类:单旋转和双旋转。

因此,平衡化旋转的方法共有向右单向旋转(右单转),向左单向旋转(左单转),双向左右旋转(左右双转)和双向右左旋转(右左双转)四种。

LL 情况需要右单转解决,如图 5.9 所示。

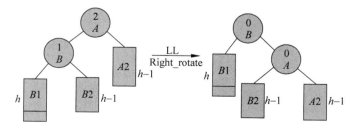

图 5.9 向右单向旋转(右单转)

RR 情况需要左单转解决,如图 5.10 所示。

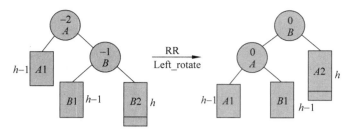

图 5.10　向左单向旋转(左单转)

LR 情况需要左右双转解决(先 B 左旋转,后 A 右旋转),如图 5.11 所示。

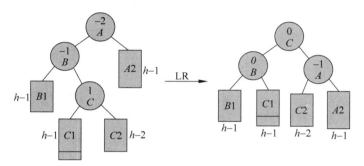

图 5.11　双向左右旋转(左右双转)

RL 情况需要右左双转解决(先 B 右旋转,后 A 左旋转),如图 5.12 所示。

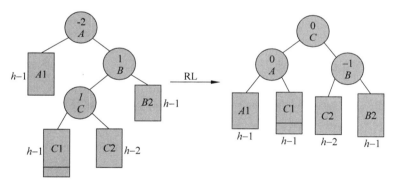

图 5.12　双向右左旋转(右左双转)

在不断的节点插入的过程中,如果出现原树中插入节点后其平衡因子变为 2 或者 −2 的情况,则需要进行上述的旋转操作,如果同时出现多个平衡因子为 2 或者 −2 的情况,旋转操作需要从距离插入节点最近的不平衡节点开始,如果该节点调整成功,将带来一系列节点成为平衡节点的情况。

设输入的关键码序列为{16,3,7,11,9,26,18,14,15},为该列表建立 AVL 树的插入和调整过程如图 5.13 所示。

AVL 树的效率如何?若在新节点插入前 AVL 树的高度为 h,节点数为 n,则插入一个新节点的效率是 $O(h)$。但,对于 AVL 树来说,h 的取值与 n 的关系如何?容易得到,n 最

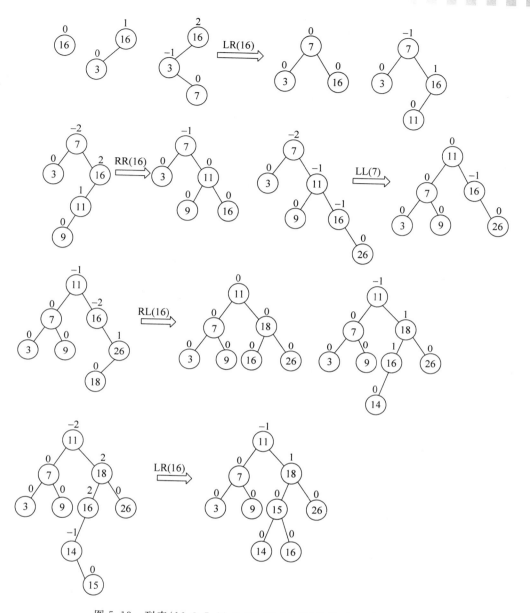

图 5.13　列表{16,3,7,11,9,26,18,14,15}构造 AVL 树过程图

大为 2^h-1,故 $h \geqslant \lfloor \log_2 n \rfloor$。

n 最小的情况下,为保证 AVL 树,则根的一棵子树的高度为 $h-1$,另一棵子树的高度为 $h-2$,同时这两棵子树也均为 AVL 树。因此,有 $h=0$ 时,$n=1$;$h>0$ 时,$n_h=n_{h-1}+n_{h-2}+1$(其中 n 的下标表示对应的树高度)。

解该递推关系,有 $n_0=1,n_1=2,n_2=4,n_h=n_{h-1}+n_{h-2}+1$。

设斐波那契数列中第 n 项为 F_n,$F_1=1,F_2=2,F_n=F_{n-1}+F_{n-2}$,因此,$n_h=F_{n+3}-1$。

由于 $F_n \approx \dfrac{\Phi^n}{\sqrt{5}}$,而 $\Phi=\dfrac{1+\sqrt{5}}{2}$,因此 $n_h \approx \dfrac{\Phi^{h+3}}{\sqrt{5}}-1$,求解可得:$h+3 \approx \log_\Phi \sqrt{5}+\log_\Phi(n+1)$。

已知 $\log_2\Phi\approx0.694$，可得 $h<1.44\log_2(n+1)-1$。

由此 $\lfloor\log_2 n\rfloor\leqslant h<1.44\log_2(n+1)-1$。

因此，在最差情况下 AVL 树的查找和插入操作效率属于 $\theta(\log n)$。

然而，AVL 树在这种高效率的背后，是在插入或删除过程中频繁的旋转操作，由此可以看到 AVL 树在维持平衡过程中付出的代价。

AVL 树属于实例化简的方式，它依然保持着二叉树的形式，只是引入了平衡因子，使得 AVL 树能够始终保持高度最低。

2）2-3 树

为了使查找树平衡，另一种实现的思路是允许树的节点包含不止一个键值，这种思路的最简单实现是 2-3 树。在 2-3 树中，每个内部节点（非叶子节点）有两个或三个孩子，而且所有叶子都在同一层上。例如，图 5.14 显示的是一棵高度为 2 的 2-3 树。包含两个孩子的节点称为 2-节点，二叉树中的节点都是 2-节点；包含三个孩子的节点称为 3-节点。

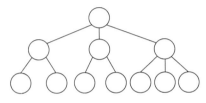

图 5.14　一棵高度为 2 的 2-3 树实例

2-3 树满足以下性质。

（1）一个节点包含一个或两个键值。

（2）每个内部节点有两个子节点（如果它有一个键值）或三个子节点（如果它有两个键值）。

（3）所有叶子节点都在树结构的同一层，因此树的高度总是平衡的。

2-3 树还满足排序树的关系，对于每个节点，左子树中所有后继节点的值都小于第一个键的值，而其中间子树中所有节点的值都大于或等于第一个键的值。如果节点有右子树的话（相应地，节点存储两个键值），那么其中间子树中所有后继节点的值都小于第二个键的值，而其右子树中所有后继节点的值都大于或等于第二个键的值。同时，同一层的键值从左到右依次增大。

2-3 树的查找方法与二分查找树相似，从根节点出发，如果在根节点找到查找值则查找成功返回，否则根据节点间的规则递归地查找下去，直到找到或返回失败。

在 2-3 树中插入新值时并不为其开辟一个新的叶子节点来存储，也就是说，2-3 树不是向下生长的。插入算法首先找到一个合适的叶子节点来存放该值，使树的性质不被破坏。如果该叶子节点只包含一个值（每个节点都最多有两个值），则简单地将该值放入叶子节点即可。如果叶子节点本身已经包含两个值了，则需要为当前加入的值开辟新的空间。设节点 L 为插入节点，但是该节点已经满了，也就是说，这个节点因为包含了三个值所以必须进行分裂。设新分裂出来的节点为 L'，则 L 将存储这三个值中最小的那个值，而 L' 则存储这三个值中最大的那个。处于中间的值将得到提升，作为插入值晋升到父节点去。如果父节点只包含一个键值，该值直接放入节点即可，否则，同样的"分裂-晋升"过程将在该父节点中进行，一直递归到根节点为止。

从 2-3 树删除一个节点。要从 2-3 树删除 I 项，首先定位包含它的节点 n。如果 n 不是叶子，则查找 I 的中序后继，并交换 I 与其中序后继。在交换后，删除总是从叶子开始。如果叶子包含除 I 之外的项。则只需删除 I 即可完成任务。但是，如果叶子只包含 I，则删除 I 将导致不包含数据项的叶子。此时，必须执行其他的一些操作，才能完成删除。

首先检查空叶子的兄弟。若其兄弟有两个项，则在兄弟、空叶子和叶子双亲之间重新分配数据项,如图 5.15(a)所示。若叶子的兄弟没有两个项,则将一个项从叶子的双亲下移到兄弟(之前它有一个项,所以有放置另一个项的空间),并删除空叶子,以归并叶子与邻接兄弟,如图 5.15(b)所示。

如上所述,通过从节点 n 下移一个项,可能导致节点 n 不再包含数据项,而且只有一个孩子,若出现这种情况,则为 n 递归应用删除算法。如果 n 的一个兄弟包含两个项和三个孩子,则在节点 n、兄弟和双亲之间重新分配项。另外,将兄弟的一个孩子给 n,如图 5.15(c)所示。

若 n 的兄弟都没有两个项,则归并 n 与兄弟,如图 5.15(d)所示。换言之,从双亲下移一个项,并使兄弟接纳 n 的一个孩子(之前的兄弟只有一个项和两个孩子),然后删除空叶子。若归并导致 n 的双亲没有项,则为其递归地应用删除过程。

若继续归并,将导致根没有项并只有一个孩子,此时简单的删除根。执行这个步骤时,树的高度减 1,如图 5.15(e)所示。

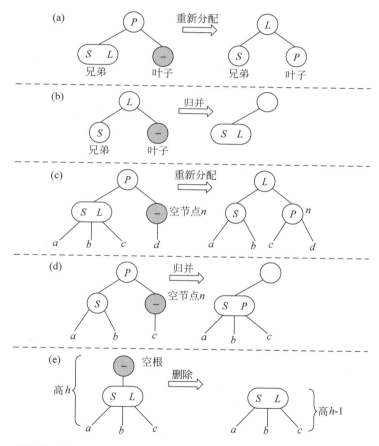

图 5.15　(a)重新分配值;(b)归并叶子;(c)重新分配值和叶子;(d)归并内部节点;(e)删除根

需要考虑 2-3 树的效率。从以上的插入和删除操作看,与其他查找树一样,2-3 树的操作与树的高度有关。最少节点的 2-3 树是一棵全部由 2 节点构成的满树,这种情况下如果树高为 h,节点数为 n,则有:

$$n \geqslant 1 + 2 + 2^2 + \cdots + 2^h = 2^{h+1} - 1, \quad \text{因此 } h \leqslant \log_2(n+1) - 1$$

最多节点的 2-3 树是一棵全部由 3 节点构成的满树，这种情况下如果树高为 h，节点数为 n，则有：

$$n \leqslant 2*1+2*3+2*3^2+\cdots+2*3^h = 3^{h+1}-1, \quad \text{因此 } h \geqslant \log_3(n+1)-1$$

由此可得，无论在何种情况下，对节点为 n 的 2-3 树进行查找、插入和删除操作的效率都属于 $\theta(\log n)$。

2-3 树的扩展是 B 树，这种数据结构及其变种可以用于外查找，感兴趣的读者可以作扩展阅读。

作为本节的结束，以列表{9、5、8、3、2、4、7}为例构造 2-3 树，如图 5.16 所示。

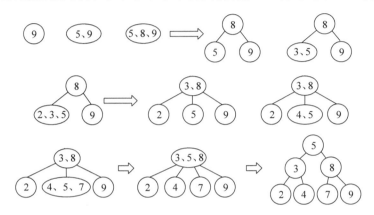

图 5.16　为列表{9、5、8、3、2、4、7}构造 2-3 树

2-3 树属于改变表现，为了保持树的高度，已经将树的形式改变成不仅限于二叉树的形式了，这样的改变使得 2-3 树始终是平衡的，并且所有叶子都处在同一个层次之上。

5.2.3　霍纳法则和二进制幂

本节讨论已知 x，求解多项式 $p(x)=a_nx^n+a_{n-1}x^{n-1}+\cdots+a_1x+a_0$ 的值的问题，以及该问题的特例：计算 x^n。

1）霍纳法则

霍纳法则是以英国数学家 W. G. Horner 的名字命名的，霍纳在 19 世纪早期发表了这个算法。霍纳法则是一个很好的改变表现的例子，多项式 $p(x)=a_nx^n+a_{n-1}x^{n-1}+\cdots+a_1x+a_0$ 可以用另一种方式表示，那就是不断把 x 作为公因子从降次以后的多项式中提取出来 $p(x)=(\cdots(a_nx+a_{n-1})x+\cdots)x+a_0$。

例如，对于多项式 $p(x)=2x^4-x^3+3x^2+x-5=x(x(x(2x-1)+3)+1)-5$。通过这样的提取，如果将 x 代换为某个值，就可以很迅速地得到多项式的值。例如，可以用表格记录每个系数在某个 x 值下的取值。表 5.4 记录了多项式在 $x=3$ 时的取值。

表 5.4　多项式 $p(x)=2x^4-x^3+3x^2+x-5$ 在 $x=3$ 时的取值

系数	2	-1	3	1	-5
$x=3$	2	$2*3-1=5$	$5*3+3=18$	$18*3+1=55$	$55*3-5=160$

由表 5.1 可以看到,对于多项式 $p(x)=2x^4-x^3+3x^2+x-5$,在 $x=3$ 处的取值是 $p(3)=160$。同时,会发现表格中的其他值 5,18,55 的取值是 $x=3$ 时 $2x-1,x(2x-1)+3,x(x(2x-1)+3)+1$ 的值。从表格计算中发现,只需要进行 4 次乘法计算就可以求得最终结果。一般的,如果对多项式 $p(x)=a_nx^n+a_{n-1}x^{n-1}+\cdots+a_1x+a_0$,只需要 n 次乘法就可以得出 x 取某个值时 $p(x)$ 的结果。

作为霍纳法则的副产品,可以得到 $p(x)$ 除以 $x-x_0$ 的商式和余数。以上例为例, $p(x)=2x^4-x^3+3x^2+x-5$ 除以 $x-3$ 的商的系数均在表格中,为 $2x^3+5x^2+18x+55$,余数就是 $p(x)$ 在 $x=3$ 时的值 160。

2) 二进制幂

霍纳法则并不是万能的,当多项式退化成 x^n 时,霍纳法则和蛮力法的求解复杂度是一样的。对于这种问题,可以使用二进制幂的方式来解决。首先,将 n 表示成二进制数,根据这个二进制数可以从左向右或者从右向左处理,以完成对 x^n 的计算。

如果将 n 表示成二进制,则 $n=b_1*2^l+b_{l-1}*2^{l-1}+\cdots+b_0$。

例如,$13=(1101)_2=1*2^3+1*2^2+0*2+1$

从左向右二进制幂的求解为:

$$x^{2a+b_i}=(x^a)^2*x^{b_i}=\begin{cases}(x^a)^2 & b_i=0\ \text{时} \\ (x^a)^2*x & b_i=1\ \text{时}\end{cases}$$

从左向右计算 a^{13},有:

n 的二进制位	1	1	0	1
累积结果	a	$a^2*a=a^3$	$(a^3)^2=a^6$	$(a^6)^2*a=a^{13}$

根据操作的情况,在输入 n 次幂的情况下,把 n 转化为二进制数,对 n 的二进制数中的每一位,需要进行两次乘法(如果该位为 1)或进行一次乘法(如果该位为 0),而 n 的二进制数大约有 $\log_2 n$ 位,所以这种乘法的次数为 $\theta(\log n)$ 类型。

从右向左二进制幂的求解为

若

$$a^n=a^{b_l*2^l+\cdots+b_i*2^i+\cdots+b_0}=a^{b_l*2^l}\cdots a^{b_i*2^i}\cdots a^{b_0}$$

计算时

$$a^{b_i2^i}=\begin{cases}a^{2^i} & b_i=1\ \text{时} \\ 1 & b_i=0\ \text{时}\end{cases}$$

按以上方法求各项的乘积就是从右向左二进制幂的计算方法。

从右向左计算 a^{13},有:

结果	1	1	0	1	n 的二进制位
	a^8	a^4	a^2	a	权项 a^{2^i}
a^{13}	a^5*a^8	$a*a^4$	$a*1$	a	累乘结果

从以上两种方法来看,两种算法的基本操作及复杂度相同,这都与指数 n 的二进制展开式相关。

霍纳法则和二进制幂都是改变表现的例子,它们对输入的形式进行了改变,以谋求更好的处理方法。

5.2.4　问题化简

问题化简是一种重要的处理问题的策略,这种处理策略把正在处理的问题化简为另一个问题,而另一个问题是已经可以求解或者已知该如何求解的问题。通过这种转化,可以很方便地解决新问题。这种思路的典型应用是解析几何,在学习解析几何时是使用代数的方法解决几何问题的,从而化简了几何问题。在实际应用中,经常会使用这样的方法求解一些新领域的问题。当然,在算法问题中,还需要考虑算法的效率问题,也就是说,转换之后的问题在求解时,其复杂度不能高于原问题求解的复杂度。接下来,来看几个这样的例子。

1) 求最小公倍数问题

求解两个正整数 m 和 n 的最小公倍数 lcm(m,n)。最小公倍数是能够同时被 m 和 n 整除的最小整数。对照最大公约数的解法,可以有质因数分解法和循环测试法两种求解方法。质因数分解法是:对 m 和 n 进行质因数分解,找到二者的公共质因数和不同质因数,然后将公共质因数只取一份(这部分其实就是最大公约数),再将不同的质因数都取出,最后求这些质因数的乘积,将得到最小公倍数。当然,这种求法也需要计算质因数表,同样的,这种求法的效率也会非常差。依照定义,有与求解最大公约数相对应的蛮力法,取 m 和 n 的较大值,然后测试它能否同时整除 m 和 n,如能,则找到最小公倍数,如不能,则对该数值进行加 1 后继续测试。对给定的正整数 m 和 n,这个方法一定能够停止。这个方法具有蛮力法的特性。

如果通过问题化简,则可以找到和欧几里得法求解最大公约数同样高效的算法(或者说就是这个欧几里得法本身)。因为 m 和 n 的乘积恰恰就是其最大公约数与最小公倍数的乘积(这由二者的定义很容易发现,而且在质因数分解法中已经发觉这个事实了)。这样,可以用高效的欧几里得法求解出最大公约数,然后用 m 和 n 的乘积除以这个最大公约数,就得到了最小公倍数。通过这个化简,不仅高效地得到了最小公倍数,而且同时也得到了最大公约数。

2) 计算图的路径数量

如何计算图中两点间路径数量的问题。用数学归纳法可以很容易证明,从图(有向图或者无向图均可)中第 i 个顶点到第 j 个顶点之间,长度为 $k(k>0)$ 的路径数等于矩阵 A^k 的第 i 行第 j 列的元素,其中矩阵 A 是该图的邻接矩阵。所以,只要计算图的邻接矩阵的 k 次幂,就可以找到任意两点之间距离为 k 的路径数量。

作为一个例子,如图 5.17 所示。它的邻接矩阵 A 和其平方 A^2,分别表示了图中相应顶点长度为 1 和 2 的路径数量。例如,有 3 条从顶点 a 到顶点 a 长度为 2 的路径 a-b-a、a-c-a、a-d-a。而从顶点 a 到顶点 c 长度为 2 的路径只有 1 条 a-d-c。

3) 简化为图的问题

图问题是实际问题中许多问题的抽象,可以把实际中的许多问题抽象为图问题加以描述和解决。在这种抽象过程中,一种常用的方法是将图的顶点用来表示所讨论问题的状态,而边则是这些状态之间的转换关系。这种图称为状态空间图。通过这种转换,可以把问题

$$A=b\begin{array}{c} & a & b & c & d \\ a & 0 & 1 & 1 & 1 \\ b & 1 & 0 & 0 & 0 \\ c & 1 & 0 & 0 & 1 \\ d & 1 & 0 & 1 & 0 \end{array}$$

$$A^2=b\begin{array}{c} & a & b & c & d \\ a & 3 & 0 & 1 & 1 \\ b & 0 & 1 & 1 & 1 \\ c & 1 & 1 & 2 & 1 \\ d & 1 & 1 & 1 & 2 \end{array}$$

图 5.17 例图及其邻接矩阵 A 和 A^2

简化为求解从初始状态顶点到目标状态顶点之间路径的问题。这种状态空间图可以描述非常复杂的问题,在人工智能中,经常会进行状态空间图的描述和转换,这类复杂的问题可以通过状态空间图进行有效的求解,当然其中涉及的算法可能会非常的复杂,同时由于状态空间图会很容易引起组合爆炸问题,这里只列举一个简单的例子——过河谜题。

过河谜题:一个农夫带了一只狼、一只羊和一棵白菜,他需要把这三样东西用船带到河对岸,由于船容量有限,一次农夫只能带一样东西过河,并且如果农夫不在场,狼会吃羊,羊会吃白菜。问农夫如何用一艘小船把这三样东西带到河对岸。这个问题大家都可以很容易地得到答案,用状态空间图来描述这个问题及其解答过程。图中农夫用 P 代表,狼是 w,羊是 g,白菜是 c,河是 $\parallel$。图的每个顶点代表河两岸的物品情况,顶点之间的边上表示了船所承载的物品。对这个问题关心的是从初始状态 Pwgc$\parallel$ 到结束状态 $\parallel$Pwgc 这两个顶点之间的路径,这条路径表示了过河的过程。

由图 5.18 可以看出,这个状态空间图中,从起点到终点有两条不同的简单路径,表示本题的两种不同解,这两种解都是最简解,最简解需要穿越 7 次河。

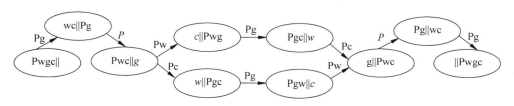

图 5.18 过河谜题的状态空间图

总结

本章主要介绍了分治法的变体策略:减治法和变治法。用一句话叙述这两种方法是,找到原模型和新模型之间的关系,然后进行处理。减治法是找原规模问题和减小规模问题之间的关系;而变治法是先对问题进行处理,以寻求改变,使之后的问题更容易进行处理。这几种思想在实际处理问题的过程中经常会用到,请读者总结思路,以便在遇到新问题时有所应对。

习题 5

1. 设计一个减一算法,生成一个 n 个元素集合的幂集(及该集合的所有子集)。
2. 应用插入排序对序列 $2,6,1,4,5,3,2$ 进行排序。

3. 能否实现一个对链表排序的插入排序算法,并分析其效率。

4. 试实现折半插入排序算法,并分析其最差效率。

5. 对下图进行拓扑排序。并考虑是否有多种方法进行拓扑排序。

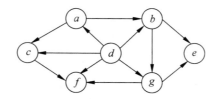

6. 试写出按照字典序生成排列的算法,并实现。

7. 试考虑用二进制反射格雷码来解决汉诺塔问题。

8. 应用俄式乘法计算 52×34。

9. 试证明,如果只做一次查找,一个由基于比较的最高效排序算法和折半查找构成的查找算法,该算法的平均效率比顺序查找的平均效率差。

10. 试写程序,为包含 n 个整数的列表构造一棵 2-3 树。

动态规划

动态规划是运筹学的一个分支,是一种求解决策过程最优化的数学方法。动态规划开始只是应用于多阶段决策性问题,后来逐渐发展成为解决离散最优化问题的有效手段,进一步应用于一些连续性问题上。动态规划在经济、工程技术、企业管理、工农业生产及军事等领域中都有广泛的应用。

动态规划本质上是进行分治和处理冗余,适用于解决最优化问题,如最短路径、资源分配、最优装载、库存管理等问题。动态规划设计方法往往非常精巧,形式灵活多变,通常没有固定的框架,即便是应用到同一问题,也可以建立多种形式的求解算法。

6.1 概述

动态规划最初是为了解决多阶段决策问题而诞生的。20 世纪 50 年代初美国数学家 R. E. Bellman 等人在研究多阶段决策过程(multistep decision process)的优化问题时,把多阶段过程转化为一系列单阶段问题,创立了解决这类过程优化问题的新方法——动态规划。

让我们在进行深入的学习动态规划算法之前,先了解一下多阶段决策问题,并初步体会动态规划算法解决该问题的精妙吧。

例 6.1 求多阶段图中的最短路径问题。在图 6.1 中找出从 A 到 E 的最短路径。

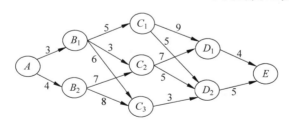

图 6.1 多阶段图的最短路径

【分析】 进行该问题求解时,可以采用蛮力法,即采用穷举的搜索方法,将所有可能的路径全部搜索一遍,从中找出最短的路径。可能的路径有:$A \rightarrow B_1 \rightarrow C_1 \rightarrow D_1 \rightarrow E$,$A \rightarrow B_1 \rightarrow C_1 \rightarrow D_2 \rightarrow E$,$A \rightarrow B_1 \rightarrow C_2 \rightarrow D_1 \rightarrow E$,$A \rightarrow B_1 \rightarrow C_2 \rightarrow D_2 \rightarrow E$,……可以明显看出,其处理方法是一个组合问题,对于规模为 n 的问题,时间复杂度为 $O(n!)$,是一个“指数级”的算法。

对上述穷举搜索过程分析,采用动态规划算法思想进行改进。

(1)在搜索路径时,记录重复路径计算的结果。

如在路径 $A{\rightarrow}B_1{\rightarrow}C_2{\rightarrow}D_1{\rightarrow}E$ 和 $A{\rightarrow}B_2{\rightarrow}C_2{\rightarrow}D_1{\rightarrow}E$ 中，$C_2{\rightarrow}D_1{\rightarrow}E$ 路径重复了两次。在路径 $A{\rightarrow}B_1{\rightarrow}C_3{\rightarrow}D_2{\rightarrow}E$ 和 $A{\rightarrow}B_2{\rightarrow}C_3{\rightarrow}D_2{\rightarrow}E$ 中，$C_3{\rightarrow}D_2{\rightarrow}E$ 路径也重复了两次。改进方法是，对重复路径只计算一次，将结果进行记录，下次使用时，直接调用记录结果。

（2）对原问题进行阶段分解，采用逆向思维法，将多阶段问题转化为单阶段求解。

将图 6.1 中的点分为五类，其中 A 为起点，E 为终点，B_1 和 B_2 合为 B 点，C_1、C_2 和 C_3 合为 C 点，D_1 和 D_2 合为 D 点。即最短路径问题划分为四个阶段：$A{\rightarrow}B$、$B{\rightarrow}C$、$C{\rightarrow}D$、$D{\rightarrow}E$。

原问题要求从 A 到 E 的最短路径 $\min\{\mathrm{dist}(A{\rightarrow}B{\rightarrow}C{\rightarrow}D{\rightarrow}E)\}$，记为 $V(A)$。步骤如下。

① 计算从 D 到 E 的最短路径 $\min\{\mathrm{dist}(D{\rightarrow}E)\}$，记为 $V(D)$。

则 $V(A)=\min\{\mathrm{dist}(A{\rightarrow}B{\rightarrow}C{\rightarrow}D)+V(D)\}$。

② 计算从 C 到 E 的最短路径 $\min\{\mathrm{dist}(C{\rightarrow}D{\rightarrow}E)\}$，记为 $V(C)$。

则 $V(A)=\min\{\mathrm{dist}(A{\rightarrow}B{\rightarrow}C)+V(C)\}$。

其中 $V(C)=\min\{\mathrm{dist}(C{\rightarrow}D)+V(D)\}$。（$V(D)$可利用步骤①的结果）

③ 计算从 B 到 E 的最短路径 $\min\{\mathrm{dist}(B{\rightarrow}C{\rightarrow}D{\rightarrow}E)\}$，记为 $V(B)$。

则 $V(A)=\min\{\mathrm{dist}(A{\rightarrow}B)+V(B)\}$。

其中 $V(B)=\min\{\mathrm{dist}(B{\rightarrow}C)+V(C)\}$。（$V(C)$可利用步骤②的结果）

④ 最后计算从 A 到 E 的最短路径 $V(A)=\min\{\mathrm{dist}(A{\rightarrow}B)+V(B)\}$。（$V(B)$可利用步骤③的结果）

具体计算过程如下。

将最短路径问题划分为四个阶段：$A{\rightarrow}B$、$B{\rightarrow}C$、$C{\rightarrow}D$、$D{\rightarrow}E$。

$D{\rightarrow}E$ 阶段：（源点有两个，D_1 和 D_2）

$V(D_1)=\min\{\mathrm{dist}(D_1{\rightarrow}E)\}=\min\{4\}=4$

$V(D_2)=\min\{\mathrm{dist}(D_2{\rightarrow}E)\}=\min\{5\}=5$

$C{\rightarrow}D$ 阶段：（源点有三个，C_1、C_2 和 C_3）

$$V(C_1)=\min\{\mathrm{dist}(C_1\rightarrow D)+V(D)\}$$
$$=\min\begin{cases}\mathrm{dist}(C_1\rightarrow D_1)+V(D_1)\\\mathrm{dist}(C_1\rightarrow D_2)+V(D_2)\end{cases}=\min\begin{cases}9+4\\5+5\end{cases}=10（最短路径为 C_1\rightarrow D_2）$$

$$V(C_2)=\min\{\mathrm{dist}(C_2\rightarrow D)+V(D)\}$$
$$=\min\begin{cases}\mathrm{dist}(C_2\rightarrow D_1)+V(D_1)\\\mathrm{dist}(C_2\rightarrow D_2)+V(D_2)\end{cases}=\min\begin{cases}7+4\\5+5\end{cases}=10（最短路径为 C_2\rightarrow D_2）$$

$$V(C_3)=\min\{\mathrm{dist}(C_3\rightarrow D)+V(D)\}$$
$$=\min\{\mathrm{dist}(C_3\rightarrow D_2)+V(D_2)\}=\min\{3+5\}=8（最短路径为 C_3\rightarrow D_2）$$

$B{\rightarrow}C$ 阶段：（源点有两个，B_1 和 B_2）

$$V(B_1)=\min\{\mathrm{dist}(B_1\rightarrow C)+V(C)\}$$
$$=\min\begin{cases}\mathrm{dist}(B_1\rightarrow C_1)+V(C_1)\\\mathrm{dist}(B_1\rightarrow C_2)+V(C_2)\\\mathrm{dist}(B_1\rightarrow C_3)+V(C_3)\end{cases}=\min\begin{cases}5+10\\3+10\\6+8\end{cases}=13（最短路径为 B_1\rightarrow C_2）$$

$$V(B_2) = \min\{\text{dist}(B_2 \rightarrow C) + V(C)\}$$

$$= \min\begin{cases}\text{dist}(B_2 \rightarrow C_2) + V(C_2) \\ \text{dist}(B_2 \rightarrow C_3) + V(C_3)\end{cases} = \min\begin{cases}7+10 \\ 8+8\end{cases} = 16（最短路径为 B_2 \rightarrow C_3）$$

$A \rightarrow B$ 阶段：

$$V(A) = \min\{\text{dist}(A \rightarrow B) + V(B)\}$$

$$= \min\begin{cases}\text{dist}(A \rightarrow B_1) + V(B_1) \\ \text{dist}(A \rightarrow B_2) + V(B_2)\end{cases} = \min\begin{cases}3+13 \\ 4+16\end{cases} = 16（最短路径为 A \rightarrow B_1）$$

由最后一个阶段，$A \rightarrow B$ 阶段，最终得到从 A 点到 E 点的全过程的最短路径为 $A \rightarrow B_1 \rightarrow C_2 \rightarrow D_2 \rightarrow E$，最短路程长度为 16。

从以上过程可以看出，采用动态规划算法解决多阶段决策问题，其本质是分治算法。即将含四个阶段 $A \rightarrow B \rightarrow C \rightarrow D \rightarrow E$ 的原问题决策，先分解为简单的单阶段 $A \rightarrow B$ 和三阶段 $B \rightarrow C \rightarrow D \rightarrow E$ 的决策；而 $B \rightarrow C \rightarrow D \rightarrow E$ 的决策又分解为单阶段 $B \rightarrow C$ 和两阶段 $C \rightarrow D \rightarrow E$ 的决策；$C \rightarrow D \rightarrow E$ 的决策又分解为两个单阶段 $C \rightarrow D$ 和 $D \rightarrow E$ 的决策，最后求解 $D \rightarrow E$ 的决策。实现时进行逆向求解，即逆序求解 $D \rightarrow E$、$C \rightarrow D \rightarrow E$、$B \rightarrow C \rightarrow D \rightarrow E$，最后求解 $A \rightarrow B \rightarrow C \rightarrow D \rightarrow E$，便得到了全过程的最短路径及最短距离，同时附带得到了一组最优结果（即各阶段的点到终点 E 的最优结果）。

对上述动态规划算法进行分析，其过程将单阶段求得的最短路径的距离进行存储，以备后续调用，同时，算法只需要一个双重循环就可以实现各个阶段各个点的最短路径求解（具体算法读者可以自己实现），因此算法的时间复杂度为 $O(n^2)$，比穷举搜索算法的时间复杂度要小得多。

在上述的最短路径求解中，动态规划已显示出在求解多阶段决策问题中的较强的优势，其核心是将多阶段决策转化为单阶段决策求解，降低每一阶段决策的难度，同时记录决策的阶段结果，以备重复使用。

构造动态规划算法比较复杂，不能提供一套固定的模式，它必须对具体问题具体分析，建立相应的模型而后进行求解。必须强调的是，动态规划不是万能的，它只适用于解决一定条件下的最优策略问题。

6.2 算法特点

由例 6.1 可知，动态规划的本质是分治算法，即将待求解问题分解成若干个子问题，先求解子问题，然后从这些子问题的解得到原问题的解。与分治法明显不同的是，适合于动态规划求解的问题，经分解后得到的子问题（子问题的数目一般是多项式量级）往往不是相互独立的。如果用分治法来解这类问题，由于子问题不相互独立，导致有些子问题被重复计算了多次，以至于最后解决原问题需要耗费指数类型的时间复杂度。动态规划算法的思想之一就是保存已解决的子问题的结果，而在需要时直接获取已保存的结果，这样就可以避免大量的重复计算，从而得到多项式类型的时间复杂度的算法，因此把这种方法称之为带有记忆功能的分治法。这也是动态规划算法高效的原因之一。

但保存了重复子问题结果的分治法就构成了动态规划算法吗？答案是否定的。这要从待解决问题的性质进行考虑。如果待解决问题不进行最优的求解，仅仅由具有交叠的子问题组成，则可以简单采用上述带有记忆功能的分治法进行求解。这种方法是动态规划地简化变形，又称之为**备忘录方法**。但如果待解决问题属于最优决策问题，在对原问题划分为子问题或多阶段后，在每一个子问题或阶段，都有一个决策过程以获取子问题或阶段的最优，这时还必须保证通过每一个子问题或阶段的最优决策能得到原问题的最优决策，即要求原问题满足最优化原理。

例 6.1 中，在每一个阶段都进行了本阶段源点到下一阶段的最短路径的求解，并且该过程表明由各个阶段的最短路径一定构成了从起点到终点的最短路径，所以最短路径问题满足最优化原理。因此读者需要注意的是，如果原问题不满足最优化原理，则该问题不能采用动态规划算法实现。

通常动态规划的执行方式是自底向上递推所有子问题或单阶段的最优值，对每一个子问题或单阶段只求解一次，然后把结果存放在一个表中，以备在重复时查阅，并最终获得原问题的最优决策。

下面将详细介绍动态规划算法的特点。

6.2.1　备忘录方法

备忘录方法是动态规划算法的简单变形。如果原问题仅由交叠的子问题组成，而不进行最优决策的求解，则动态规划算法的核心就简化为分治和解决冗余。

备忘录方法同分治法类似，先采用通用的递推式将原问题进行分解，而后分别求解这些子问题，并为每个处理过的子问题建立备忘录，即建立一张表记录子问题的求解结果，以备需要时查看，从而避免了重复求解。

由于备忘录方法不涉及最优决策，因此既可采用自顶向下的递归方式也可采用自底向上的递推方式。

下面先看一个简单的例子。

例 6.2　求斐波那契数列 $0,1,1,2,3,5,8,13,21,34,\cdots$ 中第 n 个斐波那契数。

【分析】　考虑第 n 个斐波那契数的递推式：

$$F(n) = \begin{cases} 0 & n = 0 \\ 1 & n = 1 \\ F(n-1) + F(n-2) & n \geq 2 \end{cases} \tag{6.1}$$

递推式(6.1)计算斐波那契数 $F(n)$，是以计算它的两个子问题 $F(n-1)$ 和 $F(n-2)$ 的形式来表达的，其直接递归算法读者可见第 2 章。

直接递归算法在计算斐波那契数 $F(n)$ 的过程中，有些子问题被重复计算了多次，并且 n 值越大，重复计算的现象越严重。以计算 $F(5)$ 为例，其递归树如图 6.2 所示，从图中可以看出，$F(3)$ 被计算了两次，$F(2)$ 被计算了三次。由第 2 章也可知，采用直接递归算法实现计算斐波那契数的时间复杂度是指数级的，效率低下。

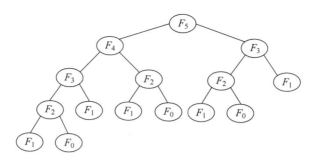

图 6.2 斐波那契递归树

现采用备忘录方法，用一张表（数组形式）记录 $n+1$ 个 $F(n)$ 的连续值。记录方式可采用自底向上的递推方式或自顶向下的递归方式。其中自底向上的递推方式算法见第 2 章。

【自顶向下的递归方式】

备忘录方法常见的递归形式是自顶向下的方式，其控制结构与直接递归方法相同，区别在于备忘录方法为每个子问题建立一个记录项。初始化时，该记录项存入一个特殊的值，表示该子问题尚未解决。在递归求解过程中，每遇到一个子问题，首先查看其相应的记录项。若仍是初始值，则表示该子问题第一次遇到，于是进行求解，并保存求解结果，以备以后查看；若记录项中已不是初始值，则表示该子问题已被计算，只要从记录项中取出该子问题的解即可。算法如下。

```
int TopDownFibonacci (int n, int F[0..n])
{
    for i = 0 to n do F[i] = -1;    //初始化 F[i],其值为-1 表示该斐波那契数还没有计算
    F[0] = 0;
    F[1] = 1;
    return Fibonacci(n,F);
}
int Fibonacci (int n, int F[0..n])
{
    if (F[n] <> -1) return F[n];                    //表示该斐波那契数已计算,可直接取出
    int u = Fibonacci (n-1,F) + Fibonacci (n-2,F);
    F[n] = u;
    return F[n];
}
```

例 6.3 计算二项式系数 $C(n,k)$ 或者 $\binom{n}{k}$ 的值。

【分析】 计算二项式系数是备忘录方法应用于非最优化问题的标准例子。有二项式公式

$$(a+b)^n = C(n,0)a^n + \cdots + C(n,k)a^{n-k}b^k + \cdots + C(n,n)b^n$$

二项式系数有如下性质：

$(a+b)^1$	$C(1,0)\ C(1,1)$	1 1
$(a+b)^2$	$C(2,0)\ C(2,1)\ C(2,2)$	1 2 1
$(a+b)^3$	$C(3,0)\ C(3,1)\ C(3,2)\ C(3,3)$	1 3 3 1
$(a+b)^4$	$C(4,0)\ C(4,1)\ C(4,2)\ C(4,3)\ C(4,4)$	1 4 6 4 1
$(a+b)^5$	$C(5,0)\ C(5,1)\ C(5,2)\ C(5,3)\ C(5,4)\ C(5,5)$	1 5 10 10 5 1
$(a+b)^6$	$C(6,0)\ C(6,1)\ C(6,2)\ C(6,3)\ C(6,4)\ C(6,5)\ C(6,6)$	1 6 15 20 15 6 1
$(a+b)^7$	$C(7,0)\ C(7,1)\ C(7,2)\ C(7,3)\ C(7,4)\ C(7,5)\ C(7,6)\ C(7,7)$	1 7 21 35 35 21 7 1

因此得二项式系数的递归式和特殊值如下:

$$C(n,k) = \begin{cases} 1 & k=0\ \text{或}\ k=n \\ C(n-1,k-1)+C(n-1,k) & n>k>0 \end{cases} \tag{6.2}$$

递归式(6.2)将 $C(n,k)$ 的计算问题表示为 $C(n-1,k-1)$ 和 $C(n-1,k)$ 两个较小的交叠的子问题。根据这个特点我们可以采用备忘录方法对它进行求解。可以把二项式系数记录在一张 $n+1$ 行 $n+1$ 列的二维数组中,并且只需存放数组的下三角部分就可以了,如表 6.1 所示。表 6.1 显示第一列和对角线上的二项式系数值全部为 1,其余单元的值等于前一行前一列单元的值与前一行当前列单元值的累加。表 6.2 给出了当 $n=7$ 时数组中记录的二项式系数的值。

表 6.1   备忘录方法中,计算二项式系数 $C(n,k)$

	0	1	2	⋯	$k-1$	k	⋯	n
0		1						
1		1	1					
2		1			1			
⋯								
k		1				1		
⋯								
$n-1$		1			$C(n-1,k-1)$ $C(n-1,k)$			
n		1				$C(n,k)$		1

表 6.2   计算二项式系数 $C(7,k)$

	0	1	2	3	4	5	6	7
0	1							
1	1	1						
2	1	2	1					
3	1	3	3	1				
4	1	4	6	4	1			
5	1	5	10	10	5	1		
6	1	6	15	20	15	6	1	
7	1	7	21	35	35	21	7	1

下面给出备忘录方法自顶向下的递归方式和自底向上的递推方式求解二项式系数的算法。

【方法 1：自顶向下的递归方式】

```
int TopDownBinomial (int n, int k, int C[0..n][ 0..n])
{
    for i = 0 to n do
        for j = 0 to min(i,k) do   //只存储下三角矩阵
            if (j = = 0 ‖ i = = j) C[i][j] = 1;
            else C[i][j] = 0;
    return Binomial (n,k,C)
}
int Binomial(int n, int k, int C[0..n][ 0..n])
{
    if (C[n][k]> 0) return C[n][k];
    int result = Binomial(n-1,k,C) + Binomial(n-1,k-1,C);
    C[n][k] = result;
    return C[n][k];
}
```

【方法 2：自底向上的递推方式】

```
int BottomUpBinomial(int n, int k, int C[0..n][ 0..n])
{
    for i = 0 to n do
        for j = 0 to min(i,k) do // 只存储下三角矩阵
            if (j == 0 ‖ i == j) C[i][j] = 1;
            else      C[i][j] = C[i-1][j-1] + C[i-1][j];
    return C[n][k];
}
```

考察自底向上的递推算法的时间效率。可以通过由输入不同的 n 值和 k 值,观察二重循环内语句的执行次数,以此来判断此算法的效率如何。表 6.3 所展示的是在执行过程中,外层循环中不同的 i 值对应内层循环语句的被执行的次数。

表 6.3　自底向上计算二项式系数执行过程中执行次数

i	0	1	2	3	⋯	k	$k+1$	⋯	n
内层循环语句的执行次数	1	2	3	4	⋯	$k+1$	$k+1$	⋯	$k+1$

因此,内层循环语句的执行总次数为

$$1+2+3+4+\cdots+k+\underbrace{(k+1)+(k+1)+\cdots(k+1)}_{n-k+1\text{个}}$$

即上式等于

$$\frac{k(k+1)}{2}+(n-k+1)(k+1)=\frac{(2n-k+2)(k+1)}{2}\in \Theta(nk)$$

与直接采用式(6.2)的求解二项式系数的递归算法进行比较,可以确定这是一个高效的

算法。继而可以再分析一下,该动态规划算法实际上是不需要二维数组空间的,只需要一个一维空间就足够了,读者可以自己进行思考。

6.2.2　最优化原理

当待求解问题属于最优化问题时,要采用动态规划算法必须保证原问题满足最优化原理。

最优化原理(Principle of optimality)最初是由美国数学家 R. Bellman 等人在采用动态规划算法求解多阶段最优决策问题时提出来的,表述如下:一个过程的最优决策具有这样的性质:即无论其初始状态和初始决策如何,其今后诸策略对以第一个决策所形成的状态作为初始状态的过程而言,必须构成最优策略。简言之,一个最优策略的子策略,对于它的初态和终态而言也必是最优的。

对最优化原理可以通俗地理解为子问题的局部最优将导致整个问题的全局最优,也就是说一个问题的最优解只取决于其子问题的最优解,非最优解对问题的求解没有影响。在例 6.1 最短路径问题中,A 到 E 的最优路径上的任一点到终点 E 的路径也必然是该点到终点 E 的一条最优路径,满足最优化原理。

最优化原理是动态规划的基础。任何一个问题,如果失去了这个最优化原理的支持,就不可能用动态规划算法实现。下面看一个反例。

例 6.4　余数最小的路径。在图 6.3 中有 4 个点,分别是 A、B、C、D,相邻两点用两条连线 C_{2k},C_{2k-1}($1 \leqslant k \leqslant 3$)表示两条通路,连线上的数字表示通路的长度。找出从 A 到 D 的路径长度除以 4 所得余数最小的路径。

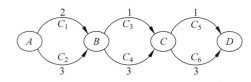

图 6.3　余数最小的路径

【分析】　这个问题的求解似乎与例 6.1 相似,也是路径问题,但如果还按照原来的方法求解就会发生错误。按照例 6.1 的思想,从 A 到 D 的最短路径取值可以由从 B 到 D 的最短路径取值来确定,而从 B 到 D 的最优取值为($1+3$) mod 4=0,所以 A 的最优值应为 2,而实际上,路径 C_1—C_3—C_5 可得从 A 到 D 的最优值为($2+1+1$) mod 4=0,所以,B 的最优路径并不是 A 的最优路径的子路径,也就是说,A 的最优取值不是由 B 的最优取值决定的,即问题不满足最优化原理,因此不能采用动态规划算法实现。

在分析问题的最优化原理时,通常选用的的方法是反证法。首先假设由原问题的最优解导出的子问题的解不是最优的,然后再设法说明在这个假设下可构造出比原问题最优解更好的解,从而导致矛盾。

待求解问题是否满足最优化原理的判断有时比较复杂,具体问题需具体分析。

6.2.3　求解步骤

动态规划算法适合在采用分治算法时划分得到的子问题不相互独立的情况下使用,并能求解最优化问题,但必须保证原问题满足最优化原理。通常可以按照以下步骤进行设计。

(1) 最优化分析,即分析最优值的结构,刻画其结构特征。

（2）递归地定义最优值。

（3）重叠子问题分析。

（4）按自底向上或自顶向下记忆化的方式计算最优值和最优解。

下面各个小节将分别讨论动态规划算法在实际中的应用。对每一个应用，先对问题进行描述，然后将按照上述介绍的四个步骤进行设计和实现。

6.3 矩阵连乘问题

1）问题描述

给定 n 个矩阵 $\{A_1, A_2, \cdots, A_n\}$，其中 A_i 与 A_{i+1} 是可乘的（$i=1,2,\cdots,n-1$）。如何确定矩阵连乘积的计算次序，使得依此次序计算矩阵连乘积需要的数乘次数最少。

【分析】 矩阵连乘积的计算次序是指矩阵乘法满足结合律，计算次序可以用加括号的方式将多个矩阵连乘转化为每次只进行两个矩阵相乘的标准算法。

若 A 是一个 $p \times q$ 矩阵，B 是一个 $q \times r$ 矩阵，则计算其乘积 $C=AB$ 的标准算法中，需要进行 pqr 次数乘。在矩阵连乘问题中，由于运用加括号方式的不同，会导致不同的数乘次数。

例如有三个矩阵 $\{A_1, A_2, A_3\}$，设这三个矩阵的维数分别为 $10 \times 100, 100 \times 5, 5 \times 50$。加括号的方式只有两种：$((A_1A_2)A_3)$，$(A_1(A_2A_3))$。第一种方式需要的数乘次数为 $10 \times 100 \times 5 + 10 \times 5 \times 50 = 7500$，第二种方式需要的数乘次数为 $100 \times 5 \times 50 + 10 \times 100 \times 50 = 75\,000$，第二种加括号方式的计算量是第一种方式计算量的 10 倍。

由此可见，在计算矩阵连乘积时，加括号的方式，即计算次序对计算量有很大的影响。在实际中，希望找到一种矩阵连乘积需要的数乘次数最少的加括号方法，即最优计算次序。

容易想到的是穷举搜索的方法，即对 n 个矩阵连乘的每一种加括号方法都进行乘法次数的统计，从中找出最小计算量的加括号方法。令 $P(n)$ 表示 n 个矩阵不同的计算次序，即不同加括号的方式。可以考虑在第 k 个和第 $k+1$ 个矩阵之间加括号（$k=1,2,\cdots,n-1$），将原矩阵分成两个矩阵子序列，然后对两个矩阵子序列继续加括号，直至得到原矩阵序列的一种计算次序。由此，可得到 $P(n)$ 的递归式如下。

$$P(n) = \begin{cases} 1 & n=1 \\ \displaystyle\sum_{k=1}^{n-1} P(k)P(n-k) & n>1 \end{cases} \tag{6.3}$$

解此递归方程可得，$P(n)$ 实际上是 Catalan 数，即 $P(n) = C(n-1)$，其中

$$C(n) \frac{1}{n+1} C_{2n}^n = \Omega(4^n/n^{3/2})$$

因此穷举搜索法的复杂度是 n 的指数级函数，当 n 很大时，不是一个有效的算法。

2）最优化分析

通过递归式（6.3）发现，为确定矩阵的计算次序而采用加括号的方式是有层次的，每一次加括号，都将原矩阵分成两个矩阵子序列。如 4 个矩阵连乘 $\{A_1, A_2, A_3, A_4\}$，$(A_1(A_2(A_3A_4)))$ 是一种加括号的方式，其中，在 A_1 和 A_2 之间加的括号为第一层，将原矩阵分为 $\{A_1\}$ 和 $\{A_2, A_3, A_4\}$ 两个子矩阵；然后在第二个矩阵中的 A_2 和 A_3 之间加的括号为第二

层,将$\{A_2,A_3,A_4\}$又分为$\{A_2\}$和$\{A_3,A_4\}$两个子矩阵。

考虑n个矩阵连乘$\{A_1,A_2,\cdots,A_n\}$,假定使其数乘次数最少的最优计算次序已经确定,其第一层括号加在第k个和第$k+1$个矩阵之间,将原矩阵序列分成了两个子矩阵序列$\{A_1,A_2,\cdots,A_k\}$和$\{A_{k+1},A_{k+2},\cdots,A_n\}$,则生成的这两个矩阵子序列的计算次序也一定最优,即具有最少数乘次数。以此类推,继续推广到每一层加括号。

该论述表明了矩阵连乘问题满足最优化原理。可以用反证法证明:若上述矩阵子序列之一$\{A_1,A_2,\cdots,A_k\}$不具有最优计算次序,则必然存在另外一个计算次序,其数乘次数更少,用这个数乘次数更少的子矩阵计算次序代入原矩阵连乘$\{A_1,A_2,\cdots,A_n\}$计算,所需计算量一定比最优次序更少,这与矩阵连乘$\{A_1,A_2,\cdots,A_n\}$具有最优计算次序的前提相矛盾。同理可知,$\{A_{k+1},A_{k+2},\cdots,A_n\}$的计算次序也一定最优。

因此,矩阵连乘问题的最优解包含着子问题的最优,满足最优化原理。也就是说,该问题可以采用动态规划算法,基于分治的思想,把原问题进行分解,得到若干子问题,通过对子问题最优的求解,最终实现原问题最优的求解。

3) 建立最优计算次序的递归关系

通过逐层加括号,将n个矩阵连乘的最优次序计算分解为子矩阵的最优次序计算,直至子矩阵只包含一个矩阵时(数乘次数为0)为止。

将矩阵连乘的一般形式$\{A_i,A_{i+1},\cdots,A_j\}$记为$A[i:j]$($1\leqslant i\leqslant j\leqslant n$),$A_i$的维数为$p_{i-1}\times p_i$,$A[i:j]$所需的最少数乘次数记为$m[i][j]$。$n$个矩阵连乘$\{A_1,A_2,\cdots,A_n\}$就表示为$A[1:n]$,则原问题的最优值就为$m[1][n]$,最优解就是每一层加括号的位置。

当$i=j$时,$A[i:j]=A_i$,只包含一个矩阵,因此,$m[i][j]=0,i=1,2,\cdots,n$。当$i<j$时,假设矩阵连乘$\{A_i,A_{i+1},\cdots,A_j\}$在$A[k]$和$A[k+1]$之间加括号($i\leqslant k<k+1<j$),即$(A_iA_{i+1}\cdots A_k)(A_{k+1}\cdots A_j)$,则$m[i][j]=m[i][k]+m[k+1][j]+p_{i-1}p_kp_j$。由于$A[i:j]$的加括号位置可能为有$j-i$种,因此获得最优计算次序的加括号位置一定是$m[i][j]$计算量最小的那个$k$值。则计算最优次序的递归关系可定义为:

$$m[i][j]=\begin{cases}0 & i=j\\ \min_{i\leqslant k<j}\{m[i][k]+m[k+1][j]+p_{i-1}p_kp_j\} & i<j\end{cases} \tag{6.4}$$

由式(6.4)给出的递归关系,$m[i][j]$即为计算$A[i:j]$的最小数乘次数,同时在获得最小计算量的那个位置k加括号。若用$s[i][j]$记录加括号位置,在计算出最小数乘次数后,可递归地由$s[i][j]$构造出相应的最优解。

4) 重叠子问题分析

根据递归式(6.4),容易写出直接采用递归的算法计算$m[i][j]$,原问题相当于求解$m[1][n]$,算法如下。

```
//矩阵的行、列值记录在数组 p[0..n]中,矩阵 Aᵢ 的行、列值为 pᵢ₋₁×pᵢ
int DirectMatrixChain (int i, int j)
{
    if (i == j) return 0;         //矩阵组中只有一个矩阵
    // 第一次在第 i 个位置加括号
    int u = DirectMatrixChain (i,i) + DirectMatrixChain (i + 1,j) + p[i - 1] * p[i] * p[j];
    s[i][j] = i;
```

```
for (int k = i + 1; k < j; k++)
{
    int t = DirectMatrixChain (i,k) + DirectMatrixChain (k + 1,j) + p[i-1] * p[k] * p[j];
    if (t < u)
    {
        u = t;
        s[i][j] = k;
    }
}
return u;
}
```

考察上述算法,当计算 $A[1:4]$ 时,第一层加括号的位置可能为 1、2、3,分别将原矩阵分成两个子矩阵 $A[1:1]$ 和 $A[2:4]$、$A[1:2]$ 和 $A[3:4]$、$A[1:3]$ 和 $A[4:4]$,然后再进行第二层加括号,对每个子矩阵继续分解。该过程可以用图 6.4 所示的递归树表示。

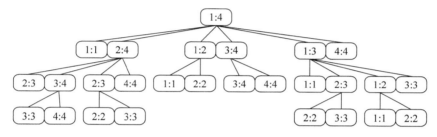

图 6.4　计算 $A[1:4]$ 的递归树

从图 6.4 可以清楚地看出,将原矩阵划分后有重复子问题出现,进行了多次的重复计算,并且可以证明其时间复杂度随着数据规模 n 呈指数增长,算法效率仍较低。因此可以利用备忘录思想实现。

5) 按自底向上记忆化的方式计算最优值和最优解

观察图 6.4 所示的递归树。其中所有叶子节点的矩阵为 $A[i:i]$,包含的矩阵个数为 1,其矩阵连乘的数乘次数为 0。叶子的上层节点为倒数第二层节点,矩阵形式为 $A[i:i+1]$,包含的矩阵个数为 2,加括号的位置唯一,一定在 A_i 和 A_{i+1} 之间,其数乘次数为 $p_{i-1}p_ip_{i+1}$。倒数第三层节点的矩阵形式为 $A[i:i+2]$,包含的矩阵个数为 3,加括号的位置有两个,一个在 A_i 和 A_{i+1} 之间,另外一个在 A_{i+1} 和 A_{i+2} 之间,即 $(A_i(A_{i+1}A_{i+2}))$ 和 $((A_iA_{i+1})A_{i+2})$,其最少数乘次数根据式(6.4),取两者中的小值,其中,计算 $A[i:i+1]$ 和 $A[i:i+2]$ 的最小数乘次数可由下层节点获得。按上述方法加括号,直至到根节点,矩阵形式为 $A[1:n]$,加括号的位置有 $n-1$ 个,其最少数乘次数取 $n-1$ 种位置中加括号的最小值。

因此,采用动态规划算法,从叶子节点开始,按自底向上的方式计算最优数乘次数。在计算过程中,每个节点的子问题只计算一次然后保存结果,当上层节点的计算需要调用下层节点的值时,直接获取保存结果,无须重复计算,从而获得高效的算法。

计算 $A[1:4]$,采用自底向上的动态规划算法实现的过程如下步骤所示。

(1) 计算所有一个矩阵连乘 $A[1:1]$、$A[2:2]$、$A[3:3]$ 和 $A[4:4]$ 的数乘次数,即 $m[1][1] = m[2][2] = m[3][3] = m[4][4] = 0$。

（2）计算所有两个矩阵连乘 $A[1:2]$、$A[2:3]$、$A[3:4]$ 的数乘次数，其加括号的位置都只有一个，分别是 1、2、3，进行如下计算并记录计算结果。

$$m[1][2] = m[1][1] + m[2][2] + p_0 p_1 p_2 \quad s[1][2] = 1$$
$$m[2][3] = m[2][2] + m[3][3] + p_1 p_2 p_3 \quad s[2][3] = 2$$
$$m[3][4] = m[3][3] + m[4][4] + p_2 p_3 p_4 \quad s[3][4] = 3$$

其计算过程用到了第（1）步的结果。

（3）计算所有三个矩阵连乘 $A[1:3]$、$A[2:4]$ 的数乘次数，其中，$A[1:3]$ 加括号的位置有两个，位置 1 和位置 2，$A[2:4]$ 加括号位置有两个，位置 2 和位置 3，进行如下计算并记录计算结果。

$$m[1][3] = \min \begin{cases} m[1][1] + m[2][3] + p_0 p_1 p_3 \text{（加括号位置为 1）} \\ m[1][2] + m[3][3] + p_0 p_2 p_3 \text{（加括号位置为 2）} \end{cases} \quad s[1][3] = 1 \text{ 或 } 2$$

$$m[2][4] = \min \begin{cases} m[2][2] + m[3][4] + p_1 p_2 p_4 \text{（加括号位置为 2）} \\ m[2][3] + m[4][4] + p_1 p_3 p_4 \text{（加括号位置为 3）} \end{cases} \quad s[2][4] = 2 \text{ 或 } 3$$

其计算过程用到了第（1）步和第（2）步的结果。

（4）最后计算 $A[1:4]$ 的数乘次数，其加括号的位置有 3 个，位置 1、位置 2 和位置 3，进行如下计算并记录计算结果。

$$m[1][4] = \min \begin{cases} m[1][1] + m[2][4] + p_0 p_1 p_4 \text{（加括号位置为 1）} \\ m[1][2] + m[3][4] + p_0 p_2 p_4 \text{（加括号位置为 2）} \\ m[1][3] + m[4][4] + p_0 p_3 p_4 \text{（加括号位置为 3）} \end{cases} \quad s[1][4] = 1 \text{ 或 } 2 \text{ 或 } 3$$

其计算过程用到了前三步的结果。

计算 $A[1:4]$ 的自底向上的计算过程用图 6.5 表示。

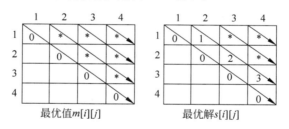

图 6.5　计算 $A[1:4]$ 的方法

用动态规划算法求解矩阵连乘问题的最优值和最优解的算法如下。

```
// p[0..n]中存放各个矩阵的行、列值,矩阵 A_i 的行、列值为 p_{i-1} × p_i
// m[][]和 s[][]分别存放 A[i:j]所需的最少数乘次数和加括号的位置
void MatrixChain(int n, int p[0..n], int m[1..n][1..n], int s[1..n][1..n])
{
    for(int i = 1;i <= n;i++) m[i][i] = 0;       //单个矩阵相乘,数乘次数为 0
    for(int r = 2;r <= n;r++)
        for(int i = 1;i <= n - r + 1;i++)
        {
            int j = i + r - 1;
```

```
        m[i][j] = m[i+1][j] + p[i-1] * p[i] * p[j];      //从 i 处加括号,m[i][i] = 0,省略
        s[i][j] = i;
        for(int k = i+1;k < j;k++)
    {

            int t = m[i][k] + m[k+1][j] + p[i-1] * p[k] * p[j];
            if(t < m[i][j])
        {

                m[i][j] = t;
                s[i][j] = k;
            }
        }
    }
}
```

6) 算法实例

设 5 个矩阵连乘 $\{A_1,A_2,A_3,A_4,A_5\}$,其中各个矩阵的维数分别为:

A_1	A_2	A_3	A_4	A_5
30×35	35×15	15×5	10×20	20×25

采用上述算法,按照递推式(6.4),先计算一个矩阵连乘的最小数乘次数,再计算两个矩阵连乘的最小数乘次数,……,直至计算 5 个矩阵连乘的最小数乘次数。得到的最优值和最优解如图 6.6 所示。

	1	2	3	4	5
1	0	15750	7875	9375	11875
2		0	2625	4375	7125
3			0	750	2500
4				0	1000
5					0

最优值 $m[i][j]$

	1	2	3	4	5
1	0	1	1	3	3
2		0	2	3	3
3			0	3	3
4				0	4
5					0

最优解 $s[i][j]$

图 6.6 计算 $A[1:5]$ 的方法

如计算图 6.5 中的 $m[2][5]$,即计算矩阵 $\{A_2,A_3,A_4,A_5\}$ 连乘,其包含 4 个矩阵。按照算法,之前包含一个矩阵、两个矩阵、三个矩阵的 $m[i][j]$ 已全部计算完毕,因此

$$m[2][5] = \min \begin{cases} m[2][2] + m[3][5] + p_1 p_2 p_5 = 0 + 2500 + 35 \times 15 \times 20 = 13\,000 \\ m[2][3] + m[4][5] + p_1 p_3 p_5 = 2625 + 1000 + 35 \times 5 \times 20 = 7125 = 7125 \\ m[2][4] + m[5][5] + p_1 p_4 p_5 = 4375 + 0 + 35 \times 10 \times 20 = 11\,375 \end{cases}$$

加括号的位置取 3,则 $s[2][5]=3$。

由最优解 $s[i][j]$,可以确定 $\{A_1,A_2,A_3,A_4,A_5\}$ 加括号的位置。首先根据 $s[1][5]$ 找到第一层加括号的位置 3,将原矩阵分成两个子矩阵 $\{A_1,A_2,A_3\}$ 和 $\{A_4,A_5\}$,再根据 $s[1][3]$ 和 $s[4][5]$ 找到第二层加括号的位置 1 和位置 4,继续划分矩阵为 $\{A_1\}$、$\{A_2,A_3\}$、$\{A_4\}$、$\{A_5\}$,最后根据 $s[2][3]$ 将 $\{A_2,A_3\}$ 在位置 2 加括号。此时所有的子矩阵中都只包含

一个矩阵,加括号操作结束。最终可得到矩阵的最优计算为$((A_1(A_2A_3))A_4A_5)$。

7) 算法分析

分析动态规划求解矩阵连乘 MatrixChain 算法中的语句可知,在最坏情况下,语句的执行次数为$O(n^3)$,因此该算法的最坏时间复杂度为$O(n^3)$。

6.4　最长公共子序列

1) 问题描述

最长公共子序列也称作最长公共子串(不要求连续,但要求次序),英文缩写为 LCS (Longest Common Subsequence)。其定义是,一个序列 S,如果分别是两个或多个已知序列的子序列,且是所有符合此条件序列中最长的,则 S 称为已知序列的最长公共子序列。

今后我们只讨论两个已知序列的最长公共子序列。

例如,已知两个序列,$X = \{a, b, c, b, d, a, b\}$,$Y = \{b, d, c, a, b, a\}$,最长公共子序列为 $LSC = \{b, c, b, a\}$。

求解最长公共子序列,可以采用穷举的搜索方法,即先搜索 X 的所有子序列,检查它是否也是 Y 的子序列,从而确定它是否是 X 和 Y 的公共子序列,并且找出其中最长的作为最长公共子序列。如果 X 有 m 个元素,则有 2^m 个不同的子序列。因此穷举法需要指数时间。

下面采用动态规划算法设计实现。

2) 最优化分析

设序列 $X_m = \{x_1, x_2, \cdots, x_m\}$,$Y_n = \{y_1, y_2, \cdots, y_n\}$,求解 X_m 和 Y_n 的最长公共子序列 $Z_k = \{z_1, z_2, \cdots, z_k\}$。

可以将待求解问题分解成若干规模较小的子问题,通过求解子问题,实现原较大问题的求解。有如下分解:

(1) 若 $x_m = y_n$,则 $z_k = x_m = y_n$,且 Z_{k-1} 是 X_{m-1} 和 Y_{n-1} 的最长公共子序列。

(2) 若 $x_m \neq y_n$,且 $z_k \neq x_m$,则 Z_k 是 X_{m-1} 和 Y_{n-1} 的最长公共子序列。

(3) 若 $x_m \neq y_n$,且 $z_k \neq y_n$,则 Z_k 是 X 和 Y_{n-1} 的最长公共子序列。

其中,$X_{m-1} = \{x_1, x_2, \cdots, x_{m-1}\}$;$Y_{n-1} = \{y_1, y_2, \cdots, y_{n-1}\}$;$Z_{k-1} = \{z_1, z_2, \cdots, z_{k-1}\}$。

由前述可知,如果采用动态规划算法求解问题,必须满足最优化原理,即整个问题的全局最优要包含子问题的最优。从上述的论述中,可以发现,最长公共子序列满足最优化原理,证明如下。

证明:

① 用反证法。若 $z_k \neq x_m$,则 $\{z_1, z_2, \cdots, z_{k-1}, z_k, x_m\}$ 是 X_m 和 Y_n 长度为 $k+1$ 的公共子序列,这与 Z_k 是 X_m 和 Y_n 的最长公共子序列相矛盾,所以一定有 $z_k = x_m = y_n$。再假定 Z_{k-1} 不是序列 X_{m-1} 和 Y_{n-1} 的最长公共子序列,则 X_{m-1} 和 Y_{n-1} 一定存在某一长度大于 $k-1$ 的最长公共子序列 M,将 x_m 加在 M 的尾部,则 M 变成了 X_m 和 Y_n 的、长度大于 k 的公共子序列,这与 Z_k 是 X_m 和 Y_n 的最长公共子序列相矛盾。因此 Z_{k-1} 是 X_{m-1} 和 Y_{n-1} 的最长公共子序列。

② 若 $x_m \neq y_n$,且 $z_k \neq x_m$,则 Z_k 是 X_{m-1} 和 Y 的最长公共子序列。设 Z_k 不是 X_{m-1} 和 Y 的最长公共子序列,则 X_{m-1} 和 Y 有长度大于 k 的公共子序列 M,且 M 一定也是 X_m 和 Y_n 的

长度大于 k 的公共子序列，这与 Z_k 是 X_{m-1} 和 Y_n 的最长公共子序列相矛盾。故 Z_k 是 X_{m-1} 和 Y 的最长公共子序列。

③ 证明与②类似。

3）建立最优值的递归关系

根据最长公共子序列的最优化分析可知，要求解 X_m 和 Y_n 的最长公共子序列，可以通过求解 X_{m-1} 和 Y_{n-1}、X_{m-1} 和 Y_{n-1} 或 X 和 Y_{n-1} 这些子问题的最长公共子序列得到，对这些子问题，可以继续分解成更小的子问题，直到 X 或 Y 中元素为空为止。

由最优化分析，可以建立求解最长公共子序列的最优值的递归关系。用 $c[i][j]$ 记录序列 X_i 和 Y_j 的最长公共子序列的长度，其中 $X_i = \{x_1, x_2, \cdots, x_i\}$，$Y_j = \{y_1, y_2, \cdots, y_j\}$。当 $i = 0$ 或 $j = 0$ 时，X_i 和 Y_j 的最长公共子序列为空序列，因此 $c[i][j] = 0$。则其最优值的递归关系如下。

$$c[i][j] = \begin{cases} 0 & i = 0, j = 0 \\ c[i-1][j-1] + 1 & i, j > 0; x_i = y_j \\ \max\{c[i][j-1], c[i-1][j]\} & i, j > 0; x_i \neq y_j \end{cases} \quad (6.5)$$

4）重叠子问题分析

如果直接由式(6.5)给出的递归关系编写递归算法，会出现许多重复子问题的求解，其计算时间随序列的输入长度呈指数增长。例如，有序列 $X = \{b, c, d\}$，$Y = \{d, c, a\}$，采用递归式(6.5)求解的递归树可用图 6.7 表示。

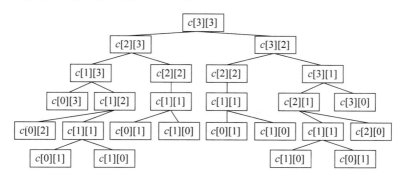

图 6.7　计算 $c[3][3]$ 的递归树

从图 6.7 可以清楚地看出，将原问题划分后得到的子问题相互交叠，进行了多次的重复计算，并且可以证明其时间复杂度随着数据规模 n 呈指数增长，算法效率仍较低。下面采用动态规划的算法实现。

5）按自底向上记忆化的方式计算最优值和最优解

对最长公共子序列问题的递归关系进行分析，可以发现其划分后不同的子问题有 $\theta(mn)$ 个，因此采用自底向上的带有记忆的动态规划算法实现能得到较高的效率。

设计算法如下。以序列 $X_m = \{x_1, x_2, \cdots, x_m\}$ 和 $Y_n = \{y_1, y_2, \cdots, y_n\}$ 作为输入。$c[i][j]$ 记录序列 X_i 和 Y_j 的最长公共子序列的长度。增加 $b[i][j]$，用来记录 $c[i][j]$ 的值的来源，即，如果 $x_i = y_j$，则 $c[i][j] = c[i-1][j-1]+1$，此时 $b[i][j] = 1$；如果 $x_i \neq y_j$，且 $c[i-1][j] > c[i][j-1]$，则 $c[i][j] = c[i-1][j]$，$b[i][j] = 2$，否则，$c[i][j] = c[i][j-1]$，$b[i][j] = 3$。

通过自底向上的方法构造数组 c 和数组 b，过程如下。

首先将 c 数组中第 0 行、第 0 列的元素置为 0，即 $c[i][0]=0,c[0][j]=0(0\leqslant i\leqslant n,0\leqslant j\leqslant n)$，然后按照 c 数组和 b 数组下标的递增次序，依据递推关系逐行逐列的填充 c 和 b 即可。最终问题的最优值，即 X 和 Y 的最长公共子序列的长度记录在 $c[m][n]$ 中。算法如下。

```
void LCSLength (int m, int n, char x[1..n], char y[1..n], char c[0..n][0..n], int b[1..n][1..n])
{
    for (int i = 1; i <= m; i++) c[i][0] = 0;
    for (int i = 1; i <= n; i++) c[0][i] = 0;
    for (int i = 1; i <= m; i++)
        for (int j = 1; i <= n; j++)
        {
            if (x[i] == y[j])
            {
                c[i][j] = c[i-1][j-1] + 1;
                b[i][j] = 1;              // c[i][j]来源于前一行前一列,即'↖'
            }
            else if (c[i-1][j] >= c[i][j-1])
            {
                c[i][j] = c[i-1][j];
                b[i][j] = 2;              // c[i][j]来源于前一行,即'↑'
            }
            else
            {
                c[i][j] = c[i][j-1];
                b[i][j] = 3;              // c[i][j]来源于前一列,即'←'
            }
        }
}
```

由算法 LCSLength 中计算得到的数组 b，可快速地获得 X 和 Y 的最长公共子序列，但获取的顺序是从公共子序列的末尾开始，从后向前得到。首先从 $b[m][n]$ 开始，如果 $b[i][j]=1$，则直接输出 x_i，同时递推到 $b[i-1][j-1]$；如果 $b[i][j]=2$，则递推到 $b[i-1][j]$；如果 $b[i][j]=3$，则递推到 $b[i][j-1]$，直到 $i=0$ 或 $j=0$ 时，就得到了 X 和 Y 的最长公共子序列。算法如下。

```
void LCS (int i, int j, char x[1..n], int b[1..n][1..n])
{
    if (i == 0 || j == 0) return;
    if (b[i][j] == 1)
    {
        LCS(i-1,j-1,x,b);
        输出 x[i];
    }
    else if (b[i][j] == 2) LCS(i-1,j,x,b);
        else LCS(i,j-1,x,b);
}
```

6）算法实例

给定序列 $X=\{A,B,C,B,D\}$，$Y=\{B,D,C,A,B\}$，求 X 和 Y 的最长公共子序列。

在该问题中，$m=5$，$n=5$。按照算法 LCSLength 构造二维数组 c 和 b，其内容分别如表 6.4 和 6.5 所示。

表 6.4 最优值 $c[i][j]$

x_i		y_j	1	2	3	4	5
			B	D	C	A	B
		0	0	0	0	0	0
1	A	0	0	0	0	1	1
2	B	0	1	1	1	1	2
3	C	0	1	1	2	2	2
4	B	0	1	1	2	2	3
5	D	0	1	2	2	2	3

表 6.5 $b[i][j]$ 的值

x_i		y_j	1	2	3	4	5
			B	D	C	A	B
1	A		2↑	2↑	2↑	2↖	3←
2	B		1↖	3←	3←	2↑	1↖
3	C		2↑	2↑	1↖	3←	2↑
4	B		1↖	2↑	2↑	2↑	1↖
5	D		2↑	1↖	2↑	2↑	2↑

根据表 6.4，可得最长公共子序列的长度为 $c[m][n]=c[5][5]=3$。根据表 6.5 可获得最长公共子序列，过程如下。首先由 $b[5][5]=2$，递推到 $b[4][5]$；由 $b[4][5]=1$，则输出 $x_4=B$，并且递推到 $b[3][4]$；由 $b[3][4]=3$，递推到 $b[3][3]$；由 $b[3][3]=1$，则输出 $x_3=C$，并且递推到 $b[2][2]$；由 $b[2][2]=3$，递推到 $b[2][1]$；由 $b[2][1]=1$，则输出 $x_2=B$，并且递推到 $b[1][0]$，结束。最后输出最长公共子序列 $\{B,C,B\}$。

7）算法分析

分析动态规划求解最长公共子序列 LCSLength 算法中的语句，不难得出其时间复杂度为 $O(mn)$。在算法 LCS 中，每一次递归调用会使 i 或 j 减 1，因此算法的计算时间为 $O(m+n)$。

6.5 0-1 背包问题

1）问题描述

0-1 背包问题在第 3 章我们学习过，现再说明一下。给定 n 个物品和一个背包。第 i 个物品的重量为 w_i，其价值为 v_i，背包的总容量为 c。如何选取物品装入背包，使得背包中所装入的物品的总价值最大？

需要注意的是，0-1 背包问题在选择装入背包的物品时，对于物品 i，只有两种选择，要么装入背包，要么不装入背包。不能将物品 i 装入多次，也不能只装入物品 i 的一部分。

用 x_i 表示物品 i 被装入背包的情况，当 $x_i=0$ 时，表示该物品没有被装入背包；当 $x_i=1$ 时，表示该物品被装入背包。因此 0-1 背包问题的最优解是一个 n 元 0-1 向量 $(x_1,x_2,\cdots,x_n)$，$x_i\in\{0,1\}$，$1\leqslant i\leqslant n$，使得 $\sum_{i=1}^{n}w_ix_i\leqslant c$，而且 $\sum_{i=1}^{n}v_ix_i$ 达到最大。其最优值就是此时被装入背包的所有物品的价值总和，即最大价值数。

0-1 背包问题的形式化描述可表示为如下约束条件和目标函数。

约束条件：$\begin{cases} \sum\limits_{i=1}^{n} w_i x_i \leqslant c \\ x_i \in \{0,1\} \quad 1 \leqslant i \leqslant n \end{cases}$

目标函数：$\max \sum\limits_{i=1}^{n} v_i x_i$

0-1 背包问题在实际中的应用很广泛，如资本预算问题、货物装载问题以及存储分配等问题实质都是 0-1 背包问题。

2）最优化分析

0-1 背包问题的蛮力法描述在第 3 章已经介绍过了，这里就不再赘述。采用动态规划求解 0-1 背包问题，其方法是将原问题分解成若干规模较小的子问题，通过求解子问题，从而实现原较大问题的求解。有如下分解。

假设 $(x_1, x_2, \cdots, x_n)$ 是所给 0-1 背包问题的一个最优解，则 $(x_2, \cdots, x_n)$ 是下面相应子问题的一个最优解。

约束条件：$\begin{cases} \sum\limits_{i=2}^{n} w_i x_i \leqslant c - w_1 x_1 \\ x_i \in \{0,1\} \quad 2 \leqslant i \leqslant n \end{cases}$

目标函数：$\max \sum\limits_{i=2}^{n} v_i x_i$

上述分解过程将原规模为 n 的 0-1 背包问题分解为规模为 $n-1$ 的 0-1 背包子问题。可以将规模为 $n-1$ 的 0-1 背包问题继续分解，直到原问题最终变成规模为 1 的子问题，这个问题是比较容易解决的，一个物品要么装入，要么不装入。之后所做的工作是再进行反向求解即可。

采用动态规划算法，必须保证 0-1 背包问题满足最优化原理，下面进行证明。

证明：（反证法）设 $(x_2, \cdots, x_n)$ 不是上述子问题的一个最优解，一定存在 $(y_2, \cdots, y_n)$ 是上述子问题的一个最优解，即满足 $\sum\limits_{i=2}^{n} v_i y_i > \sum\limits_{i=2}^{n} v_i x_i$，且 $w_1 x_1 + \sum\limits_{i=2}^{n} w_i y_i \leqslant c$。因此有

$$\begin{cases} v_1 x_1 + \sum\limits_{i=2}^{n} v_i y_i > \sum\limits_{i=1}^{n} w_i x_i \\ w_1 y_1 + \sum\limits_{i=2}^{n} w_i y_i \leqslant c \end{cases}$$

这说明 $(x_1, y_2, \cdots, y_n)$ 是 0-1 背包问题的一个更优解，这与已知 $(x_1, x_2, \cdots, x_n)$ 是所给 0-1 背包问题的一个最优解相矛盾。因此 $(x_2, \cdots, x_n)$ 是上述子问题的一个最优解，满足最优化原理。

3）建立最优值的递归关系

根据 0-1 背包问题的最优化分析，对原问题进行分解，得到的是这样的子问题。

约束条件：$\begin{cases} \sum\limits_{k=i}^{n} w_k x_k \leqslant j \\ x_k \in \{0,1\} \quad i \leqslant k \leqslant n \end{cases}$

目标函数：$\max \sum\limits_{k=i}^{n} v_k x_k$

将上述子问题的最优值记录在 $m(i,j)$ 中，即 $m(i,j)$ 是在背包容量为 j，可选物品为 i，$i+1,\cdots,n$ 时 0-1 背包问题的最优值，也就是被放入背包的所有物品的最大价值总和。最优解就是 0-1 向量 $(x_i, x_{i+1}, \cdots, x_n)$。

需要注意的是，$m(i+1, j')$ 表示背包容量为 j'，可选物品为 $i+1, i+2, \cdots, n$ 时 0-1 背包问题的最优值，因此 $m(i+1, j')$ 问题是 $m(i,j)$ 问题的子问题，即，要由 $m(i+1, j')$ 问题得到 $m(i,j)$ 问题，只要考虑第 i 个物品是否放入背包中即可。由 $m(i+1, j')$ 得到 $m(i,j)$，分这么两种情况。如果 $m(i+1, j')$ 中背包容量 j' 不足以存放第 i 个物品，则 $m(i,j)=m(i+1, j)$，表示 $m(i,j)$ 问题不放入第 i 个物品；反之，如果 $m(i+1, j')$ 中背包容量 j' 能够存放第 i 个物品，这时有两种选择，一种是放入，即 $m(i,j)=m(i+1, j-w_i)+v_i$，一种是不放入，此时 $m(i,j)=m(i+1, j)$，只要取两者中的大值即可。当 $m(i,j)$ 问题一直分解，直至只有一个物品时，$m(i,j)$ 问题就变为了 $m(n,j)$，表示可选物品只有第 n 个物品时的最优值，因此只有装入或不装入第 n 个物品两种情况。

因此有下列的递推关系。

$$m(i,j) = \begin{cases} m(i+1, j) & 0 \leqslant j < w_i \\ \max\{m(i+1, j), m(i+1, j-w_i)+v_i\} & j \geqslant w_i \end{cases}$$

$$m(n,j) = \begin{cases} v_n & j \geqslant w_n \\ 0 & 0 \leqslant j < w_n \end{cases} \tag{6.6}$$

4）按自底向上记忆化的方式计算最优值和最优解

如果直接由式(6.6)给出的递归关系编写 $m(i,j)$ 递归算法，会出现许多重复子问题的求解，稍后进行说明。因此可以采用自底向上的带有记忆的动态规划算法，该算法能得到较高的效率。

设计算法如下。0-1 背包问题中有 n 个物品，采用数组 $w[1..n]$ 来存放 n 个物品的重量，数组 $v[1..n]$ 来存放 n 个物品的价值，背包的容量为 c。用二维数组 $m[i][j]$ 存放背包容量为 j，可选物品为 i、$i+1$、$\cdots$、n 时 0-1 背包问题的最优值，即最大价值。

根据递归关系式(6.6)采用动态规划的算法实现如下。需要特别强调的是，该算法的实现中额外要求任一物品的重量 $w[i]$ 和背包容量 c 必须为整数，否则无法完成。算法如下。

```
void Knapsack(int v[1..n], int w[1..n], int c, int n, int m[0..n][0..c])
{
    int jMax = min(w[n]-1, c);              //取两者中的小值
    //处理只有一个物品的情况,即第n个物品
    for(int j = 0; j <= jMax; j++) m[n][j] = 0;          //当第n个物品不选时,m[n][j]价值为0
    for(int j = w[n]; j <= c; j++) m[n][j] = v[n];      //当第n个物品选择时,m[n][j]价值为v[n]
    //下面处理多个物品的情况,自n-1到2逐层计算各m[i][j]的值
    //每一个m[i][j]的值都是根据上一层也就是//m[i+1][]得到的
    for(int i = n-1; i>1; i-- )
    {
        jMax = min(w[i]-1, c);
        for(int j = 0; j <= jMax; j++) m[i][j] = m[i+1][j];
```

```
        for(int j = w[i]; j <= c; j++)
            m[i][j] = max(m[i + 1][j], m[i + 1][j - w[i]] + v[i]);
    }
    m[1][c] = m[2][c];
    //最后处理个第一层的边界条件 m[1][c]
    if(c >= w[1]) m[1][c] = max(m[1][c], m[2][c - w[1]] + v[1]);
}
```

按上述算法 Knapsack 求解后得到的 m[1][c] 就是 0-1 背包问题的最优值,即背包容量为 c,可选物品为 $1、2、\cdots、n$ 的最大价值总和。可以通过 m[i][j],继续构造 0-1 背包问题的最优解。构造最优解的方法如下。从 m[1][c] 开始,其中 1 表示计算 x_1,如果 m[1][c] = m[2][c],则 $x_1 = 0$,然后递推到 m[2][c];否则 $x_1 = 1$,这时递推到 m[2][c − w_1]。一直进行下去,直到计算到 m[n][j],若 m[n][j] ≠ 0,则 $x_n = 1$,否则 $x_n = 0$。通过上述方法可构造出相应的最优解 $(x_1, x_2, \cdots, x_n)$。算法如下。

```
void Traceback(int m[0..n][0..c], int w[1..n], int c, int n, int x[1..n])
{
    for(int i = 1; i < n; i++)
        if (m[i][c] == m[i + 1][c]) x[i] = 0;
        else
        {
            x[i] = 1;
            c = c - w[i];
        }
        x[n] = (m[n][c])?1:0;
}
```

5) 算法实例

例如,有这样一个 0-1 背包问题:$n = 5, c = 10, w = \{2, 2, 6, 5, 4\}, v = \{6, 3, 5, 4, 6\}$,求装入背包的物品的最大价值。

根据算法 Knapsack,构造 5×11 的二维数组 m,如表 6.6 所示。表中箭头表示该数据的来源。

表 6.6 最优值 $m[i][j]$

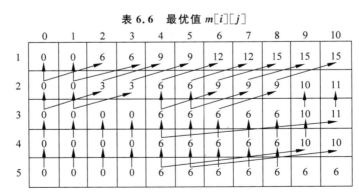

	0	1	2	3	4	5	6	7	8	9	10
1	0	0	6	6	9	9	12	12	15	15	15
2	0	0	3	3	6	6	9	9	9	10	11
3	0	0	0	0	6	6	6	6	6	10	11
4	0	0	0	0	6	6	6	6	6	10	10
5	0	0	0	0	6	6	6	6	6	6	6

以表中第 3 行为例,说明 $m[3][j]$($0 \leqslant j \leqslant 10$)的值的生成方法。由于 $w_3 = 6, v_3 = 5$,当 $j < w_3$,即 $0 \leqslant j \leqslant 5$ 时,$m[3][j] = m[4][j]$,因此在表中对应箭头向上,表示其值来源于下

层数据。

然后当 $j=6$ 时,计算 $m[3][6]$,根据递归关系,得

$$m[3][6] = \max\begin{cases} m[4][6]=6 \\ m[4][6-w_3]+v_3=m[4][0]+v_3=0+5=5 \end{cases} = m[4][6]=6$$

因此在表中 $m[3][6]$ 对应的箭头向上,表示其值来源于下层数据 $m[4][6]$。

同理,可计算当 $j=7,8,9$ 时 $m[3][j]$ 的值,方法同上。

最后计算 $m[3][10]$,得

$$m[3][10] = \max\begin{cases} m[4][10]=10 \\ m[4][10-w_3]+v_3=m[4][4]+v_3=6+5=11 \end{cases}$$
$$= m[4][4]+v_3=11$$

在表中 $m[3][10]$ 对应的箭头由 $m[4][4]$ 指出,表示其值来源于 $m[4][4]$。

根据计算好的 $m[i][j]$ 最优值,可以得到该问题的最优解。过程如下。由 $m[1][10]\neq m[2][10]$,则 $x_1=1$(表示第一个物品装入),递推到 $m[2][10-w_1]$,即 $m[2][8]$;由 $m[2][8]\neq m[3][8]$,则 $x_2=1$,递推到 $m[3][8-w_2]$,即 $m[3][6]$;由 $m[3][6]=m[4][6]$,则 $x_3=0$(表示第三个物品不装入),递推到 $m[4][6]$;由 $m[4][6]=m[5][6]$,则 $x_4=0$,递推到 $m[5][6]$;由 $m[5][6]\neq0$,则 $x_5=1$。由此得到该 0-1 背包问题的最优解 $(x_1,x_2,\cdots,x_n)=(1,1,0,0,1)$。

6)算法分析

分析动态规划求解 0-1 背包问题 Knapsack 算法中的语句,第三个循环是两层嵌套的 for 循环,不难得出其时间复杂度是 $O(nc)$。

总结上述算法,发现有两个缺点,其一是前面提到的所给物品的重量和背包容量必须都是整数;其二是时间复杂度与背包容量 c 相关,当背包容量 c 很大时,算法计算需要的时间较多,例如当 $c>2^n$ 时,Knapsack 算法需要 $\Omega(n2^n)$ 的计算时间。

7)算法改进

针对 Knapsack 算法的不足,对该算法进行改进。由于实际中所给物品的重量和背包容量不一定是整数,常见的为实数类型,因此改进思路是使算法满足物品的重量和背包容量是实数的情况。体现在算法中,就是在计算 $m(i,j)$ 时,使变量 j 是连续变量,为实数类型。

分析 $m(i,j)$ 的递归式,不难发现,如果把 j 看做连续变量,则 $m(i,j)$ 是关于 j 的阶梯式函数,并且是单调不减函数。例如,在上例中,表 6.6 就显示了 $m(i,j)$ 函数的这一特点。

$$m(5,j)=\begin{cases} 0 & 0\leqslant j<4 \\ 6 & j\geqslant4 \end{cases} \qquad m(3,j)=\begin{cases} 0 & 0\leqslant j<4 \\ 6 & 4\leqslant j<9 \\ 10 & 9\leqslant j<10 \\ 11 & j\geqslant10 \end{cases}$$

跳跃点是阶梯式函数的特征,$m(i,j)$ 函数可由全部跳跃点确定。因此,对每一个确定的 i,如果在变量 j 是连续变量的情况下,用一个表 $p[i]$ 来存储函数 $m(i,j)$ 的全部跳跃点,则对于每一个实数 j,就可以通过查找表 $p[i]$ 来确定函数 $m(i,j)$ 的值,问题就可以得到解决。

由于 $m(i,j)$ 函数是一个单调不减函数,因此 $p[i]$ 中的跳跃点可以采用 $(j,m(i,j))$ 的方式,依 j 的升序排列。例如,在算法实例中 $p[5]$ 可存储两个跳跃点,$\{(0,0),(4,6)\}$,

$p[3]$ 可存储四个跳跃点，$\{(0,0),(4,6),(9,10),(10,11)\}$。

下面讨论 $p[i]$ 中跳跃点的计算。

$p[i]$ 也可按照 $m(i,j)$ 的递归关系递归地获得，即 $p[i]$ 由 $p[i+1]$ 来计算，初始 $p[n+1]=\{(0,0)\}$。由于函数 $m(i,j)$ 是由函数 $m(i+1,j)$ 与函数 $m(i+1,j-w_i)+v_i$ 进行 max 运算，因此 $m(i,j)$ 的跳跃点 $p[i]$ 包含于 $m(i+1,j)$ 的跳跃点 $p[i+1]$ 与 $m(i+1,j-w_i)+v_i$ 的跳跃点 $q[i+1]$ 的并集中。易知，当且仅当 $w_i\leqslant s\leqslant c$ 且 $(s-w_i,t-v_i)\in p[i+1]$ 时，$(s,t)\in q[i+1]$。因此，容易由 $p[i+1]$ 确定跳跃点集 $q[i+1]$，方法为 $q[i+1]=p[i+1]\oplus(w_i,v_i)=\{(j+w_i,m(i,j)+v_i)\mid(j,m(i,j))\in p[i+1]\}$。

另一方面，设 (a,b) 和 (c,d) 是 $p[i+1]\bigcup q[i+1]$ 中的 2 个跳跃点，当 $c\geqslant a$ 且 $d<b$ 时，(c,d) 受控于 (a,b)，从而 (c,d) 不是 $p[i]$ 中的跳跃点。除此之外，$p[i+1]\bigcup q[i+1]$ 中的其他跳跃点均为 $p[i]$ 中的跳跃点。

由此可见，递归地由表 $p[i+1]$ 计算表 $p[i]$ 时，可先由 $p[i+1]$ 计算出 $q[i+1]$，然后合并表 $p[i+1]$ 和表 $q[i+1]$，并清除其中的受控跳跃点即可得到表 $p[i]$。

仍以算法实例中的例子进行说明。例如，有 0-1 背包问题 $n=5,c=10,w=\{2,2,6,5,4\}$，$v=\{6,3,5,4,6\}$，求装入背包的物品的最大价值。

初始时 $p[6]=\{(0,0)\}$，$(w_5,v_5)=(4,6)$。因此，$q[6]=p[6]\oplus(w_5,v_5)=\{(4,6)\}$。

$p[5]=\{(0,0),(4,6)\}$。

$q[5]=p[5]\oplus(w_4,v_4)=\{(5,4),(9,10)\}$。

在跳跃点集 $p[5]$ 与 $q[5]$ 的并集 $p[5]\bigcup q[5]=\{(0,0),(4,6),(5,4),(9,10)\}$ 中，看到跳跃点 $(5,4)$ 受控于跳跃点 $(4,6)$。将受控跳跃点 $(5,4)$ 清除后，得到：

$$p[4]=\{(0,0),(4,6),(9,10)\}$$
$$q[4]=p[4]\oplus(6,5)=\{(6,5),(10,11)\}$$
$$p[3]=\{(0,0),(4,6),(9,10),(10,11)\}$$
$$q[3]=p[3]\oplus(2,3)=\{(2,3),(6,9)\}$$
$$p[2]=\{(0,0),(2,3),(4,6),(6,9),(9,10),(10,11)\}$$
$$q[2]=p[2]\oplus(2,6)=\{(2,6),(4,9),(6,12),(8,15)\}$$
$$p[1]=\{(0,0),(2,6),(4,9),(6,12),(8,15)\}$$

根据上述思路，可将 0-1 背包问题的动态规划算法改写，算法省略，读者可自行编写或参考其他书籍。

分析上述改进思路，计算量主要在于计算跳跃点集 $p[i]$ $(1\leqslant i\leqslant n)$。由于 $q[i+1]=p[i+1]\oplus(w_i,v_i)$，故计算 $q[i+1]$ 需要 $O(|p[i+1]|)$。合并 $p[i+1]$ 和 $q[i+1]$ 并清除受控跳跃点也需要 $O(|p[i+1]|)$ 计算时间。从跳跃点集 $p[i]$ 的定义可以看出，$p[i]$ 中的跳跃点相应于 $x_i,\cdots,x_n$ 中的 0-1 赋值。因此，$p[i]$ 中跳跃点的个数不超过 2^{n-i+1}。由此可见，算法计算跳跃点集 $p[i]$ 所花费的计算时间为：

$$O\left(\sum_{i=2}^{n}|p[i+1]|\right)=O\left(\sum_{i=2}^{n}2^{n-i}\right)=O(2^n)$$

因此改进后算法的计算时间复杂度为 $O(2^n)$。当所给物品的重量 w_i $(1\leqslant i\leqslant n)$ 是整数时，$|p[i]|\leqslant c+1$ $(1\leqslant i\leqslant n)$。在这种情况下，改进后算法的计算时间复杂度为 $O(\min\{nc,2^n\})$。

6.6 最大子段和

1）问题描述

给定由 n 个整数（可能为负整数）组成的序列 $a_1, a_2, \cdots, a_n$，求该序列形如 $\sum_{k=i}^{j} a_k$ 的子段和的最大值。当子段和的值为负整数时定义其最大子段和为 0。依此定义，所求的最优值为 $\max\left\{0, \max\limits_{1 \leqslant i \leqslant j \leqslant n} \sum_{k=i}^{j} a_k\right\}$。

例如，有序列 $(a_1, a_2, a_3, a_4, a_5, a_6) = (-2, 11, -4, 13, -5, -2)$，其可能的连续子段有：$(-2, 11), (-2, 11, -4,), (11, -4, 13, -5,), \cdots$。其中，$(11, -4, 13)$ 子段的和最大，等于 20。即最大子段和为 $\sum_{i=2}^{4} a_k = 20$。

2）最大子段和的穷举法和分治法实现

【方法 1：穷举法】

求解最大子段和，可以采用穷举的搜索方法，即蛮力法实现。按一定顺序求出序列的所有子段，对每一子段进行求和，然后取其中和值最大的作为序列的最大子段和。例如对问题描述中的例子，如图 6.8 所示顺序求取子段。

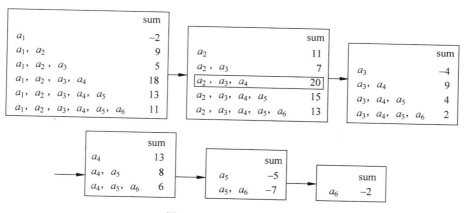

图 6.8 计算子段和顺序

显然，穷举的搜索方法需要 $O(n^2)$ 的计算时间，复杂度较高。

【方法 2：分治法】

设 n 个整数序列 $(a_1, a_2, \cdots, a_n)$，记为 $a[1:n]$，可以采用分治算法，将最大子段和问题分解成若干规模较小的子问题，通过求解子问题，从而实现原较大问题的求解。常见的有等分分解，将所给序列 $a[1:n]$ 分为长度相等的两段 $a[1:n/2]$ 和 $a[n/2+1:n]$，分别求出这两段的最大子段和，则 $a[1:n]$ 的最大子段和有三种情形。

（1）$a[1:n]$ 的最大子段和与 $a[1:n/2]$ 的最大子段和相同。

（2）$a[1:n]$ 的最大子段和与 $a[n/2+1:n]$ 的最大子段和相同。

（3）$a[1:n]$ 的最大子段和为 $\sum\limits_{k=i}^{j} a_k, 1 \leqslant i \leqslant n/2, n/2+1 \leqslant j \leqslant n$。

（1）和（2）的情况可递归求得，当在（3）的情况时，容易看出，$a[n/2]$ 与 $a[n/2+1]$ 一定包含在最大子段和序列中。因此，可以在 $a[1:n/2]$ 中计算出 $s_1 = \max\limits_{1 \leqslant i \leqslant n/2} \sum\limits_{k=i}^{n/2} a[k]$，并在 $a[n/2+1:n]$ 中计算出 $s_2 = \max\limits_{n/2+1 \leqslant j \leqslant n} \sum\limits_{k=n/2+1}^{j} a[k]$。则 $s_1 + s_2$ 即是情形（3）的最优值。据此可设计出求最大子段和的分治算法。

该分治方法所需的计算时间 $T(n)$ 满足分治递归关系：

$$T(n) = \begin{cases} O(1) & n \leqslant c \\ 2T(n/2) + O(n) & n > c \end{cases}$$

解此递归方程，可得 $T(n) = O(n\log n)$。

3）最大子段和的动态规划算法实现

对最大子段和问题进行分析，采用动态规划算法实现。对原问题有如下分解。

记 $b[j] = \max\limits_{1 \leqslant i \leqslant j} \{ \sum\limits_{k=i}^{j} a[k] \}$，即 $b[j]$ 中存放序列 $(a_1, a_2, \cdots, a_j)$ 的最大子段和。则原问题序列 $(a_1, a_2, \cdots, a_n)$ 的最大子段和，可表示为 $\max\limits_{1 \leqslant i \leqslant j \leqslant n} \sum\limits_{k=i}^{j} a[k] = \max\limits_{1 \leqslant j \leqslant n} \{ \max\limits_{1 \leqslant i \leqslant j} \sum\limits_{k=i}^{j} a[k] \} = \max\limits_{1 \leqslant j \leqslant n} b[j]$。

由 $b[j]$ 的定义，可建立 $b[j]$ 的递归关系：

$$b[j] = \begin{cases} a[j] & b[j-1] \leqslant 0 \\ b[j-1] + a[j] & b[j-1] > 0 \end{cases} \quad (1 \leqslant j \leqslant n) \tag{6.7}$$

根据递归关系式（6.7），可以依次算出 $b[1], b[2], \cdots, b[j], \cdots, b[n]$，然后取其中的最大值，即得到最大的子段和。显然该递归关系采用自底向上的带有记忆的动态规划算法实现能得到较高的效率。算法如下。

```
int MaxSum( int n, int a[1..n])
{
    int sum = 0, b = 0;
    for (int i = 1; i <= n; i++)
    {
        if (b > 0) b += a[i];
        else b = a[i];
        if (b > sum) sum = b;
    }
    return sum;
}
```

仍以序列 $(a_1, a_2, a_3, a_4, a_5, a_6) = (-2, 11, -4, 13, -5, -2)$ 为例，表 6.7 说明了 MaxSum 算法思路的实现。

表 6.7　$b[j]$ 的值

1	2	3	4	5	6
-2	11	-4	13	-5	-2
$b_1=-2$	$b_2=11$	$b_3=7$	$b_4=20$	$b_5=15$	$b_6=13$
sum=0	sum=11	sum=11	sum=20	sum=20	sum=20

MaxSum 算法只需要 $O(n)$ 的计算时间和 $O(n)$ 的空间。与最大子段和的穷举法和分治法的效率相比,显然动态规划算法效率最高。

4) 由最大子段和问题扩展到最大子矩阵问题

由最大子段和问题的动态规划算法可以扩展为求解最大子矩阵的问题。最大子矩阵是这样一个问题:给定一个 m 行 n 列的整数矩阵 a,试求矩阵 a 的一个子矩阵,使其各元素之和为最大。

最大子矩阵是最大子段和的二维推广。将整数矩阵 a 放在二维数组 $a[1:m][1:n]$ 中,子矩阵的各个元素之和记为 $s(i_1,i_2,j_1,j_2)=\sum_{i=i_1}^{i_2}\sum_{j=j_1}^{j_2}a[i][j]$。

则最大子矩阵问题的最优值为 $\max\limits_{\substack{1\leqslant i_1\leqslant i_2\leqslant m\\1\leqslant j_1\leqslant j_2\leqslant n}}s(i_1,i_2,j_1,j_2)$。又

$$\max_{\substack{1\leqslant i_1\leqslant i_2\leqslant m\\1\leqslant j_1\leqslant j_2\leqslant n}}s(i_1,i_2,j_1,j_2)=\max_{1\leqslant i_1\leqslant i_2\leqslant m}\{\max_{1\leqslant j_1\leqslant j_2\leqslant n}s(i_1,i_2,j_1,j_2)\}=\max_{1\leqslant i_1\leqslant i_2\leqslant m}t(i_1,i_2),$$

其中

$$t(i_1,i_2)=\max_{1\leqslant j_1\leqslant j_2\leqslant n}s(i_1,i_2,j_1,j_2)=\max_{1\leqslant j_1\leqslant j_2\leqslant n}\sum_{j=j_1}^{j_2}\sum_{i=i_1}^{i_2}a[i][j]$$

设 $b[j]=\sum_{i=i_1}^{i_2}a[i][j]$,则 $t(i_1,i_2)=\max_{1\leqslant j_1\leqslant j_2\leqslant n}\sum_{j=j_1}^{j_2}b[j]$。

由上述过程可以看出求解最优子矩阵问题,最终转化为求解最大子段和问题。设计算法如下。

```
int MaxSum1(int m, int n, int a[1..n][1..n])
{
    int sum = 0;
    int * b = new int[n + 1];
    for(i = 1;i < m;i++)
    {
        for(k = 1;k <= n;k++) b[k] = 0;
            for(j = i;j <= m;j++)
            {
                for(k = 1;k <= n;k++) b[k] += a[j][k];
                int max = MaxSum(n, b);
                if (sum < mx) sum = max;
            }
    }
    return sum;
}
```

算法 MaxSum1 需要 $O(m^2 n)$ 的计算时间。如果采用穷举的搜索方法,则需要 $O(m^2 n^2)$ 的计算时间。

6.7　最优二叉查找树

1) 二叉查找树

二叉查找树是一棵空树或者满足以下性质的一棵树。①每个节点作为搜索对象,它的关键字是互不相同的。②对于树上的所有节点,如果它有左子树,那么左子树上所有节点的关键字都小于该节点的关键字。③对于树上的所有节点,如果它有右子树,那么右子树上所有节点的关键字都大于该节点的关键字。

对于一个给定的关键字的集合,可能有若干种不同的二叉排序树。

图 6.9 中的(a)和(b)分别为关键字相同的两棵不同的二叉查找树。

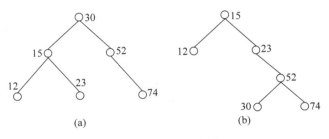

图 6.9　二叉查找树

二叉查找树的搜索过程。从根节点开始,如果根为空,则搜索不成功,否则使用待搜索值与根节点比较;如果待搜索值等于根节点的关键字,则搜索成功返回;如果小于根节点的关键字,则向左子树搜索;如果大于根节点的关键字,则向右子树搜索。

考虑到搜索不成功的情况,对二叉查找树进行扩充,将搜索不成功的情况作为新的、特殊的叶子节点加入到二叉查找树中。即在原二叉查找树中,对于原来二叉树里度数为 1 的分支节点,在它下面增加一个空树叶,对于原来二叉树的树叶,在它下面增加两个空树叶。

新增加的空树叶(以下称外部节点)的个数等于原来二叉树的节点(以下称内部节点)的个数加 1。如果将原二叉查找树的根节点看做是 0 层,则增加外部节点后,树的深度增加 1。

图 6.9 中的二叉查找树扩充后得到的树的形态如图 6.10 所示。其中外部节点 e_0—e_6 表示搜索不到的情形,其查找范围分别是 $(-\infty, 12)$,$(12, 15)$,$(15, 23)$,$(23, 30)$,$(30, 52)$,$(52, 74)$,$(74, +\infty)$。

构造不同的二叉查找树就有不同的性能特征。在扩充的二叉查找树中,对于内部节点,在深度为 0 的节点处查找,需比较一次,在深度为 1 的节点处查找,需比较两次。因此内部节点的比较次数为节点在二叉树中的深度+1。对于外部节点,在深度为 1 的节点处查找,需比较一次,在深度为 2 的节点处查找,需比较 2 次。因此外部节点的比较次数就为节点在二叉树中的深度。

因此,在有 n 个关键字的扩充二叉查找树中,设内部节点 x_i 的深度为 c_i,外部节点(x_j,

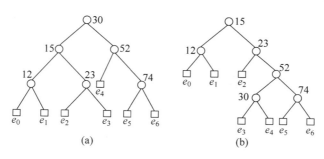

图 6.10　扩充二叉排序树

x_{j+1})的节点的深度为 d_i,则在二叉查找树中的比较次数可表示为:

$$p = \sum_{i=1}^{n}(1+c_i) + \sum_{j=0}^{n}d_j$$

在图 6.10 所示的二叉查找树(a)和(b)中,比较次数分别为:

$$p_a = \sum_{i=1}^{n}(1+c_i) + \sum_{j=0}^{n}d_j = (1+2\times2+3\times3) + (1\times2+6\times3) = 34$$

$$p_b = \sum_{i=1}^{n}(1+c_i) + \sum_{j=0}^{n}d_j = (1+2\times2+3\times1+4\times2) + (2\times3+4\times4) = 38$$

显然,构造平衡的二叉查找树,其比较次数最少。

2) 最优二叉查找树问题描述

在实际中,不同的关键字会有不同的检索概率。即在扩充的二叉查找树中,对内部节点和外部节点都有不同的查找概率。设对内部节点 x_i 的查找概率为 b_i,对外部节点(x_j,x_{j+1})的查找概率为 a_j,则在二叉查找树中进行一次搜索所需的平均查找长度可表示为:

$$p = \sum_{i=1}^{n}b_i(1+c_i) + \sum_{j=0}^{n}a_jd_j$$

其中,$a_j \geqslant 0, 0 \leqslant j \leqslant n; b_i \geqslant 0, 1 \leqslant i \leqslant n; \sum_{i=1}^{n}b_i + \sum_{j=0}^{n}a_j = 1$。

最优二叉查找树问题是对有序集 S 及其查找概率分布($a_0, b_1, a_1, b_2, a_2, \cdots, b_n, a_n$),在所有表示有序集 S 的二叉查找树中找出一棵具有最小平均查找长度的二叉查找树。

显然,对于关键字带有查找概率的二叉查找树中,平衡二叉树不一定是查找长度最小的二叉树。又因为 S 是有序集,也不能按照构造哈夫曼树的构造方法进行建立。

可以采用动态规划算法设计实现。

3) 最优化分析

采用动态规划算法,首先要将待求解问题分解成若干规模较小的子问题,通过求解子问题,从而实现原较大问题的求解,并且要满足最优化原理。

对二叉查找树有如下分解。将有 n 个内部节点 $s_1, s_2, \cdots s_n$ 和 $n+1$ 个外部节点 $e_0, e_1, e_2, \cdots e_n$(其对应的查找范围为($-\infty, s_1$),($s_1, s_2$),$\cdots$,($s_n, +\infty$))的二叉查找树记为 $T(1, n)$,取 $s_k(1 \leqslant k \leqslant n)$ 作为该树的根节点,则二叉查找树 $T(1, n)$ 的左子树由内部节点 $s_1, s_2, \cdots, s_{k-1}$ 和外部节点 $e_0, e_1, e_2, \cdots, e_{k-1}$ 组成,记为 $T(1, k-1)$,而右子树由内部节点 $s_{k+1}, \cdots, s_n$ 和外部节点 $e_k, \cdots, e_n$ 组成,记为 $T(k+1, n)$。

如果 $T(1,n)$ 是最优二叉查找树,则左子树 $T(1,k-1)$ 和右子树 $T(k+1,n)$ 也是最优二叉查找树。

如果上述论述成立,则表明最优二叉查找树问题满足最优化原理。

证明,先证明左子树成立,用反证法。假设 $T'(1,k-1)$ 是另外一棵比 $T(1,k-1)$ 更优的二叉查找左子树,则 $T'(1,k-1)$ 的平均比较次数小于 $T(1,k-1)$ 的平均比较次数,从而由 $T'(1,k-1)$、s_k 和 $T(k+1,n)$ 构成的二叉查找树 $T'(1,n)$ 的平均比较次数小于 $T(1,n)$ 的平均比较次数,这与 $T(1,n)$ 是最优二叉查找树的前提相矛盾。同理右子树也成立。

因此最优二叉查找树满足最优化原理。

4) 建立最优值的递归关系

已知 $T(1,n)$ 是有 n 个内部节点 $s_1,s_2,\cdots,s_n$ 和 $n+1$ 个外部节点 $e_0,e_1,e_2,\cdots,e_n$ 的最优二叉查找树,其查找概率分布为 $(a_0,b_1,a_1,b_2,a_2,\cdots,b_n,a_n)$。

设 $T(i,j)$ 是 $T(1,n)$ 的一棵由内部节点 $s_i,\cdots,s_j$ 和外部节点 $e_{i-1},e_i,\cdots,e_j$ 构成的子树。根据存取分布概率,在子树的节点处被搜索到的概率总和是:

$$w_{ij} = \sum_{m=i}^{j} b_m + \sum_{t=i-1}^{j} a_t = a_{i-1} + b_i + \cdots + b_j + a_j$$

则在 $T(i,j)$ 中各内部和外部节点的查找概率分布为 $(\bar{a}_{i-1},\bar{b}_i,\bar{a}_i,\cdots,\bar{b}_j,\bar{a}_j)$,其中,$\bar{a}_h$ 和 $\bar{b}_k$ 分别是下面的条件概率:

$$\bar{b}_k = b_k/w_{ij} \quad (i \leqslant k \leqslant j)$$
$$\bar{a}_h = a_h/w_{ij} \quad (i-1 \leqslant h \leqslant j)$$

因此满足 $\sum_{m=i}^{j} \bar{b}_m + \sum_{t=i-1}^{j} \bar{a}_t = \bar{a}_{i-1} + \bar{b}_i + \bar{a}_i + \cdots + \bar{b}_j + \bar{a}_j = 1$。

下面给出最优值的递推关系。

设 $T(i,j)$ 是 $T(1,n)$ 的关于查找概率分布为 $(\bar{a}_{i-1},\bar{b}_i,\bar{a}_i,\cdots,\bar{b}_j,\bar{a}_j)$ 的一棵最优二叉查找子树,其平均查找长度为 p_{ij}。又设 $T(i,j)$ 的根节点元素为 x_m,其左子树 T_l 和右子树 T_r 的平均查找长度分别为 P_l 和 P_r。由 T_l 和 T_r 中节点深度是它们在 $T(i,j)$ 中的深度减1,所以得到

$$w_{ij}p_{ij} = w_{i,m-1}(p_l+1) + w_{m,m} + w_{m+1,j}(p_r+1)$$
$$= w_{ij} + w_{i,m-1}p_l + w_{m+1,j}p_r \quad i \leqslant j$$

根据最优二叉搜索树问题满足最优化原理,可建立计算 p_{ij} 的递归式如下:

$$w_{ij}p_{ij} = w_{ij} + \min_{i \leqslant k \leqslant j}\{w_{i,k-1}p_{i,k-1} + w_{k+1,j}p_{k+1,j}\} \quad i \leqslant j \tag{6.8}$$

初始时,

$$p_{i,i-1} = 0, \quad 1 \leqslant i \leqslant n \tag{6.9}$$

记 $w_{ij}p_{ij}$ 为 $m(i,j)$,通过式(6.8)和式(6.9),可得到 $m(i,j)$ 的递归关系式(6.10):

$$\begin{cases} m(i,j) = w_{ij} + \min_{i \leqslant k \leqslant j}\{m(i,k-1) + m(k+1,j)\} & i \leqslant j \\ m(i,i-1) = 0 & 1 \leqslant i \leqslant n \end{cases} \tag{6.10}$$

从递归关系式(6.10),不难发现,其递归关系与矩阵连乘问题的递归关系式(6.4)很相似,如果直接采用该递归关系编写递归算法,同样会出现许多重复子问题,因此可采用具有记忆功能的动态规划算法实现。

5) 按自底向上记忆化的方式计算最优值和最优解

根据递归关系式(6.10),可以采用与矩阵连乘相同的方法,自底向上计算最优二叉查找树的最优值和最优解。

对于有序集 $S=\{s_1, s_2, \cdots, s_n\}$ 的最优二叉查找树问题,其查找概率分布为 $(a_0, b_1, a_1, b_2, a_2, \cdots, b_n, a_n)$。数组 $a[n]$ 存储外部节点的概率分布,数组 $b[n]$ 存储内部节点的概率分布。用数组 $m[i][j]$ 存储 $m(i, j)$,即 $m[i][j]$ 相当于存放最优值;用 $w[i][j]$ 存储 w_{ij},即子树的概率总和。与矩阵连乘问题一样,需要用 $s[i][j]$ 记录二叉查找树的树根位置,即存放使 $m(i,j) = w_{ij} + \min_{i \le k \le j}\{m(i, k-1) + m(k+1, j)\}$ 最小的 k 值,为将来求取最优解做准备。

用动态规划算法求解矩阵连乘问题的最优值的算法如下。

```
void OptimalBinarySearchTree( int a[0..n], int b[1..n], int n, int m[1..n+1][0..n],
                               int s[1..n][1..n], int w[1..n+1][0..n])
{
    for ( int i = 0; i <= n; i++)
    {
        w[i+1][i] = a[i];
        m[i+1][i] = 0;
    }
    for ( int r = 0; r < n; r++)
        for( int i = 1; i <= n - r; i++)
        {
            int j = i + r;
            w[i][j] = w[i][j-1] + a[j] + b[j];
            m[i][j] = m[i+1][j];
            s[i][j] = i;
            for( int k = i+1; k <= j; k++)
            {
                int t = m[i][k-1] + m[k+1][j];
                if (t < m[i][j])
                {
                    m[i][j] = t;
                    s[i][j] = k;
                }
            }
            m[i][j] += w[i][j];
        }
}
```

利用算法 OptimalBinarySearchTree 中获得的 s[i][j] 可以获取最优解,过程如下。对于树 T(1, n),首先查找 s[1][n],取其值 k,表示 s_k 为 T(1, n) 的根节点,以 s_k 为根,T(1, n) 分成左子树为 T(1, k−1)、右子树为 T(k+1, n) 的两棵子树。继续对子树进行操作,左子树取 s[1][k−1] 的值进行分解,右子树取 s[k+1][n] 的值进行分解。以此类推,容易构造出最优解。

6) 算法实例

设有 5 个关键字的有序集合 $S=\{s_1, s_2, s_3, s_4, s_5\}$,其对应的外部节点 $E=\{e_0, e_1, e_2, e_3, e_4, e_5\}$。已知查找分布的概率为:对应 S 的概率为 $(b_1, b_2, b_3, b_4, b_5)=<0.15, 0.1, 0.05, 0.1, 0.2>$,对应 E 的概率为 $(a_0, a_1, a_2, a_3, a_4, a_5)=<0.05, 0.1, 0.05, 0.05, 0.05, 0.1>$,构造一棵最优二叉查找树。

在该问题中,$n=5$,集合 S 和 E 分别对应二叉查找树中查找成功和查找不成功的节点。

首先对数组 w 和 m 进行初始化。即令 $w[i+1][i]=a[i]$,$m[i+1][i]=0(0 \leqslant i \leqslant 5)$。如表 6.8 和表 6.9 所示。

表 6.8　$w[i][j]$(初始化)

	j					
i	0	1	2	3	4	5
1	0.05					
2		0.1				
3			0.05			
4				0.05		
5					0.05	
6						0.1

表 6.9　$m[i][j]$(初始化)

	j					
i	0	1	2	3	4	5
1	0					
2		0				
3			0			
4				0		
5					0	
6						0

然后构造二叉查找树只有一个节点的情形。当 $n=5$ 时,有 5 棵二叉查找树 $T(i,j)$,$1 \leqslant i \leqslant 5$,且 $i=j$。当 $i=1$ 时,$w[1][1]=w[1][0]+a[1]+b[1]=0.3$,$m[1][1]=w[1][1]+m[1][0]+m[2][1]=0.3$,$s[1][1]=1$。同理,可计算出 i 为 $2,3,4,5$ 时的 $w[i][j]$、$m[i][j]$ 和 $s[i][j]$,如表 6.10、表 6.11 和表 6.12 所示。

表 6.10　$w[i][j]$(二叉查找树只有一个节点)

	j					
i	0	1	2	3	4	5
1	0.05	0.3				
2		0.1	0.25			
3			0.05	0.15		
4				0.05	0.20	
5					0.05	0.35
6						0.1

表 6.11　$m[i][j]$(二叉查找树只有一个节点)

	j					
i	0	1	2	3	4	5
1	0	0.3				
2		0	0.25			
3			0	0.15		
4				0	0.20	
5					0	0.35
6						0

表 6.12　$s[i][j]$(二叉查找树只有一个节点)

	j					
i	0	1	2	3	4	5
1		1				
2			2			
3				3		
4					4	
5						5

接着构造二叉查找树有两个节点的情形。当 $n=5$ 时,有 4 棵二叉查找树,$1 \leqslant i \leqslant 4$,且 $j=i+1$。当 $i=1$ 时,$j=2$,$w[1][2]=w[1][1]+a[2]+b[2]=0.45$。此时二叉树树根的位置为 s_1 或 s_2,即在递归式 $m(1,2)=w_{ij}+\min\limits_{1 \leqslant k \leqslant 2}\{m(i,k-1)+m(k+1,j)\}$ 中 k 的值取 1 或 2。即:

$$m(1,2)=w_{ij}+\min\limits_{1 \leqslant k \leqslant 2}\{m(i,k-1)+m(k+1,j)\}$$

$$=w[1][2]+\min\begin{cases}m(1,0)+m(2,2)=0.25 & (k=1) \\ m(1,1)+m(3,2)=0.3 & (k=2)\end{cases}$$

$$=0.45+0.25(k=1)=0.7$$

同理,可计算出 i 为 $2,3,4$ 时的 $w[i][j]$、$m[i][j]$ 和 $s[i][j]$,如表 6.13、表 6.14 和表 6.15 所示。

表 6.13　$w[i][j]$（二叉查找树有两个节点）

i＼j	0	1	2	3	4	5
1	0.05	0.3	0.45			
2		0.1	0.25	0.35		
3			0.05	0.15	0.3	
4				0.05	0.20	0.5
5					0.05	0.35
6						0.1

表 6.14　$m[i][j]$（二叉查找树有两个节点）

i＼j	0	1	2	3	4	5
1	0	0.3	0.7			
2		0	0.25	0.5		
3			0	0.15	0.45	
4				0	0.20	0.7
5					0	0.35
6						0

表 6.15　$s[i][j]$（二叉查找树有两个节点）

i＼j	0	1	2	3	4	5
1		1	1			
2			2	2		
3				3	4	
4					4	5
5						5

同理,可以继续构造二叉查找树有三个、四个和五个节点的情形。最终完全构造出 $w[i][j]$、$m[i][j]$ 和 $s[i][j]$,如表 6.16、表 6.17 和表 6.18 所示。

表 6.16　$w[i][j]$

i＼j	0	1	2	3	4	5
1	0.05	0.3	0.45	0.55	0.7	1.0
2		0.1	0.25	0.35	0.5	0.8
3			0.05	0.15	0.3	0.6
4				0.05	0.20	0.5
5					0.05	0.35
6						0.1

表 6.17　$m[i][j]$

i＼j	0	1	2	3	4	5
1	0	0.3	0.7	1.0	1.45	2.35
2		0	0.25	0.5	0.95	1.65
3			0	0.15	0.45	1.05
4				0	0.20	0.7
5					0	0.35
6						0

表 6.18 $s[i][j]$

	0	1	2	3	4	5
1		1	1	2	2	2
2			2	2	2	4
3				3	4	5
4					4	5
5						5

根据 $s[i][j]$ 的值,可以获取最优解。由于 $n=5$,首先查找 $s[1][5]$,取其值为 2,表示 s_2 为 $T(1,5)$ 的根节点,以 s_2 为根,$T(1,5)$ 分成了左子树为 $T(1,k-1)=T(1,1)$、右子树为 $T(k+1,5)=T(3,5)$ 的两棵子树。由于 $s[1][1]=1$,左子树 $T(1,1)$ 的树根为 s_1,不能再分解。$s[3][5]=5$,右子树 $T(3,5)$ 以 s_5 为树根,分解成一棵 $T(3,k-1)=T(3,4)$ 的子树。$s[3][4]=4$,$T(3,4)$ 的子树以 s_4 为根,分解成一棵 $T(3,k-1)=T(3,3)$ 的子树,该子树以 s_3 为树根。由此构造出如图 6.11 所示的最优二叉查找树。

7) 算法分析

分析动态规划求解最优二叉查找树 OptimalBinary-SearchTree 算法中的语句,计算量主要在于计算 $\min\limits_{i \leqslant k \leqslant j}\{m(i,k-1)+m(k+1,j)\}$ 的工作上。对于固定的 r,需要的计算时间为 $O(j-i+1)=O(r+1)$。因此,算法总的运行时间为 $\sum\limits_{r=0}^{n-1}\sum\limits_{i=1}^{n-r}O(r+1)=O(n^3)$。由于算法中用到了 3 个二维数组,因此其空间复杂度为 $O(n^2)$。

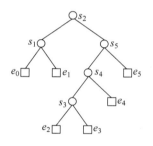

图 6.11 构造最优二叉查找树

总结

在这一章里给大家介绍了动态规划算法。通过前面的学习,我们已经初步了解了动态规划算法常用于在分治过程中子问题不相互独立的情况下,可采用备忘录方法。如果待求解问题是最优问题,还必须保证原问题满足最优化原理,即通过子问题的最优解能得到原问题的最优解。一般而言,动态规划算法的设计较复杂,初学者往往感觉难以下手。因此在学习的过程中,必须首先熟悉和理解常见问题的动态规划实现方法,并积极地通过练习进一步加深体会。

习题 6

1. 有数字三角形,形式如下:

$$
\begin{array}{ccccc}
 & & 1 & & \\
 & 2 & & 3 & \\
4 & & 5 & & 6 \\
7 & 8 & 9 & & 10
\end{array}
$$

找出从第一层到最后一层的一条路,使得所经过的权值之和最小或者最大。

2. 最长上升子序列:给出一个数列$\{a_1,a_2,\cdots,a_n\}$,要求你选出尽量多的元素,使这些元素按其相对位置单调递增。

例如,

有输入:　　　5　8　9　2　3　1　7　4　6

输出为(黑体)5　8　9　**2　3**　1　7　**4　6**　　最长上升子序列长度为:4。

3. N堆石子在操场上排成环状,每次可以合并相邻的两堆石子,耗费的体力值为两堆石子的数量和,若想将所有石子合并到一堆,则至少需要耗费多少体力?

例如,

有输入:13　7　8　16　21　4　18

输出:　　239

4. 现有资金4万元,投资三个项目,每个项目的投资效益与投入该项目的资金有关。三个项目的投资效益(万吨)和投入资金(万元)的关系如下表所示,求对三个项目的最优投资分配,使总投资效益最大。

投资效益分配表

项目 投入资金	项目1	项目2	项目3
1万元	15万吨	13万吨	11万吨
2万元	28万吨	29万吨	30万吨
3万元	40万吨	43万吨	45万吨
4万元	51万吨	55万吨	58万吨

5. 对于从1到N的连续整数集合,能划分成两个子集合,且保证每个集合的数字和是相等的。

举个例子,如果$N=3$,对于$\{1,2,3\}$能划分成两个子集合,$\{3\}$和$\{1,2\}$,它们每个子集合的所有数字和是相等的。这是唯一一种划分(交换集合位置被认为是同一种划分方案,因此不会增加划分方案总数)。

如果$N=7$,有四种方法能划分集合$\{1,2,3,4,5,6,7\}$,每一种分发的子集合各数字和是相等的。

$\{1,6,7\}$和$\{2,3,4,5\}$　$\{1+6+7=2+3+4+5\}$

$\{2,5,7\}$和$\{1,3,4,6\}$

$\{3,4,7\}$和$\{1,2,5,6\}$

$\{1,2,4,7\}$和$\{3,5,6\}$

给出N,你的程序应该输出划分方案总数,如果不存在这样的划分方案,则输出0。

6. 一个n行m列的迷宫($1\leqslant n,m\leqslant 5$),入口在左上角,规定只能向下或向右走。迷宫的某些地方藏有不同价值(价值>0)的宝藏,同时又存在一些障碍无法通过。求到达右下角出口时收集宝藏的最大值

输入:第一行n和m,表示迷宫的行和列。

后继输入n行m列描述的迷宫矩阵$a[I,j]$(-1:障碍)。

输出：最大值

例如，样例输入如下：

```
3    4
2   −1   50    5
1    3   −1    6
−1    8    9   10
```

样例输出：33

7. 制作唱片。某人刚刚继承了 n 首珍贵的、没有发行的歌曲，他们由流行的演唱组 Rauscus Rockers 录制。他的计划是选择其中一些歌曲来发行 m 个唱片，每个唱片至多包含 t 分钟的音乐，唱片中的歌曲不重复。由于他是一个古典音乐爱好者，所以他没有办法区分这些音乐的价值，他按照下面的标准进行选择。

（1）这些唱片中的歌曲必须按照它们的写作顺序进行排序（如果第一个唱片录制歌曲 1 和歌曲 3，则第二个唱片从歌曲 4 开始选择）。

（2）包含歌曲的总数尽可能多。

输入：第一行包含数值 n, t, m。$n \leqslant 50$；$t \leqslant 60$；$m \leqslant 20$，每首歌曲的长度不超过 20。

第二行依次是 n 首歌曲的长度，它们按写作的顺序排列，没有一首歌曲超出唱片的长度，而且不可能将所有的歌曲都放在唱片中。

输出：按标准选取歌曲录制，m 个唱片所能录制的最多歌曲数目。

例如，样例输入如下：

```
5  6  4
4  3  4  4  5
```

样例输出：4

8. 设 A 和 B 是两个字符串，我们可以通过下面的三种字符操作将字符串 A 转换为字符串 B。

字符操作包括。

（1）删除一个字符。

（2）插入一个字符。

（3）将下一个字符改另一个字符。

对于给定的字符串 A 和 B，要求用最少的操作步数将 A 串转换为 B 串。

输入：第一行，A 串

第二行，B 串

输出：将 A 串转换为 B 串所用的最少步数。

例如，样例输入如下：

ACDEF

ABCDE

样例输出：2

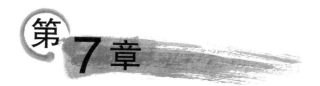

第7章 时空权衡技术

在我们解决各种问题的过程中,常会遇到这样一种现象:当要求对大量数据进行排序、搜索等操作时,若按照常规算法来设计程序(如选择排序、顺序查找等算法),程序运行的时间可能会很长。

针对如上问题,若能够在做排序或查找操作之前先对数据进行预处理,则可能会大大减少程序的运行时间。经验得知,这种方法往往是奏效的,时空权衡技术就是在这种背景下应运而生的。

7.1 时空权衡策略

算法效率分为时间效率和空间效率。时间效率体现了算法的运行速度,而空间效率则说明了算法需要多少额外的存储空间。通常,为了提高算法的时间效率,往往需要牺牲其空间效率,相反,为了提高算法的空间效率,也需要牺牲其时间效率。大多数情况下,二者相互制约。在解决一个具体的问题时,需要在时间效率与空间效率之间进行权衡。

作为一个例子,我们考虑完成整数 A 与整数 B 交换的问题。以下给出两种算法。

【算法 1】

```
void Swap1(A,B)
{
    C = A;
    A = B;
    B = C;
}
```

【算法 2】

```
void Swap2(A,B)
{
    A = A ^ B;
    B = B ^ A;
    A = A ^ B;
}
```

若我们分别将"＝"与"^"看做两种基本运算,各需要一个单位的执行时间。执行算法 1时,完成 3 个"＝"运算,需要 3 个单位的执行时间,而执行算法 2 时,除完成 3 个"＝"运算外,还需要完成 3 个"^"运算,需要 6 个单位的执行时间,从时间效率角度分析可知,算法 1的时间效率高于算法 2。若从空间效率角度分析,算法 1 中引用了中间变量 C,需要对其分配额外的存储空间,而算法 2 不需要申请额外的存储空间,因此算法 2 的空间效率高于算法 1。

算法 1 牺牲了空间换取了时间,而算法 2 牺牲了时间换取了空间。如果我们优先考虑时间效率,将选择算法 1,相反,如果优先考虑空间效率,将选择算法 2。

我们所遇到的大多数问题,往往具有对算法运行速度的要求高于对算法额外存储空间的要求的特点,在设计算法时,主要精力应放在如何提高算法的时间效率上。当然,也不是完全不考虑算法的空间效率,合适的数据结构既可以提高算法的时间效率,同时也会节省算法所需的额外存储空间。

在时空权衡技术中,空间换时间的实现思想是输入增强。即,对原始输入数据先进行预处理或预构造,再对新增加的信息进行存储,这样,将加速后面问题的求解,提高算法的时间效率。

本章将通过介绍计数排序、字符串匹配等问题的解决方法以使读者深刻地理解时空权衡技术。

7.2 计数排序

计数排序算法于 1954 年由 Harold H. Seward 提出,适合小范围集合的排序。其基本思想是先确定待排序数组 A 中记录的范围(即数组 A 中记录的最大值与最小值),然后创建一个长度为数组 A 中记录范围的数组 C,数组 C 中的每个元素记录了数组 A 中对应记录的出现次数,最后,根据数组 C 将数组 A 中的元素排到正确的位置。

通过下面的示例来说明这个算法。

假设待排序的数组为 $A = \{4,3,3,5,2,2,2,4,7,2,3,7,7\}$,数组元素均为整数,数组长度记为 $\text{length}(A)$,数组 A 中的最大值为 7,最小值为 2,那么我们应该创建一个长度为 6(从 2 到 7 共 6 个整数)的数组 C(下标从 0 到 5)。

$C[i]$($-1 < i < 6$)表示数组 A 中值为"$i+2$"的元素出现的次数,数组 C 中各元素的值及含义如表 7.1 所示。

表 7.1　数组 C 的值

数组元素	值	含　义
$C[0]$	4	数组 A 中 2 出现的次数
$C[1]$	3	数组 A 中 3 出现的次数
$C[2]$	2	数组 A 中 4 出现的次数
$C[3]$	1	数组 A 中 5 出现的次数
$C[4]$	0	数组 A 中 6 出现的次数
$C[5]$	3	数组 A 中 7 出现的次数

数组 C 如何计算呢？首先对数组 C 中各元素初始化为 0，然后对数组 A 进行一次遍历，每遍历到一个数组元素 $A[j]$（$-1<j<\text{length}(A)$），只需完成 $C[A[j]-2]=C[A[j]-2]+1$（$-1<j<\text{length}(A)$）操作，便可得到数组 C 中所有元素的值。表 7.2 给出了遍历数组 A 时数组 C 的变化情况。

表 7.2 计算数组 C 的过程

遍历顺序	数组 A	数组 C	遍历顺序	数组 A	数组 C
1	$A[0]=4$	$C[2]=1$	8	$A[7]=4$	$C[2]=2$
2	$A[1]=3$	$C[1]=1$	9	$A[8]=7$	$C[5]=1$
3	$A[2]=3$	$C[1]=2$	10	$A[9]=2$	$C[0]=4$
4	$A[3]=5$	$C[3]=1$	11	$A[10]=3$	$C[1]=3$
5	$A[4]=2$	$C[0]=1$	12	$A[11]=7$	$C[5]=2$
6	$A[5]=2$	$C[0]=2$	13	$A[12]=7$	$C[5]=3$
7	$A[6]=2$	$C[0]=3$			

最后，根据数组 C 对数组 A 进行排序，排序结果存放到数组 B 中。若对数组 A 进行非递减排序，由于 $C[0]=4$ 表示数组 A 中最小值 2 出现的次数，我们首先对数组 B 中的前 4 个元素均赋值为 2，$C[1]=3$ 表示数组 A 中次小值 3 出现的次数，对数组 B 中的接下来的 3 个元素均赋值为 3，依次类推。排序后的数组为 $B=\{2,2,2,2,3,3,3,4,4,5,7,7,7\}$，算法如下。

```
//其中 A 为待排序数组,B 为排序后的数组,min 为数组 A 中记录的最小值,max 为数组 A
//中记录的最大值,M 为数组 A 的长度,N 为数组 C 的长度,即数组 A 中记录的范围
void CountingSort1(int A[0..M－1],int min,int max,int B[0..M－1])
{
    for i = 0 to N－1                        //初始化计数数组 C
        C[i] = 0;
    for i = 0 to M－1                        //计算计数数组 C
        C[A[i]－min] = C[A[i]－min]＋1;
    for i = 0 to N－1                        //根据数组 C 计算排序后的数组 B
        for j = 0 to C[i]－1
            B[k++] = min + i;
}
```

上述算法中引入了数组 B，目的是使读者更加清晰地区别排序之前与排序之后的数组。为了节省不必要的存储空间，可以不使用数组 B，排序之后，结果依然存放到数组 A 中，优化之后的算法如下。

```
void CountingSort2(int A[0..M－1],int min,int max)
{
    for i = 0 to N－1                        //初始化计数数组 C
        C[i] = 0;
    for i = 0 to M－1                        //计算计数数组 C
        C[A[i]－min] = C[A[i]－min]＋1;
```

```
        for i = 0 to N - 1                      //根据数组 C 计算排序后的数组 A
            for j = 0 to C[i] - 1
                A[k++] = min + i;
    }
```

优化后的算法取消了对数组 B 的定义,此外该算法中的倒数第二行为优化后的主要代码。

以上两种算法中均引入了计数数组 C,提高了解决该问题的速度,同时,也增加了额外的存储空间。在具有数据量小、数据范围有限的特点的排序问题中,计数排序是所有排序算法中时间效率最高的。

时间复杂度分析。优化后的算法中,初始化计数数组 C 所需要的时间由数组 A 中的最大值和最小值决定,该部分的时间复杂度记为 $T1=N$;计算计数数组 C 所需要的时间由数组 A 的长度决定,该部分的时间复杂度记为 $T2=M$;根据数组 C 计算排序后的数组 A 所需要的时间也由数组 A 的长度决定,该部分的时间复杂度记为 $T3=M$。由此可知,该算法的时间复杂度记为 $T=T1+T2+T3=2M+N$,根据数组 A 所具有的特点可知,$M \gg N$,因此该算法的时间复杂度可记为 $O(M)$,其他所有的排序算法中最优的时间复杂度为 $\Omega(M\log M)$,与之相比,该排序算法的时间复杂度最低。

空间复杂度分析。上述两种算法中均引入了数组 C,需要额外的存储空间,因此,空间复杂度高于其他排序算法。考虑到计算机的内存有限,这种算法不适合记录范围很大的大量数据的排序。

7.3　字符串匹配

在信息检索、文本处理等系统中,字符串匹配是使用最频繁的操作。

字符串是定义在有限字母表 $\sum$ 上的一个字符序列。例如,AGCEECGA 是字母表 $\sum = \{A,C,E,G\}$ 上的一个字符串。

字符串匹配问题就是在一个较长的字符串 S 中搜索某个较短的子字符串 P。其中,S 称为文本,P 称为模式,S 和 P 都定义在同一个字母表 $\sum$ 上。

字符串匹配问题有两种形式。

第一种形式:求 P 在 S 中的第一次匹配,也称第一次出现。

第二种形式:求 P 在 S 中的所有匹配,也称所有出现。

本节主要介绍以第一种形式出现的字符串匹配问题的解决方法。如有文本 $S=$ "for switch if while do static return",模式 $P=$ "static",则 P 在 S 中的位置为 24,若模式 $P=$ "string",则 P 在 S 中没有出现。

字符串匹配的算法有多种,如 KMP、BM、Horspool、RK 等。我们最容易想到、最容易实现的算法要属蛮力字符串匹配算法。其实现思想是先使文本 S 与模式 P 左对齐,然后从 P 的最左端开始取字符,每取出一个字符,均与 S 中对应的字符进行一次比较,若相同,再取下一个字符进行下一次比较,若不同,本轮匹配结束,模式右移一个位置。当 P 移动到某一个位置时,P 中所有的字符均与 S 中对应的字符相同,则算法结束。我们说在 S 中找到

了 P，并输出 P 中的第一字符在 S 中对应的位置；当 P 与 S 右对齐，P 与 S 中的对应字符不完全相同时，算法也结束，我们说在 S 中没有出现 P。

用示例说明蛮力字符串匹配算法的思想。

若有文本 S＝"I am a worker"，模式 P＝"a w"，匹配过程如下。

第1轮 匹配	I ≠ a		a	m		a		w	o	r	k	e	r
			w										

第2轮 匹配	I		a ≠ a	m		a		w	o	r	k	e	r
			w										

| 第3轮 匹配 | I | | a ‖ a | m ≠ w | | a | | w | o | r | k | e | r |

| 第4轮 匹配 | I | | a | m ≠ a | | a | | w | o | r | k | e | r |
| | | | | w | | | | | | | | | |

| 第5轮 匹配 | I | | a | m | | a ≠ a | | w | o | r | k | e | r |
| | | | | | w | | | | | | | | |

| 第6轮 匹配 | I | | a | m | | a ‖ a | | w ‖ w | o | r | k | e | r |

P 经过 5 次右移，最终在 S 中找到了完全匹配的子串，输出结果为 6。算法见第 3 章 3.3.2 节。该算法的时间复杂度分析也见第 3 章。

虽然蛮力字符串匹配算法思想简单，但它的时间复杂度比较大，主要原因在于模式每次仅右移一个位置，如果模式右移的距离能更长一些，将会减少字符比较的次数。下面介绍一种快速字符串匹配算法，Horspool 算法。

当模式与文本子串不匹配时，模式需要右移，右移分两类，每一类又包含两种情况。通过示例理解 Horspool 算法中右移的四种情况。

假设文本 S 长度为 TextLength，模式 P 长度为 PatternLength，P 的最右端对应 S 中的字符为 c（c 为代号，不特指字符'c'）。

第一类：P 右移距离为模式长度 PatternLength。

第一种情况：P 中不存在 c（如下例所示，c 为字符'w'）。

S:	f	o	r	s	w	i	t	c	h	s	t	a	t	i	c
							⊬								
P:	s	t	a	t	i	c									
右移结果:							s	t	a	t	i	c			

第二种情况：P 中的最后一个字符恰好是 c（如下例所示，c 为字符 'c'），且 P 中前 PatternLength-1 个字符中未出现 c。

S:	S	t	y	p	e	c	a	s	e	s	t	a	t	i	c
						⊬	‖								
P:	s	t	a	t	i	c									
右移结果:								s	t	a	t	i	c		

第二类：P 右移距离为 P 前 PatternLength-1 个字符中最右端的 c 到 P 中的最后一个字符的长度。

第三种情况：P 中的最后一个字符不是 c（如下例所示，c 为字符 't'），但 P 前 PatternLength-1 个字符中出现了 c。

S:	f	o	r	s	t	a	t	i	c	i	n	t
					⊬							
P:	s	t	a	t	i	c						
右移结果:			s	t	a	t	i	c				

第四种情况：P 中的最后一个字符恰好是 c（如下例所示，c 为字符 't'），且 P 前 PatternLength-1 个字符中出现了 c。

S:	d	o	i	n	t	s	t	r	u	c	t
					⊬	‖					
P:	s	t	r	u	c	t					
右移结果:					s	t	r	u	c	t	

从以上两类情况可以看出，模式每次右移的距离都比较大，相对于蛮力字符串匹配算法，Horspool 算法中字符比较的次数要少很多，这也就提高了字符串匹配的时间效率。

如下，给出了文本 $S=\{$ "for switch if while do static return" $\}$，模式 $P=\{$ "static" $\}$ 时模式匹配的 Horspool 算法。

```
//其中 Text 中存放文本字符串,Pattern 中存放模式字符串
int HorspoolMathcing1(char Text[],char Pattern[])
{
    int TextLength = strlen(Text);          //计算文本长度
    int PatternLength = strlen(Pattern);    //计算模式长度
    while(TextLength > 0&&PatternLength > 0&&i <= (TextLength - PatternLength))
    {
        j = PatternLength - 1;
```

```
    while(j >= 0 && Pattern[j] == Text[i + j])  //从右向左匹配
        j--;
    if(j = = -1)                                //在文本中找到了模式,返回对应位置
        return i;
    else                                        //本轮匹配失败,模式右移
    {
        flag = 0;                               //右移距离等于模式长度
        for(k = j - 1;k >= 0;k--)
            if(Pattern[k] == Text[i + PatternLength - 1])
            {
                flag = 1;                       //右移距离小于模式长度
                break;
            }
        if(flag == 0)
            i = i + PatternLength;              //第 count + 1 次右移距离为 PatternLength
        else
            i = i + (PatternLength - k - 1);    //第 count + 1 次右移距离为 PatternLength - k - 1
        count++;
    }
    }
    return -1;                                  //在完成所有轮次匹配后,文本中没有出现模式,返回 -1
}
```

根据该算法,模式匹配的完整分析过程如下。

```
f o r   s w i t c h   i f   w h i l e   d o   s t a t i c   r e t u r n
s t a t i c
            s t a t i c                                   右移 6 个字符
              s t a t i c                                 右移 1 个字符
                        s t a t i c                       右移 6 个字符
                              s t a t i c                 右移 6 个字符
                                s t a t i c               右移 2 个字符
                                  s t a t i c             右移 2 个字符
```

时间复杂度分析。选择字符比较操作作为基本运算,在上述算法中,该基本运算出现了两次,一次出现在模式与文本中对应的字符子串进行比较时,一次出现在当模式与当前文本字符子串不匹配,需要计算模式右移的距离时。在最坏情况下,模式与文本中对应的字符子串的比较次数为模式长度 PatternLength,模式每次右移距离均为 1,计算该距离需执行 1 次基本操作,每一轮字符匹配基本运算的执行次数为 PatternLength + 1,模式共右移 TextLength - PatternLength 次,此时该算法的最差时间效率类型与最坏情况下蛮力字符串匹配算法相同,即 $O(\text{PatternLength} \times \text{TextLength})$。一般情况下,模式与文本中对应的字符子串的比较次数为模式长度的一半 $\dfrac{\text{PatternLength}}{2}$,模式每次平均右移的距离为 $\dfrac{\text{PatternLength}}{2}$,计算该距离平均需要执行 $\dfrac{\text{PatternLength} - 1}{2}$ 次基本操作,由此可知,每一轮

模式匹配基本运算的执行次数为$\dfrac{\text{PatternLength}}{2}+\dfrac{\text{PatternLength}-1}{2}\approx\text{PatternLength}$,若模式平均出现在文本的中间位置,则模式移动的总次数为$\dfrac{\text{TextLength}-\text{PatternLength}}{2}\div$

$\dfrac{\text{PatternLength}}{2}=\dfrac{\text{TextLength}-\text{PatternLength}}{\text{PatternLength}}$,算法中基本操作的执行次数为:

$$\dfrac{\text{TextLength}-\text{PatternLength}}{\text{PatternLength}}\times\text{PatternLength}=\text{TextLength}-\text{PatternLength}$$

虽然该算法的平均时间效率类型依然为$\theta(\text{TextLength})$,但当 PatternLength 比较大时,该算法比蛮力字符匹配算法中基本运算的执行次数要少得多。

结合时空权衡技术中的空间换取时间的方法,可进一步提高 Horspool 算法的时间效率。

在 Horspool 算法中,每一轮匹配之后,都要重新计算模式右移的距离(当模式所在位置不是最终位置时)。如果能事先将各种情况下模式右移的距离存储起来,在执行 Horspool 算法时,就不需要花时间再来计算,只需从存储的数据中取出对应的距离作为此次模式右移的长度即可。

当模式已知,模式右移的距离与文本中出现的字符相关,因此,我们应首先将文本中可能出现的字符所对应的距离计算并加以存储。假设模式 $P=\{$"static"$\}$,文本 $S=\{$"for switch if while do static return"$\}$,其中,可能出现的字符有 26 个小写英文字母和空格,各字符所对应的距离记为 Disc。Disc 的计算方法非常简单,从 P 中第 1 个字符开始自左向右扫描,直至扫描到第 PatternLength-1 个字符停止,每取出一个位置(记为 j,其中 $0<j<$ PatternLength)上的字符(记为 c,c 可以是 26 个小写英文字母或空格),就将 PatternLength$-j$ 的值写到该字符在 Disc 中对应的位置上(即 Disc$[c-$'a'$]$),Disc$[26]$ 表示字符空格' '对应的右移距离,Disc 中其余各元素的值均为 PatternLength。Disc 中各元素的值如表 7.3 所示。

表 7.3　Disc 值

元素名称	Disc[0]	Disc[1]	Disc[2]	Disc[3]	Disc[4]	Disc[5]	Disc[6]	Disc[7]	Disc[8]
对应字符	'a'	'b'	'c'	'd'	'e'	'f'	'g'	'h'	'i'
右移距离	3	6	6	6	6	6	6	6	1

元素名称	Disc[9]	Disc[10]	Disc[11]	Disc[12]	Disc[13]	Disc[14]	Disc[15]	Disc[16]	Disc[17]
对应字符	'j'	'k'	'l'	'm'	'n'	'o'	'p'	'q'	'r'
右移距离	6	6	6	6	6	6	6	6	6

元素名称	Disc[18]	Disc[19]	Disc[20]	Disc[21]	Disc[22]	Disc[23]	Disc[24]	Disc[25]	Disc[26]
对应字符	's'	't'	'u'	'v'	'w'	'x'	'y'	'z'	' '
右移距离	5	2	6	6	6	6	6	6	6

有了 Disc,我们再来看模式 P 每次右移距离的取值。

第一次:取字符'w'所对应的 Disc['w'$-$'a'$]=$ Disc$[22]$,P 右移 6 个字符。

```
f o r   s w i t c h   i f   w h i l e   d o   s t a t i c   r e t u r n
s t a t i c
        →   s t a t i c
```

第二次：取字符'i'所对应的 Disc['i'—'a']= Disc[8]，P 右移 1 个字符。

```
f o r   s w i t c h   i f   w h i l e   d o   s t a t i c   r e t u r n
              s t a t i c
              →   s t a t i c
```

第三次：取字符'f'所对应的 Disc['f'—'a']= Disc[5]，P 右移 6 个字符。

```
f o r   s w i t c h   i f   w h i l e   d o   s t a t i c   r e t u r n
              s t a t i c
                      →   s t a t i c
```

第四次：取字符'e'所对应的 Disc['e'—'a']= Disc[4]，P 右移 6 个字符。

```
f o r   s w i t c h   i f   w h i l e   d o   s t a t i c   r e t u r n
              s t a t i c
                             →   s t a t i c
```

第五次：取字符't'所对应的 Disc['t'—'a']= Disc[19]，P 右移 2 个字符。

```
f o r   s w i t c h   i f   w h i l e   d o   s t a t i c   r e t u r n
              s t a t i c
                          →   s t a t i c
```

第六次：取字符't'所对应的 Disc['t'—'a']= Disc[19]，P 右移 2 个字符。

```
f o r   s w i t c h   i f   w h i l e   d o   s t a t i c   r e t u r n
              s t a t i c
                            →   s t a t i c
```

以下为优化之后的模式匹配算法。

```c
//其中 Disc 为右移距离,count 为右移次数,Text 中存放文本字符串,Pattern 中存放模式字符串
int HorspoolMathcing2(char Text[],char Pattern[])
{
    i = 0;
    int TextLength = strlen(Text);          //计算文本长度
    int PatternLength = strlen(Pattern);    //计算模式长度
    while(TextLength > 0&&PatternLength > 0&&i <= (TextLength – PatternLength))
    {
        j = PatternLength – 1;
        while(j >= 0 && Pattern[j] == Text[i + j])   //从右向左匹配
            j – – ;
        if(j == – 1)                        //在文本中找到了模式,返回对应位置
            return i;
        else                                //本轮匹配失败,模式右移
        {
```

```
            if(Text[i + j] == ' ')
            {
                    //模式第 count + 1 次移动距离为 Disc[26]
                    i = i + Disc[26];
            }
            else
            {
                    //模式第 count + 1 次移动距离为 Disc[Text[i + PatternLength - 1] - 'a']
                    i = i + Disc[Text[i + PatternLength - 1] - 'a'];
            }
```

```
        count++;
        }
    }
    return - 1;                    //在完成所有轮次匹配后,文本中没有出现模式,返回 - 1
}
```

上述算法中加边框的部分为主要优化部分。

时间复杂度分析。与优化之前的程序相比,在最坏情况下,每一轮字符匹配基本运算的执行次数为 PatternLength,最差时间效率类型与优化之前的算法一样;一般情况下,每一轮字符匹配基本运算的执行次数为 $\dfrac{\text{PatternLength}}{2}$,由于不再需要计算右移距离,因此该算法提高了平均时间效率。

由于上述算法引入了数组 Disc,因此程序运行时需要申请额外的存储空间,与本节第 2 个算法相比,空间效率有所降低。额外存储空间的大小取决于文本中字符集的取值范围。

7.4 散列法

在上一节中,介绍了快速字符串匹配算法,它是一种基于字符比较思想的算法,当我们面对的文本是由若干条记录构成,且每条记录都有唯一的关键字时(如字典数据),想要查找某个符合条件的记录,再采用前述的字符串匹配算法,将需要很长的查找时间。

于是,我们考虑如何能够不依赖于字符比较的思想以实现记录的定位或尽可能大的缩小记录查找的范围。有一种称为散列法的算法可以达到这一目的。

如果我们能够将每条记录的指针按照给定的规则(称为散列函数)计算出的散列地址(散列地址是散列函数的值,也称为散列值)均匀地散列到一块连续的存储空间(散列表)中,查找记录的操作就是通过散列值确定各记录(或记录的指针)在散列表中的位置。这就是散列算法的基本思想。

通过以下示例加以理解。

若有如下记录集,各条记录是小写英文字母构成的一个字符串。

$$\text{for, switch, if, case, else, static, union}$$

散列函数为 $f(s) = g(s) \bmod 7$,其中 s 表示各字符串,$g(s)$ 表示 s 中各字母在字母表中的位置之和,字母表如表 7.4 所示,mod 为求余运算符,则有:

表 7.4 字母表

字母	a	b	c	d	e	f	g	h	i	j	k	l	m	n	o	p	q	r	s	t	u	v	w	x	y	z
位置	1	2	3	4	5	6	7	8	9	10	11	12	13	14	15	16	17	18	19	20	21	22	23	24	25	26

$f(\text{for}) = g(\text{for}) \bmod 7 = (6+15+18) \bmod 7 = 39 \bmod 7 = 4$

$f(\text{switch}) = g(\text{switch}) \bmod 7 = (19+23+9+20+3+8) \bmod 7 = 82 \bmod 7 = 5$

$f(\text{if}) = g(\text{if}) \bmod 7 = (9+6) \bmod 7 = 15 \bmod 7 = 1$

$f(\text{case}) = g(\text{case}) \bmod 7 = (3+1+19+5) \bmod 7 = 28 \bmod 7 = 0$

$f(\text{else}) = g(\text{else}) \bmod 7 = (5+12+19+5) \bmod 7 = 6$

$f(\text{static}) = g(\text{static}) \bmod 7 = (19+20+1+20+9+3) \bmod 7 = 72 \bmod 7 = 2$

$f(\text{union}) = g(\text{union}) \bmod 7 = (21+14+9+15+14) \bmod 7 = 73 \bmod 7 = 3$

由此可见,各记录的散列地址如表 7.5 所示。

表 7.5 示例中各条记录的散列地址

记录	for	switch	if	case	else	static	union
散列地址	4	5	1	0	6	2	3

散列表如表 7.6 所示。

表 7.6 散列表

散列地址	0	1	2	3	4	5	6
记录指针	↓	↓	↓	↓	↓	↓	↓
记录	case	if	static	union	for	switch	else

有了散列表之后,当查找某条记录时,只需根据该记录的散列值就可以快速地得到查找结果。如查找记录 else,根据存储记录时所采用的散列函数 $f(s) = g(s) \bmod 7$,得到 $f(\text{else}) = 6$,则在散列表数组中直接取出第 6 个元素,即记录 else 的指针。

当待查找的记录没有出现在记录集中时,通过散列函数依然可以计算得到一个散列值 (0~6),只是该散列值对应的数组元素不是指向该待查找记录,表示查无结果。

该示例对应的算法如下。

```
struct HashType HashData[Num] = {"for","switch","if","case","else","static","union"};
int HashAddress[Num];                    //散列地址
struct HashType * HashTable[Num];        //散列表
//根据散列函数计算各记录散列地址,散列函数: f(s) = g(s) mod 7
void CalculateHashAddress()
{
    for i = 0 to Num - 1
    {
        int HashSumTemp = 0;
        for j = 0 to strlen(HashData[i].str) - 1
            HashSumTemp += HashData[i].str[j] - 'a' + 1;
        HashAddress[i] = HashSumTemp % Num;
```

```
        }
    }
    //将各记录的指针分布到散列表中
    void CalculateHashTable()
    {
        for i = 0 to Num − 1
            HashTable[HashAddress[i]] = HashData[i].str;
    }
    //查找记录时,先计算其散列地址
    int CalculateSearchRecordHashAddress(char record[])
    {
        int HashSumTemp = 0;
        for j = 0 to strlen(record) − 1
        {
            HashSumTemp += record[j] − 'a' + 1;
        }
        return HashSumTemp % Num;
    }
    //根据散列地址判断待查找记录的有无
    int SearchRecord()
    {
        gets(record);
        int SearchRecordHashAddress = CalculateSearchRecordHashAddress(record);
        if(strcmp(HashTable[SearchRecordHashAddress], record) == 0)
            return 1;                               //成功找到
        else
            return 0;                               //查无记录;
    }
```

前述的示例具有特殊性,通过给定的散列函数对各条记录计算得到的散列值互不相同,因此在散列表中均匀散列了各条记录的指针,不存在相同散列值的记录,而且散列表数组的使用率达到了 100%,没有值为空的数组元素。但当记录值发生变化或记录集比较大时,通过给定的散列函数计算得到的散列值就有相同的情况,称为冲突。那么能否将多条记录的指针存储在散列表中的同一个位置呢? 显然不行,在我们根据散列值存储或查找记录时都会遇到不小的麻烦。如何解决冲突? 有开散列和闭散列两种方法,本节主要介绍开散列。

通过示例说明开散列解决冲突的方法。

若有如下记录集,各条记录是小写英文字母构成的一个字符串。

$$\text{for switch if while do static return}$$

散列函数依然选择 $f(s) = g(s) \bmod 7$,其中 s 表示各字符串,$g(s)$ 表示 s 中各字母在字母表中的位置之和,字母表如表 7.4 所示,mod 为求余运算符,各记录的散列地址如表 7.7 所示。

表 7.7　示例中各条记录的散列地址

记录	for	switch	if	while	do	static	return
散列地址	4	5	1	1	5	2	5

在表 7.7 中,我们发现记录 if 和 while,记录 switch、do 和 return 具有相同的散列值,在存储各条记录的指针时,将按照表 7.8 所示的方法。

表 7.8 开散列方式下的散列表

散列地址	0	1	2	3	4	5	6
记录指针	↓	↓	↓	↓	↓	↓	↓
记录	NULL	if	static	NULL	for	switch	NULL
		↓	↓		↓	↓	
记录		while	NULL		NULL	do	
		↓				↓	
记录		NULL				return	
						↓	
						NULL	

散列表数组中的每一个元素记录了不同链表首节点的指针或 NULL。在查找记录时,首先根据散列函数计算散列值,在确定散列表数组元素后,搜索指定的链表,最后确定查找结果。

如查找记录 do 时,根据其散列值 5,找到了对应的链表,搜索得到的第一条记录为 switch,不是待查找的记录,继续向后搜索,得到的下一条记录 do 就是待查找的记录。

如查找记录 break 时,根据其散列值 $f(\text{break})=2$,找到了对应的链表,搜索得到的第一条记录为 static,不是待查找的记录,继续向后搜索,链表结束,查无记录。

在查找记录的过程中,很可能出现查找一次不成功的情况,需要继续查找,这样会增加查找所需的时间,如果我们选择一个更为合适的散列函数,结果将大不一样。如选择散列函数为 $f(s)=g(s) \bmod 13$,则各记录的散列地址如表 7.9 所示。

表 7.9 示例中各条记录的散列地址

记录	for	switch	if	while	do	static	return
散列地址	0	4	2	5	6	7	5

新的散列表如表 7.10 所示。

表 7.10 开散列方式下的新散列表

散列地址	0	1	2	3	4	5	6	7	8	9	10	11	12
记录指针	↓	↓	↓	↓	↓	↓	↓	↓	↓	↓	↓	↓	↓
记录	for	NULL	if	NULL	switch	while	do	static	NULL	NULL	NULL	NULL	NULL
	↓		↓		↓	↓	↓	↓					
记录	NULL		NULL		NULL	return	NULL	NULL					
						↓							
						NULL							

通过选择不同的散列函数,散列值发生冲突的概率有所下降,提高了查找效率,但是,我们同时也发现,散列表长度增加了很多,在不要求存储空间的前提下,可以采用牺牲空间的做法换取更高的时间效率。由于散列函数由用户来定义,因此,我们还需针对具体的问题在

查找时间与额外存储空间之间做权衡,使之既能保证时间效率,又不会浪费很多存储空间。

开散列处理冲突的方法对应的算法如下。

```
//其中 RecordNum 为记录个数,初始为 7,HashTableNum 为散列表大小,初始为 13,HashData
//为记录,HashAddress 为散列地址,HashTable 为散列表,p、q 为搜索链表指针
//根据散列函数计算各记录散列地址,散列函数: f(s) = g(s) mod 7
void CalculateHashAddress()
{
    for i = 0 to RecordNum - 1
    {
        HashSumTemp = 0;
        for j = 0 to strlen(HashData[i].str) - 1
            HashSumTemp += HashData[i].str[j] - 'a' + 1;
        HashAddress[i] = HashSumTemp % HashTableNum;
    }
}
//将各记录的指针分布到散列表中
void CalculateHashTable()
{
    for i = 0 to HashTableNum - 1               //初始化散列表
        HashTable[i] = NULL;
    for i = 0 to RecordNum - 1                  //重新计算散列表
        if(HashTable[HashAddress[i]] == NULL)
            HashTable[HashAddress[i]] = &HashData[i];
        else
        {
            p = q = HashTable[HashAddress[i]];
            while(p != NULL)
            {
                q = p;
                p = p -> next;
            }
            q -> next = &HashData[i];
        }
}
//查找记录时,先计算其散列地址
int CalculateSearchRecordHashAddress(char record[])
{
    int HashSumTemp = 0;
    for j = 0 to strlen(record) - 1
        HashSumTemp += record[j] - 'a' + 1;
    return HashSumTemp % HashTableNum;
}
//根据散列地址判断待查找记录的有无
void SearchRecord()
{
    int SearchRecordHashAddress = CalculateSearchRecordHashAddress(record);
    p = HashTable[SearchRecordHashAddress];
    while(p != NULL)
    {
```

```
        count++;
        if(strcmp(p->str,record) == 0)
        {
            return 1;                    //找到
            break;
        }
        else
            p = p->next;
    }
    if(p == NULL)
        return 0;                        //查无记录
    //查找次数为: count
}
```

若散列函数选择 $f(s)=g(s) \bmod 7$,待查找记录为 return 时,程序运行显示查找次数为 3;若散列函数选择 $f(s)=g(s) \bmod 13$ 时,查找次数为 2。可知,选择不同的散列函数,查找效率不同。

查找效率分析:一般采用平均查找长度衡量查找效率。

$$平均查找长度=\frac{各记录查找次数之和}{记录总数}$$

当散列函数选择 $f(s)=g(s) \bmod 7$ 时,平均查找长度 $=(1\times4+2\times2+3\times1)/7\approx$ 1.57;当散列函数选择 $f(s)=g(s) \bmod 13$ 时,平均查找长度 $=(1\times6+2\times1)/7\approx1.14$。显然,第二种情况下的查找效率比较高,但是它所需的额外存储空间为 13,高于第一种情况中的 7。

总结

时空权衡是算法设计中经常需要考虑的问题,我们通常采用空间换取时间的技术来提高算法的时间效率,其基本思想是对输入数据的部分或全部进行预处理,获取额外的信息并进行存储,以加快后面问题的解决。计数排序是通过对待排序数中不同数据的出现次数进行计算并存储,然后再对待排序数据重新排列的方法实现的。优化之后的 Horspool 算法是通过预先存储文本中的字符对应的右移距离,在之后的模式匹配过程中,节省了计算右移距离产生的时间。而散列法是基于预构造的思想,高效地解决了在字典中查找记录的问题,它是将各条记录的指针(开散列)按照给定的散列函数分布到散列表中,通过散列值可在散列表中快速地定位可能出现记录的链表,提高了查找效率。

习题 7

1. 请利用计数排序的方法完成对以下数列的非递增排序。

          98 92 93 97 98 92 93 97 96 95

2. 若文本 $S=\{$"FAILUREEISATHEBMOTHERCCFDSUCCESS"$\}$,模式 $P=\{$"SUCCE"$\}$,试利用 Horspool 算法分析并给出模式匹配的完整过程。

3. 请根据 7.3 节的第 2 个算法编写程序实现习题 2。

4. 若记录集是由 C 语言中的关键字(32 个)组成,每一个关键字作为一条记录,散列函数定义为 $f(s)$,其中 s 表示记录,$f(s)$ 记录首字母在字母表中的位置,字母表定义如本章中的表 7.4 所示。试计算每条记录的散列地址,并采用开散列处理冲突的方法给出散列表,最后计算平均查找长度。

5. 请仿照本章 7.4 节的第 2 个算法,编程解决习题 4。

第 8 章　贪心算法

　　为了解决一个复杂的问题,人们总是要把它分解为若干个类似的子问题。分治法和动态规划及贪心算法三者都是将原问题归纳为更小规模的相似的子问题,并通过求解子问题,最后获得整体解。它们的子问题(或称子结构)是不同的。分治法中各子结构是独立的,动态规划一般具有重叠最优子结构,除了必须满足具有最优子结构外,还要满足无后效性。贪心算法要求问题具有最优子结构,在对问题求解的过程中,总是做出在当前看来是最好的选择。也就是说,不从整体最优上加以考虑,它所做出的选择仅是在某种意义上的局部最优解。当然,利用贪心算法求解就是希望得到的最终结果也是整体最优解。

8.1　概述

　　贪心算法也常常被称为贪婪算法,是一个非常有趣的算法。先看一个找零问题的例子,在我国广泛使用的硬币的面额是 1 元、5 角、1 角、5 分、2 分、1 分。假如某顾客买完东西,现在要找给他 9 分钱,要求找出的硬币的个数最少,那么如何用这些面额的硬币找零呢? 这里,采用的方法是:首先选出一个面值不超过 9 分的最大硬币,即 5 分钱硬币;从 9 分中减去 5 分,剩下 4 分,再选出一个面值不超过 4 分的最大硬币,即 2 分硬币;从 4 分中减去 2 分,剩下 2 分,最后选出一个面值不超过 2 分的最大硬币,即 2 分硬币。用一个公式可表示为 $9=5+2+2$,总计找出的硬币个数为 3。

　　上述找零问题应用的方法就是贪心算法。现在思考,有没有更好的找零办法,使找出的硬币个数更少呢? 也就是说,对于找零问题的这个实例,这个解是不是最优的呢? 实际上,可以证明,就这些面额的硬币来说,对于所有正整数的找零金额,贪心算法都会输出一个最优解。

　　上述采用贪心选择的过程中,在不超过应找零金额的条件下,只选择面值最大的硬币(比如在第一步中,在 3 种面额,5 分、2 分、1 分中选择了 5 分硬币),而不去考虑该选择最终是否合理,并且一旦作出选择,这种选择在后续的过程中不可更改。找零问题的贪心选择策略是尽可能使找出的硬币最快地满足找零要求,其目的是使找出的硬币个数最慢地增加,这正体现了贪心算法的设计思想。

　　贪心算法在解决问题的策略上目光短浅,只根据当前已有的信息就做出认为是最好的选择,而且一旦做出了选择,不管将来有什么结果,这个选择都不会改变。换言之,贪心算法并不是从整体最优考虑,它所做出的选择只是在某种意义上的局部最优。这种局部最优选择并不总能获得整体最优解(Optimal Solution)。例如,上述找硬币的算法实际上利用了硬币面值的特殊性。如果硬币的面值改为 6 分、4 分、1 分,要找给顾客的仍然是 9 分钱。如果采用贪心算法,将找给顾客 1 个 6 分硬币和 3 个 1 分硬币。然而 2 个 4 分硬币和 1 个 1 分硬币显然是最好的找法。

虽然贪心算法不能对所有问题都得到整体最优解,但它能对许多问题产生整体最优解。如最小生成树问题、单源最短路径问题等。在一些情况下,即使贪心算法不能得到整体最优解,其最终结果通常可作为近似最优解(Near-Optimal Solution)。当近似最优解已经满足我们对于解的精度要求时,贪心算法仍然是有价值的。

8.1.1　贪心算法的基本要素

本节着重讨论可以用贪心算法求解的问题的一般特征。贪心算法是通过做一系列的选择来给出某一问题的最优解的。对算法的每一个决策点,做一个当时(看起来像是)最佳的选择,这种启发式策略并不是总能产生出最优解。对于一个具体的问题,如何知道是否可以用贪心算法解此问题,以及能否得到问题的最优解呢? 这个问题很难给予肯定的回答。但是,从许多可以用贪心算法求解的问题中看到,这类问题一般具有两个重要的性质:贪心选择性质和最优子结构性质。

1) 贪心选择性质

所谓贪心选择性质是指问题的整体最优解可以通过一系列局部最优选择,即贪心选择来得到。这一点不同于动态规划算法,后者每一步也要做出选择,但所做的选择往往要依赖于相关子问题的解,只有在解出相关子问题的解之后才能做出选择。而贪心算法中所做的总是当前(看似)最佳的选择,当前所做的选择要依赖于已经做出的所有选择,但不依赖于随后要做出的选择,也不依赖于子问题的解。对于一个具体问题,要确定它是否具有贪心选择性质,必须证明每一步所作的贪心选择最终会导致问题的整体最优解。

2) 最优子结构性质

最优子结构性质在讲动态规划算法章节中已详细阐述过,即当一个问题的最优解包含其子问题的最优解时,称此问题具有最优子结构性质,也称此问题满足最优性原理。最优子结构性质是该问题能用动态规划算法或贪心算法求解的关键特性。

8.1.2　贪心算法的求解过程

贪心算法的典型应用是求解最优化问题,算法往往从一个初始状态出发,来构造问题的解,以满足约束方程为条件,运用贪心策略不断的扩充解集合,直至得到问题的解。

用贪心法求解问题应该考虑以下几个方面。

(1) 候选集合 C:为了构造问题的解决方案,有一个候选集合 C 作为问题的可能解,即问题的最终解均取自于候选集合 C。例如,在找零问题中,各种面值的硬币构成候选集合。

(2) 解集合 S:初始时为空,随着贪心选择的进行,解集合 S 不断扩展,直到构成一个满足问题的完整解。例如,在找零问题中,已找出的硬币构成解集合。

(3) 解决函数 solution:检查解集合 S 是否构成问题的完整解。例如,在找零问题中,解决函数是已找出的硬币的总金额应恰好等于应找额。

(4) 选择函数 select:即贪心策略,这是贪心算法的关键,它指出哪个候选对象最有希望构成问题的解,选择函数通常和目标函数有关。例如,在找零问题中,贪心策略就是在候选集合中选择面值最大的硬币。

(5) 可行函数 feasible:检查在原解集合中加入一个候选对象后是否可行,即解集合扩展后是否满足约束条件。例如,在找零问题中,可行函数是每一步选择的硬币和已找出的硬币相加不超过应找额。

贪心算法的框架结构如下。

```
Greedy(C)                          //C 是问题的输入集合即候选集合
{
    S = Φ;                         //初始解集合为空集
    while (not solution(S))        //集合 S 没有构成问题的一个解
    {
        x = select(C);            //在候选集合 C 中做贪心选择
        if feasible(S,x)          //判断集合 S 中加入 x 后的解是否可行
        {
            S = S + {x};
            C = C - {x};
        }
    }
    return S;
}
```

8.2 活动安排问题

1) 问题描述和分析

设有 n 个活动的集合 $E = \{1, 2, \cdots, n\}$,其中,每个活动都要求使用同一资源,如演讲会场等,而在同一时间内只有一个活动能使用这一资源。每个活动 i 都有一个要求使用该资源的起始时间 s_i 和一个结束时间 f_i,且 $s_i < f_i$。如果选择了活动 i,则它在半开时间区间 $[s_i, f_i)$ 内占用资源。若区间 $[s_i, f_i)$ 与区间 $[s_j, f_j)$ 不相交,则称活动 i 与活动 j 是相容的。也就是说,当 $s_i \geqslant f_j$ 或 $s_j \geqslant f_i$ 时,活动 i 与活动 j 相容。

活动安排问题就是要在所给的活动集合中选出最大的相容活动子集,是可以用贪心算法有效求解的很好的例子。该问题要求高效地安排一系列争用某一公共资源的活动。贪心算法提供了一个简单、漂亮的方法使得尽可能多的活动能兼容地使用公共资源。

活动安排问题的关键是如何按照一定的顺序安排活动,使得选出的活动间相容并能安排尽量多的活动。一种贪心策略是取当前活动集合中结束时间最早的相容活动,这样可以为未安排的活动留下尽可能多的时间,也就是说,这种贪心选择的目的是使剩余时间段极大

化,以便安排尽可能多的相容活动。

为了在每一次贪心选择时快速查找具有最早结束时间的相容活动,先把 n 个活动按结束时间非减序排列。这样,贪心选择时取当前活动集合中结束时间最早的相容活动就归结为取当前活动集合中排在最前面的且与已安排活动相容的活动。

2)算法举例

例如,设有 11 个活动等待安排,这些活动按结束时间非减序排列,如表 8.1 所示。

表 8.1　11 个活动按结束时间的非减序排列

i	1	2	3	4	5	6	7	8	9	10	11
s_i	1	3	0	5	3	5	6	8	8	2	12
f_i	4	5	6	7	8	9	10	11	12	13	14

贪心法求解活动安排问题每次总是选择具有最早结束时间的相容活动加入解集合中,贪心求解过程如图 8.1 所示,图中每行相应于算法的依次迭代。若被检查的活动 i 的开始时间 s_i 小于最近选择的活动 j 的结束时间 f_j,则不选择活动 i,否则选择活动 i 加入解集合中。算法首先选择活动 1 加入解集合,因为活动 1 具有最早结束时间。接着,活动 2 和活动 3 与活动 1 不相容,所以舍弃它们,而活动 4 与活动 1 相容且在剩下的活动中具有最早结束时间,因此将活动 4 加入解集合。然后在剩下的活动中找与活动 4 相容并具有最早结束时间的活动,以此类推。最终被选定的活动集合为 $\{1,4,8,11\}$。

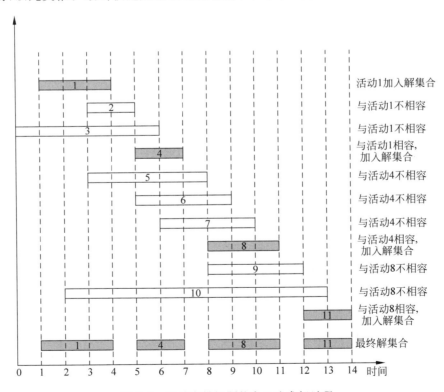

图 8.1　活动安排问题的贪心法求解过程

3）算法实现

设有 n 个活动等待安排，这些活动的开始时间和结束时间分别存放在数组 s[n] 和 f[n] 中，布尔型数组 a[n] 中的值表示对应活动是否选入解集合中，算法如下。

```
//各活动的起始时间和结束时间存储于数组 s 和 f 中，且已经按结束时间非减序排列
int ActiveManage (int s[1..n ],int f[1..n ],bool a [1..n],int n)
{
    a[ 1] = 1;
    j = 1 ; count = 1 ;
    for (i = 2 ; i < = n; i ++)
    {
        if (s[ i] > = f[ j])
        {
            a [ i ] = 1;
            j = i;
            count ++;
        }
        else a [ i] = 0;
    }
    return count ;
}
```

4）复杂度分析

上述算法中，假定各个活动已按结束时间从小到大排序，算法只需 $O(n)$ 的时间安排 n 个活动。对于未排序的情况，排序过程将消耗主要的时间，整个算法的时间复杂度为 $O(n\log_2 n)$。

5）算法说明

贪心算法并不总能求得问题的整体最优解。但对于活动的安排问题，贪心算法却总能求得整体最优解，即它最终所确定的相容活动的集合的规模最大。这个结论可以用数学归纳法证明。

设 $E=\{1,2,\cdots,n\}$ 为所给活动的集合，且 E 中的活动按结束时间非减序排列，所以活动 1 具有最早的结束时间。首先证明活动安排问题有一个最优解以贪心选择开始，即该最优解中包含活动 1。设 $A\Box E$ 是活动安排问题的一个最优解，且 A 中的活动也按结束时间非减序排列，A 中的第一个活动是活动 k。若 $k = 1$，则 A 就是以贪心选择开始的最优解；若 $k > 1$，则设 $B = A - \{k\} + \{1\}$，即在最优解 A 中用活动 1 取代活动 k。由于 $f_1 \leqslant f_k$，所以，B 中的活动也是相容的，且 B 中的活动个数与 A 中的活动个数相同，故 B 也是最优解。由此可见，总存在以贪心选择开始的最优活动安排方案。

进一步，在做出了贪心选择，即选择了活动 1 后，原问题简化为对 E 中所有与活动 1 相容的活动安排顺序的子问题。也就是说，若 A 是原问题的最优解，则 $A'=A-\{1\}$ 是活动安排子问题 $E'= \{s_i \in E, s_i \geqslant f_1\}$ 的最优解。如若不然，假设 B' 是 E' 的最优解，则 B' 比 A' 包含更多的活动，将活动 1 加入 B' 中将产生 E 的一个解 B，且 B 比 A 包含更多的活动，这与 A 是原问题的最优解相矛盾。因此每一步贪心选择都将问题简化为一个规模较小的与原

问题具有相同形式的子问题。对贪心选择次数应用数学归纳法可证,用贪心法求解活动安排问题最终将产生原问题的最优解。

8.3 背包问题

1)问题描述

我们在第 3 章和第 5 章介绍过背包问题,但解决的都是特殊的 0-1 背包问题。本节介绍的是一般的背包问题,描述如下。

给定 n 种物品和一个容量为 C 的背包,物品 i 的重量是 w_i,其价值为 v_i,背包问题是如何选择装入背包的物品,使得装入背包中的物品的总价值最大? 在选择物品 i 装入背包时,可以选择物品 i 的一部分,而不一定要全部装入背包,即物品可以分割成任意大小。

此类问题的形式化描述是:

给定 $C>0,w_i>0,v_i>0,0\leqslant i\leqslant n$,要求找出一个 n 元向量 $(x_1,x_2,\cdots,x_n),0\leqslant x_i\leqslant 1$,在满足 $\sum\limits_{i=1}^{n}w_ix_i\leqslant C$ 的条件下,使 $\sum\limits_{i=1}^{n}v_ix_i$ 达到最大。

2)算法分析

以下给出一个具体例子来说明这一问题。例如,有一个背包,容量 $C=50$,有 3 个物品,其重量和价值如表 8.2 所示,要求尽可能让装入背包中的物品的总价值最大,但不能超过背包的总容量。

表 8.2　背包问题中物品的重量和价值

物品	重量(w)	价值(v)	价值/重量(v/w)
1	20	60	3
2	30	120	4
3	10	50	5

这个问题的可能解有很多,显然,把每个可能解列出来,在其中找出最佳解的方法肯定不适用,必须从问题本身另辟寻找最佳解的蹊径。

人们可能会很自然地想到三种贪心策略。

(1)每次选择价值 v_i 最大的物品装进背包,这样就使得目标函数增加最快。当最后一种物品放不下时,才选择一个适当的 $x_i(x_i<1)$,使物品装满背包,这里的最优化度量是 v_i 最大。

这种选择方法虽然每一步都使目标函数得到最大的增量,但价值大的物品可能其重量也大,因此背包可能很快被装满,所以这个解不一定是最佳解。

(2)人们又转而想到使背包容量消耗最慢的一种方法,即要求按 w_i 的非降序来考虑选取物品。

但它也不一定是最佳的。虽然背包的重量上升得慢,却没有兼顾总价值的增长速度。不能保证得到最优解。这说明一个问题是,一个有机的整体,孤立地考虑某些条件很难收到最佳效果。

(3)考虑价值增长和容量消耗二者的综合效果的方法,即每次选择价值与重量比 v_i/w_i

最大的物品先装进背包,这就是最终的贪心策略。

为了说明这三种策略的好坏,将它们进行比较,如表 8.3 所示。

表 8.3 三种策略的对比

贪心策略	$\{x_1, x_2, x_3\}$	$\sum_{i=1}^{n} w_i x_i$	$\sum_{i=1}^{n} v_i x_i$
第一种	$\{1,1,0\}$	50	180
第二种	$\{1,2/3,1\}$	50	190
第三种	$\{1/2,1,1\}$	50	200

显然,第三种方法要比前两种所得的总价值要高。

3) 算法实现

设背包容量为 C,共有 n 个物品,已经按 v_i/w_i 由大到小排序,物品重量存放在数组 $w[n]$ 中,价值存放在数组 $v[n]$ 中,问题的解存放在数组 $x[n]$ 中,贪心法求解背包问题的算法如下。

```
//n 个物品已经按 vi/wi 由大到小排序
float Knapsack(float w[0..n-1],float v[0..n-1],float x[0..n-1],float C,int n)
{
    for(i = 0;i < n;i++)                    //初始化解向量
        x[i] = 0;
    i = 1; total = 0;
    while(w[i] < C)
    {
        x[i] = 1;
        total = total + v[i];
        C = C - w[i];
        i++;
    }
    x[i] = C/w[i];
    total = total + x[i] * v[i];
    return total;
}
```

4) 复杂度分析

算法的时间主要消耗在将各种物品依其单位重量的价值从大到小排序。因此,其时间复杂度为 $O(n\log_2 n)$。

5) 算法说明

应用贪心策略,每次从物品集合中选择单位重量价值最大的物品,如果其重量小于背包容量,就可以把它装入,并将背包容量减去该物品的重量,然后原问题就转化为子问题的求解——它同样是背包问题,只不过背包容量减少了,物品集合减少了。因此背包问题具有最优子结构性质。

背包和 0-1 背包这两类问题都具有最优子结构性质,极为相似,但背包问题可以用贪心法求解,而 0-1 背包问题却不能用贪心法求解。图 8.2 给出了一个用贪心法求解 0-1 背包问题的示例。从图 8.2(b)可以看出,使用贪心法求解的总价值为 110,而实际可获得的最大总价值为 180,如图中(c)所示。对于 0-1 背包问题,贪心法之所以不能得到最优解,是由于物品不允许分割。因此,无法保证最终能将背包装满,部分闲置的背包容量使背包的单位重量价值降低了。事实上,在考虑 0-1 背包问题时,应比较选择该物品和不选择该物品所导致的方案,然后再做出最优选择。由此导出许多互相重叠的子问题,所以,0-1 背包问题可用动态规划法求解。

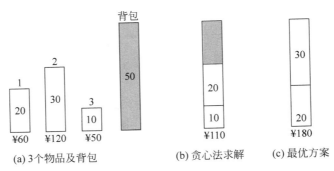

图 8.2 不适用贪心法求解 0-1 背包问题示例

8.4 最小生成树问题

1) 问题描述

设 $G=(V,E)$ 是一个无向带权连通图,如果图 G 的一个子图 G' 是一个包含了 G 的所有顶点和一部分边且不形成回路的连通子图,则称 G' 为 G 的一棵生成树(V,T)。生成树上各边的权值之和称为该生成树的代价,在 G 的所有生成树中,代价最小的生成树称为最小生成树(Minimal Spanning Tree)。

现实生活中,许多应用问题都是一个求无向连通图的最小生成树问题。例如,要在 n 个城市之间铺设光缆。主要目标是要使这 n 个城市的任意两个之间都可以通信,但铺设光缆的费用很高,而且各个城市之间铺设光缆的费用不同;另一个目标是要使铺设光缆的总费用最低。这就需要找到带权的最小生成树。

图 8.3 说明了一个连通图及其最小生成树的实例,图中标示了各边的权值,其中粗线部分构成了一棵最小生成树,树中各边的权值之和为 37。最小生成树并不是唯一的:用边 (a,h) 替代边 (b,c) 后就得到另外一棵最小生成树,其中各边的权值之和也是 37。

2) 算法分析和框架描述

最小生成树具备树的一般性质。

① 树是点比边多一的连通图:G 连通且 $q=p-1$。

② 树是点比边多一的无回路图:G 无回路且 $q=p-1$。

③ 树若加条边就有回路:G 无回路,但对任意的 $u,v\in V(G)$,若 $uv\in E(G)$,则 $G+uv$ 中恰有一条回路。

④ 树若减条边就不连通:G 连通,但对 $e\in E(G)$,$G-e$ 不连通。

最小生成树问题如果采用贪心算法解决,即通过局部贪心最优选择得到整体的最优解,

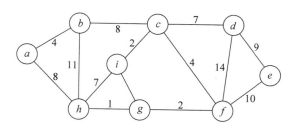

图 8.3　连通图的最小生成树

则可利用最小生成树的一条很重要的性质——MST 性质,来进行问题的求解。

（1）MST 性质。最小生成树性质:设 $G=(V,E)$ 是一个连通带权图,U 是顶点集 V 的一个真子集。若 (u,v) 是 G 中一条一个端点在 U 中 $(u\in U)$,另一个端点不在 U 中的边 $(v\in V-U)$,且 (u,v) 具有最小权值,则一定存在 G 的一棵最小生成树包括此边 (u,v)。

（2）MST 性质的证明。为方便证明,先作以下约定。

① 将集合 U 中的顶点看做是红色顶点。②$V-U$ 中的顶点看做是蓝色顶点。③连接红点和蓝点的边看做是紫色边。④权最小的紫边称为轻边（即权重最"轻"的边）。于是,MST 性质中所述的边 (u,v) 就可简称为轻边。

用反证法证明 MST 性质。

假设 G 中任何一棵 MST 都不含轻边 (u,v)。则若 T 为 G 的任意一棵 MST,那么它不含此轻边。

根据树的定义,则 T 中必有一条从红点 u 到蓝点 v 的路径 P,且 P 上必有一条紫边 (u',v') 连接红点集和蓝点集,否则 u 和 v 不连通。当把轻边 (u,v) 加入树 T 时,该轻边和 P 必构成了一个回路。删去紫边 (u',v') 后回路亦消除,由此可得另一生成树 T'。

T' 和 T 的差别仅在于 T' 用轻边 (u,v) 取代了 T 中权重可能更大的紫边 (u',v')。因为 $w(u,v)\leqslant w(u',v')$,所以

$$w(T')=w(T)+w(u,v)-w(u',v')\leqslant w(T)$$

即 T' 是一棵比 T 更优的 MST,所以 T 不是 G 的 MST,这与假设矛盾。

所以,MST 性质成立。

（3）MST 的一般算法描述。求 MST 的一般算法可描述为:针对图 G,从空树 T 开始,往集合 T 中逐条选择并加入 $n-1$ 条安全边 (u,v),最终生成一棵包含 $n-1$ 条边的 MST。

（4）算法框架描述。当一条边 (u,v) 加入 T 时,必须保证 $T\cup\{(u,v)\}$ 仍是 MST 的子集,我们将这样的边称为 T 的安全边。算法描述如下。

```
//求 G 的某棵 MST
GenerieMST(G)
{
    T = Φ;                        //T 初始为空,是指顶点集和边集均空
    while T 未形成 G 的生成树 do
  {
      找出 T 的一条安全边(u,v);    //即 T∪{(u,v)}仍为 MST 的子集
      T = T∪{(u,v)};             //加入安全边,扩充 T
  }
```

```
        return T;                          //T 为生成树且是 G 的一棵 MST
    }
```

最小生成树问题可以使用贪心算法来解决。接下来,我们讨论最小生成树的两种经典算法:Prim 算法和 Kruskal 算法。两个算法按照两种不同的贪心策略来解决同一个问题。

8.4.1 Prim 算法

1)算法基本思想

Prim 算法通过不断扩张子树来构造一棵最小生成树。从图的顶点集合 V 中任意选择一个单顶点,作为初始子树,接下来是一个迭代的过程。每次迭代时,以一种贪心的方式来扩张当前的生成树,即简单地把不在树中的最近顶点添加到树中(我们所说的最近顶点,是指一个不在树中的顶点,它以一条权重最小的边和树中的某顶点相连),当图的所有顶点都包含在所构造的树中时,该算法就停止了。在每次迭代时,该算法只对树扩展一个顶点,所以迭代的总次数是 $n-1$,其中 n 是图中顶点的个数。

设 $G=(V,E)$ 为一个带权连通图,其中 V 为图中所有顶点的集合,E 为图中所有带权边的集合。设置两个新的集合 U 和 T,其中集合 U 用于存放 G 的最小生成树中的顶点,集合 T 存放 G 的最小生成树中的边。则 Prim 算法通过以下步骤可以得到最小生成树。

(1)初始化:令顶点集合 U 的初值为 $U=\{u_1\}$(假设构造最小生成树时,从顶点 u_1 出发),边集合 T 的初值为 $T=\{\}$。此步骤使集合 U 只有节点 u_1,边集合 T 为空,作为最小生成树的初始形态,在随后的算法执行中,这个形态会不断的扩展,直到得到最小生成树为止。

(2)寻找满足条件 $u \in U, v \in V-U$,且 (u,v) 权值最小的边。

在所有 $u \in U, v \in V-U$ 的边中,寻找具有最小权值的边 (u,v),将顶点 v 加入到集合 U 中,将边 (u,v) 加入到集合 T 中。此步骤的功能是在边集 E 中找一条边,要求这条边满足以下条件:首先边的两个顶点要分别在顶点集合 U 和 $V-U$ 中,其次边的权值要最小。找到这条边以后,把这条边放到边集 T 中,并把这条边上不在 U 中的那个顶点加入到 U 中。这一步骤在算法中应执行多次,每执行一次,集合 T 和 U 都将发生变化,分别增加一条边和一个顶点,因此,T 和 U 是两个动态的集合,这一点在理解算法时要密切注意。

(3)重复步骤(2)直到 $U=V$,算法结束,得到一棵最小生成树 (U,T)。

贪心准则:最近顶点策略。初始时任选一个顶点,并以此开始建立生成树,每一步的贪心选择都是简单地把不在生成树中的最近顶点添加到生成树中。Prim 算法就应用了这个贪心策略,它使生成树以一种自然的方式生长,即从任意顶点开始,每一步为这棵树添加一个分枝,直到生成树中包含全部顶点。

2)算法举例

在实现算法的过程中,我们需要对 $V-U$ 中的顶点(当时看,还未包含在生成树中的节点)附加两个标记,U 中与自己直接相连且相连边权值最小的顶点名称及相连边的权值。对于和 U 中的任何顶点都不相邻的顶点,标记为$(-,\infty)$,表 8.4 展示了 Prim 算法生成树的构造过程。

表 8.4　Prim 算法构造生成树过程

步　骤	U 中的顶点	$V-U$ 中的顶点	图　示
初始化	a	$b(a,7),c(-,\infty),$ $d(-,\infty)$ $e(a,9),\boldsymbol{f(a,4)}$	
第一次迭代	a,f	$b(a,7),c(f,6),$ $\boldsymbol{d(f,5)},e(f,5)$	
第二次迭代	a,f,d	$b(a,7),c(f,6),\boldsymbol{e(d,3)}$	
第三次迭代	a,f,d,e	$b(a,7),\boldsymbol{c(f,6)}$	
第四次迭代	a,f,d,e,c	$b(c,2)$	
第五次迭代	$a,f,d,e,$ c,b	空	

3）算法实现

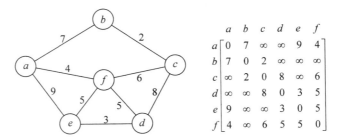

图 8.4　运用 Prim 算法的图及其邻接矩阵存储形式

对于图 *G* 的存储结构，这里选用的是邻接矩阵，其结构体定义如下。

```
type struct{
    char vertexs[MAX_VERTEX_NUM];              //存放顶点
    int arcs[MAX_VERTEX_NUM][ MAX_VERTEX_NUM];//邻接矩阵
    int vertexnum, edgenum                     //图中当前的顶点数和边数
}Graph;
//辅助结构体定义如下,用以存储为 V-U 中的顶点附加的两个标记
typedef struct {
    char   adjvex;
    int    lowcost;
}closedge;
```

Prim 算法描述如下。

```
//Prim算法生成最小生成树 T,输出 T 的各条边
Void MST_Prim(Graph G)
{
    closedge cl[MAX_VERTEX_NUM];
    k = 0;                                  //从顶点 a 开始,其下标为 0
    cl[k].adjvex = G.vertexs[k];
    cl[k].lowcost = 0;
    //辅助数组初始化,即选入 a 顶点后,V-U 中顶点附加两个标记的当前取值
    for(i = 0; i < G.vertexnum; i++)
    {
        if(i!= k)
        {
            cl[i].adjvex = G.vertexs[k];    //都先把 a 标记为离自己最近的顶点
            cl[i].lowcost = G.arcs[k][i];
        }
    }
    min = INFINITY;                         //min 代表权值最小的边的权值,初始设为无穷大
    for(i = 1; i < G.vexnum; ++i)
    {
        //寻找一个权值最小的边(u,v), u∈U,v∈V-U,记录下顶点 v 的下标 k
        for(j = 0; j < G.vertexnum; j++)
        {
```

```
        if(cl[j].lowcost < min && cl[j].lowcost != 0)
        {
            min = cl[j].lowcost;
            k = j;
        }
    }
    输出(cl[k].adjvex,G.vertexs[k]); //输出最小生成树的边
    cl[k].lowcost = 0;                //赋值为 0 表示把下标为 k 的顶点选入到生成树中
    //新顶点并入 U 后,更新 V-U 中顶点附加的两个标记值
    for(j = 0; j < G.vertexnum; j++)
        if(G.arcs[k][j] < cl[j].lowcost)
        {
            cl[j].adjvex = G.vertexs[k];
            cl[j].lowcost = G.arcs[k][j];
        }
    }
}
```

以上代码的执行过程就如同表 8.4 中描述的一样,可以结合表中的步骤来理解上述代码。区别在于表中第三列对于 $V-U$ 中和 U 中的任何顶点都不相邻的顶点,标记为 $(-,\infty)$,而在代码的实现中没有做区分,比如初始化时从 a 顶点开始,$V-U$ 中的顶点不管是否与顶点 a 相邻,都统一标记为与顶点 a 相连接的边的权值或 ∞。

4) 复杂度分析

Prim 算法的效率如何呢? 这取决于所选择的表示图的数据结构,以及如何表示 $V-U$ 中顶点附加的两个标记的数据结构,因为每次要从表示权值的这个标记中选择最小的。算法如果使用邻接矩阵来保存图的话,时间复杂度是 $O(n^2)$,观察代码很容易发现,时间主要浪费在每次都要遍历所有点找一个最小距离的顶点,对于这个操作,我们很容易想到用堆来优化,使得每次可以在 log 级别的时间内找到距离最小的点。如果代码是一个使用二叉堆实现的堆优化 Prim 算法,使用邻接表来保存图。算法的时间复杂度为 $O((V+E)\log(V))=O(E\log(V))$,对于稀疏图来说,相对于朴素算法的优化是巨大的。另外,我们还可以用更高级的堆来进一步优化时间复杂度,比如使用斐波那契堆优化后的时间复杂度为 $O(E+V\log(V))$,但编程复杂度也会变得更高。

8.4.2 Kruskal 算法

1) 算法的基本思想

在上一节中,我们讨论了 Prim 算法,它通过把离树中顶点最近的顶点贪心地选择进来,构造起一棵最小生成树。然而,对于最小生成树问题还有另外一个很著名的贪心算法,这就是 Kruskal 算法。

此算法构造最小生成树的过程为:先构造一个只含 n 个顶点,而边集为空的子图,若将该子图中的每个顶点看成是只包含根节点的一棵树,则它是一个含有 n 棵树的一个森林。之后,从图的边集 E 中选取一条权值最小的边,若该条边的两个顶点分属不同的树,则将其加入子图,也就是说,将这两个顶点分别所在的两棵树合成一棵更大的树;反之,若该条边的两个顶点已落在同一棵树上,则不可取,而应该取下一条权值最小的边再试。以此类推,

直至森林中只有一棵树,即子图中含有 $n-1$ 条边为止。

该算法通过对子图的一系列扩展来构造一棵最小生成树,这个子图总是无环的,但在算法的中间阶段,并不一定是连通的。算法的核心思想和贪心策略是:在保证无回路的前提下,依次选出权重较小的 $n-1$ 条边。

2) 算法举例

克鲁斯卡尔算法(Kruskal's algorithm)是两个经典的最小生成树算法的较为简单理解的一个。这里面充分体现了贪心算法的精髓。大致的流程可以用一个图来表示,首先,我们有一张图,有若干顶点和边,接下来,要做的事情就是将所有的边的长度排序,用排序的结果作为选择边的依据,这里再次体现了贪心算法的思想。

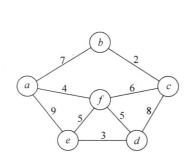

边集	begin	end	weight
Edges[0]	b	c	2
Edges[1]	d	e	3
Edges[2]	a	f	4
Edges[3]	e	f	5
Edges[4]	d	f	5
Edges[5]	c	f	6
Edges[6]	a	b	7
Edges[7]	c	d	8
Edges[8]	a	e	9

图 8.5　运用 Kruskal 算法的图及其边集数组存储形式

表 8.5　**Kruskal 算法构造生成树过程**

步　骤	树中的边	未在树中的边的有序列表	图　示
初始化	$\varnothing$	$bc,de,af,ef,df,cf,ab,cd,ae$ 2　3　4　5　5　6　7　8　9	
第一次迭代	bc	de,af,ef,df,cf,ab,cd,ae 3　4　5　5　6　7　8　9	

续表

步　骤	树中的边	未在树中的边的有序列表	图　　示
第二次迭代	bc,de	af,ef,df,cf,ab,cd,ae 4　5　5　6　7　8　9	
第三次迭代	bc,de,af	ef,df,cf,ab,cd,ae 5　5　6　7　8　9	
第四次迭代	bc,de,af,ef	df,cf,ab,cd,ae 5　6　7　8　9	
第五次迭代	bc,de,af,ef,cf	df,ab,cd,ae 5　7　8　9	

　　注意在第四次迭代过程中,尽管现在边 df 的长度为 5,是最小的未被选择的边。但是现在它们已经连通了(即对于 fd 可以通过 fe,ed 来连接)。所以我们不能选择 df,因为选择之后会造成回路。

　　第五次迭代后,所有的顶点都已经连通了,一个最小生成树构建完成。

　　如果对于一个规模不大的图同时手工应用 Prim 算法和 Kruskal 算法,会得到后者比前者更简单的印象,但这种印象是错误的,因为在每一次迭代的时候,Kruskal 算法必须要检查下一条边加入到已经选中的边中后是否会形成一条回路。不难发现,当且仅当新的边所连接的两个顶点之间已经有一条路径时才会形成回路,也就是说,当且仅当两个顶点已经属于同一棵树时,这种情况才会出现。如下图 8.6 所示。

 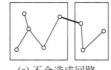

(a) 会造成回路　　(a) 不会造成回路

图 8.6　连接两个顶点的新边

算法的关键点是找最小边,且是找不会构成回路的最小边,问题可以转化为判断两个顶点是否属于同一棵树的关键性检查。在算法最初的时候,我们把每个顶点看成是只包含根节点的一棵树,随着最小边的加入,相关的树就会合并成一棵更大的树,但是在后续选择最小边的时候,要求最小边连接的两个顶点不应该属于同一棵树,那么,这个问题该如何解决呢?

若两个顶点不属于同一棵树,那么两个顶点所在树的根节点一定不同。因此我们可以考虑用树根节点作为一棵树的代表。那么,判断两个顶点是否属于同一棵树的问题就转化成了判断两个顶点所在的树的根节点是否相同。

3) 算法实现

图的边集数组存储结构。

```
type struct{
    char vertexs[MAX_VERTEX_NUM];        //存放顶点
    Edge edges[MAX_VERTEX_NUM];          //边集数组,存放图中所有边
    int vertexnum, edgenum               //图中当前的顶点数和边数
}Graph;
//边集数组 Edge 结构的定义
Typedef struct{
    int begin;
    int end;
    int weight;
}Edge;
```

为了能表示出树状的结构,给每个节点定义一个存放父节点的域,在这里使用了一个 parent 数组,parent 数组中存放的是对应父节点的下标。算法如下。

```
//初始化函数,初始时,每一个节点为一棵独立的树,其父节点域为自己本身
void init(int n)
{
    for (int i = 1; i <= n; i++)
        parent[i] = i;
}
//找根节点的函数,参数 k 为节点下标,返回值为此节点所在树的根节点的下标
int findroot (int k)
{
    mwhile (k != parent[k])              //理解 while 树状结构:找到最终的根节点
        k = parent[k];
    return k;
}
void MST_Kruskal(Graph G)
{
    sort(G.edges);                       //对边集数组 edges 按权值由小到大排序 sort 函数的
                                         //实现此处省略,排序的结果如图 8.5 右侧所示
    init(G.vertexnum);                   // parent 数组初始化
```

```
//循环每一条边
for(i = 0;i < G.edgenum;i++)
{
    n = findroot(G.edges[i].begin);
    m = findroot(G.edges[i].end);
    if(n!= m)                          //n 与 m 不等,说明边的两个顶点分属不同的树
    {
        parent[n] = m;                 //合并生成更大的树
                                       //把以 n 为根节点的树链接到以 m 为根节点的树下
        输出 G.edges[i];               //输出最小生成树的一条边
    }
}
```

4) 并查集

事实上,上述 Kruskal 算法的实现过程中,涉及到了并查集算法。并查集用于维护一些不相交的集合,它是一个集合的集合。作为应用,可以在初始时让每个元素恰好属于一个集合,好比每条鱼装在一个鱼缸里。每个集合 S_i 有一个元素作为集合代表 rep[S],好比每个鱼缸选出一条"鱼王"。并查集提供三种操作。

MakeSet(x):建立一个单元素集合{x},x 应该不在现有的任何一个集合中出现。

Find(x):返回 x 所在集合的代表元素。

Union(x,y):把 x 所在的集合和 y 所在的集合合并。

例如,若 S={a,b,c,e,f,g},执行 MakeSet(x)6 次后,可以得到 6 个只包含一个元素的集合:

{a},{b},{c},{d},{e},{f}

执行 Union(a,c)和 Union(b,e)后,集合情况如下:

{a,c},{b,e},{d},{f}

再次执行 Union(a,b)和 Union(d,f)后,集合情况变为:

{a,c,b,e},{d,f}

对于这种抽象的数据结构,可以用一个森林表示并查集,森林里的每棵树表示一个集合,树根就是集合的代表元素。当然一个集合可以用很多种树表示,只要树中的节点不变,表示的都是同一个集合。

(1) 合并操作。只需要将一棵树的根设为另一棵即可。这一步显然是常数的。一个优化是:把小的树合并到大树中,这样会让树的深度不太大。这个优化称为启发式合并,如图 8.7 所示。

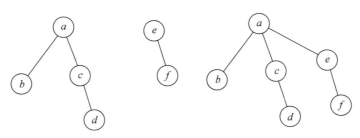

图 8.7　合并操作

（2）查找操作。只需要不断的找父亲,最终根就是集合代表。一个优化是把沿途上所有节点的父亲改成根。这一步是顺便的,不增加时间复杂度,却使得今后的操作比较快。这个优化称为路径压缩,如图 8.8 所示。

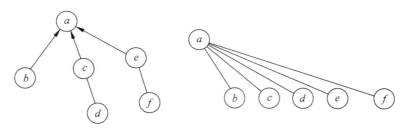

图 8.8　路径压缩

5）复杂度分析

Kruskal 算法为了提高每次贪心选择时查找最短边的效率,可以先将图 G 中的边按代价从小到大排序,则这个操作的时间复杂度为 $O(e\log_2 e)$,其中 e 为无向连通图中边的个数。对于两个顶点是否属于同一个连通分量(同一棵树),可以用并查集的操作将其时间性能提高到 $O(n)$,所以,Kruskal 算法的时间性能是 $O(e\log_2 e)$。

集合的合并算法很简单,只要将两棵树的根节点相连即可,这步操作只要 $O(1)$ 的时间复杂度。算法的时间效率取决于集合查找的快慢。而集合的查找效率与树的深度呈线性关系。因此直接查询所需要的时间复杂度平均为 $O(\log n)$。但在最坏情况下,树退化成为一条链,使得每一次查询的算法复杂度为 $O(n)$。

8.5　单源（点）最短路径问题

1）问题描述

给定一个带权有向图 $G=(V,E)$,其中每条边的权是一个非负实数。另外,还给定 V 中的一个顶点,称为源。现在要计算从源到所有其他各顶点的最短路径长度。这里的长度是指路上各边权之和。这个问题通常称为单源最短路径问题。

最短路径不仅仅指一般意义上的距离最短,还可以引申到其他的度量,如时间、费用、线路容量等。因此这种最短路径问题在众多领域内都有着实际的应用。例如在交通道路网中寻找一个城市到其他所有城市距离最短的路线、网络中基于链路状态的路由协议等。

2）Dijkstra 算法思想

对于这种问题的求解有一个非常有代表性的算法：Dijkstra 算法。由荷兰计算机科学家狄杰斯特拉(Dijkstra)于 1959 年提出。

Dijkstra 提出按各顶点与源点 v 间的路径长度的递增次序,生成到各顶点的最短路径的算法。即先求出长度最短的一条最短路径,再参照它求出长度次短的一条最短路径,依次类推,直到从源点 v 到其他各顶点的最短路径全部求出为止。

算法的基本思想是：设置两个顶点集合 T 和 S,S 为以 v 为源点已经确定了最短路径的顶点集合,T 则是尚未确定到源点 v 最短路径的顶点集合。初始状态时,集合 S 中只包含

源点 v,集合 T 中包含除 v 之外的所有顶点,然后不断从集合 T 中选取到源点 v 路径长度最短的顶点 w 加入集合 S,集合 S 中每加入一个新的顶点 w,都要修改源点 v 到集合 T 中剩余顶点的最短路径的长度值,集合 T 中各顶点新的最短路径长度值为原来最短路径长度值与顶点 w 的最短路径长度加上 w 到该顶点的路径长度值中的较小值。此过程不断重复,直到集合 T 的顶点全部加入集合 S 为止。

算法要求每个顶点对应一个距离值。

S 中顶点对应的距离值为:从 V_0 到此顶点的最短路径长度。

T 中顶点对应的距离值为:从 V_0 到此顶点的只包括 S 中顶点作中间顶点的最短路径长度。

算法步骤如下。

(1)初始时令 $S=\{V_0\}$,$T=\{$其余顶点$\}$。T 中顶点对应的距离值的确定:若存在一条边 $<V_0,V_i>$,$d(V_0,V_i)$ 为 $<V_0,V_i>$ 边上的权,若不存在 $<V_0,V_i>$,则 $d(V_0,V_i)$ 为 ∞。

(2)从 T 中选取一个其距离值为最小的顶点 w,加入 S,并从 T 中去除该顶点。

(3)对 T 中顶点的距离值进行修改。T 中各顶点新的距离值为原来距离值与顶点 w 的最短路径长度加上 w 到该顶点的路径长度值中的较小值(因为当顶点 w 加入到集合 S 中后,源点 v 到 T 中剩余的其他顶点 j 就又增加了经过顶点 w 到达 j 的路径,这条路径可能要比从源点 v 到 j 原来标识的最短路径长度还要短)。

重复上述步骤(2)、(3),直到 S 中包含所有顶点为止。

3)算法举例

表 8.6 给出了求单源最短路径问题的大致流程,顶点后面附加的两个标记分别为其前驱节点和到源点的距离值。

表 8.6 单源最短路径问题求解过程

步 骤	S 中的顶点	T 中的顶点	图 示
初始化	$a(-,0)$	$b(a,7),c(-,\infty),d(-,\infty),e(a,9),\mathbf{f(a,4)}$	
第一次迭代	$a(-,0)$ $f(a,4)$	f 被选入到 S 后, $a\rightarrow f\rightarrow c=4+6=10<\infty$ $a\rightarrow f\rightarrow d=4+5=9<\infty$ $a\rightarrow f\rightarrow e=4+5=9\not<9$ 所以,只对 c,d 做相应修改 $\mathbf{b(a,7)},c(f,10),d(f,9),e(f,9)$	

步 骤	S中的顶点	T中的顶点	图 示
第二次迭代	$a(-,0)$ $f(a,4)$ $b(a,7)$	b 被选入到 S 后， $a \to b \to c = 7+2 = 9 < 10$ 所以，只对 c 做相应修改 $c(b,9), d(f,9), e(f,9)$	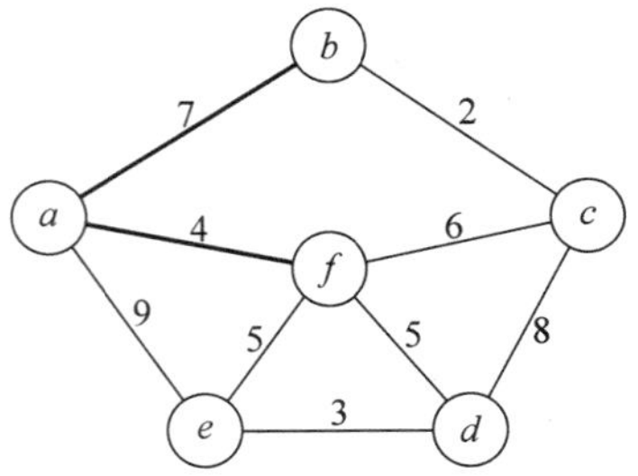
第三次迭代	$a(-,0)$ $f(a,4)$ $b(a,7)$ $c(b,9)$	c 被选入到 S 后， 没有使 d, e 点的当前最短路径取 值变得更小，不做修改 $d(f,9), e(f,9)$	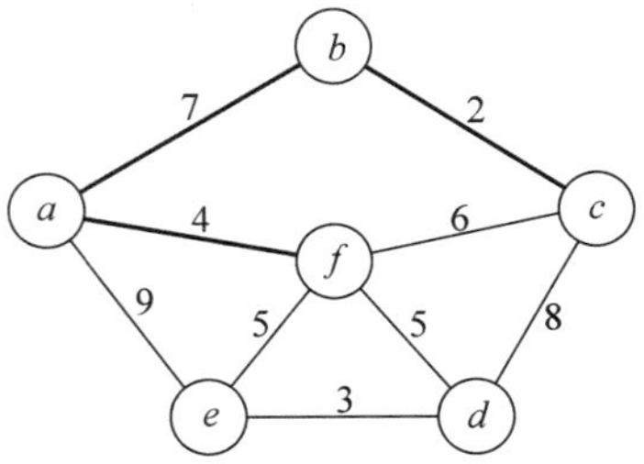
第四次迭代	$a(-,0)$ $f(a,4)$ $b(a,7)$ $c(b,9)$ $d(f,9)$	d 被选入到 S 后， 没有使 e 点的当前最短路径取值变 得更小，不做修改 $e(f,9)$	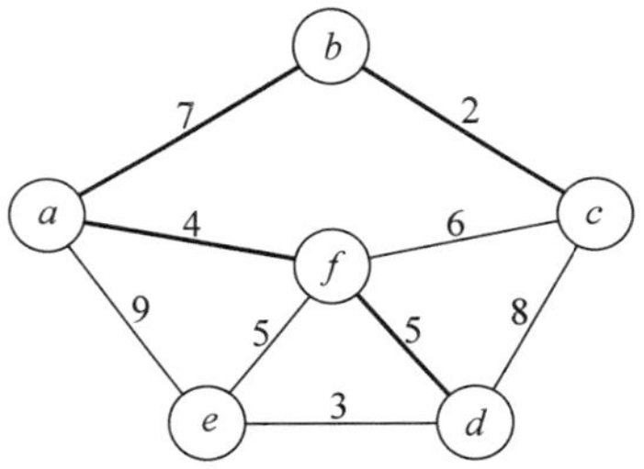
第五次迭代	$a(-,0)$ $f(a,4)$ $b(a,7)$ $c(b,9)$ $d(f,9)$ $e(f,9)$	空	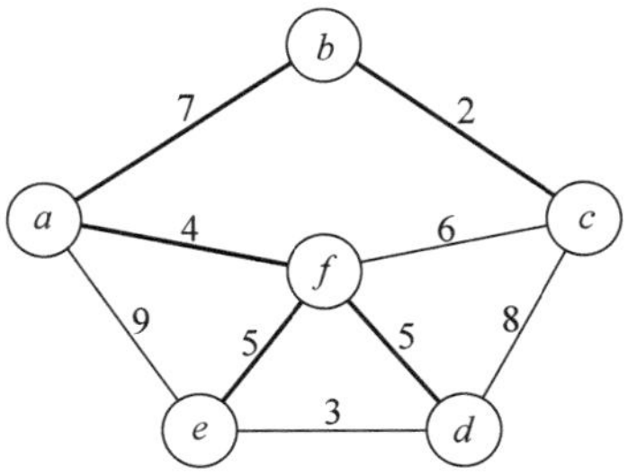

Dijkstra 算法对每个顶点所做的标记项以及算法的执行过程与 Prim 算法都非常相似，它们都会从剩余顶点集中选择下一个顶点来构造一棵扩展树。但注意，它们所解决的问题不同，所以选择下一个顶点的策略也就不同。Dijkstra 算法比较路径的长度，因此必须把边的权重相加，而 Prim 算法则直接比较给定的权值。

4）算法实现

对于图 G 的存储结构，这里选用的是邻接矩阵，如图 8.9 所示。

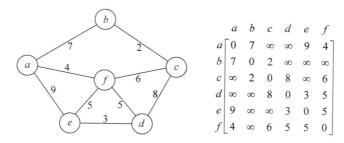

图 8.9　运用 Dijkstra 算法的图及其邻接矩阵存储形式

```
//图的邻接矩阵存储结构
type struct{
    char vertexs[MAX_VERTEX_NUM];             //存放顶点
    int arcs[MAX_VERTEX_NUM][ MAX_VERTEX_NUM];      //邻接矩阵
    int vertexnum, edgenum                 //图中当前的顶点数和边数
}Graph;
//辅助结构体
typedef struct {
    boolean belongToS;                 //标识顶点是否已经加入 S 集合中
    int dist;                       //存放源点到各顶点的最短路径
    int preVertex;                    //存放最短路径上当前顶点的前驱顶点(下标)
}HelpStruct;
```

采用 Dijkstra 算法实现单源最短路径的算法如下。

```
// Dijkstra 算法生成最小生成树 T,输出 T 的各条边
void shortPath_Dijkstra(Graph G, int v)
{
    int min, i, j, k;
    HelpStruct helpStruct[MAX_VERTEX_NUM];
    k = 0;                        //从顶点 a 开始,其下标为 0
    helpStruct[k].belongToS = true;       //标识为 true 表示把顶点 a 选入到 S 集合中
    helpStruct[k].dist = 0;            //顶点 a 到顶点 a 的路径为 0
    //辅助数组初始化,
    for(i = 0; i < G.vertexnum; i++)
    {
        if(i!= k)
        {
            helpStruct[i].belongToS = false;
            helpStruct[i].dist = G.arcs[k][i];
            helpStruct[i].preVertex = k;   //都把 a 标记为所有顶点的前驱顶点
        }
    }
    //开始主循环,每次把一个距离源点最近的顶点选入到 S 集合中
    for(i = 1; i < G.vexnum; ++i)
    {
        min = INFINITY;             //min 代表离源点的最短路径值,初始设为无穷大
        //在 T 中寻找一个距离源点最近的顶点,并记录该顶点的下标 k
```

```
        for(j = 0; j < G.vertexnum; j++)
        {
            if(!helpStruct[j].belongToS && helpStruct[j].dist < min)
            {
                min = helpStruct[j].dist;
                k = j;
            }
        }
        helpStruct[k].belongToS = true;    //把下标为 k 的顶点选入到 S 中
        //新顶点并入 S 后,更新 T 中各顶点到源点的最短路径取值
        for(j = 0; j < G.vertexnum; j++)
            if(!helpStruct[j].belongToS&&min + G.arcs[k][j] < helpStruct[j].dist)
            {                                    //说明找到了更短的路径
                helpStruct[j].dist = min + G.arcs[k][j];
                helpStruct[j].preVertex = k;
            }
    }
}
```

5) 复杂度分析

对于一个具有 n 个顶点和 e 条边的带权有向图,如果用带权邻接矩阵表示这个图,那么 Dijkstra 算法的主循环需要 $O(n)$ 时间,这个循环需要执行 $n-1$ 次,所以此算法的时间复杂度为 $O(n^2)$。尽管有同学觉得,可不可以只找从源点到某一特定终点的最短路径,其实这个问题和求源点到其他所有顶点的最短路径一样复杂,时间复杂度依然是 $O(n^2)$。

8.6 哈夫曼编码

1) 问题描述与分析

我们都熟知 ASCII 码,其编码方案是采用七位二进制比特串来代表一个英文字符,比如 01000001(65)代表大写字母"A"。这是一种定长的编码方案,即每一个字符都用七位二进制数进行编码。实际中可以使用一种变长编码方案,对出现概率较高的字母赋予较短的编码,对出现概率较低的字母赋予较长的编码,这样,当对一段文字信息进行编码时,总的编码长度就能缩短不少。

远在计算机出现之前,著名的 Morse(摩尔斯式)电报码就已经成功地实践了这一准则。在 Morse 码表中,每个字母都对应于一个唯一的点划组合,出现概率最高的字母 e 被编码为一个点"·",而出现概率较低的字母 z 则被编码为" -- "。显然,这可以有效缩短最终的电报码长度。

哈夫曼编码就是基于以上思想的一种可变字长编码方法。是广泛应用于数据文件压缩的十分有效的编码方法。下面先通过一个例子来了解下定长编码和变长编码。

设待压缩的数据文件共有 100 个字符,这些字符均取自字符集 $C=\{A,B,C,D\}$,其中每个字符在文件中出现的次数(简称频度)如表 8.7 所示。

表 8.7　字符编码问题

字符	A	B	C	D
频度/千次	50	25	20	5
定长编码	00	01	10	11
变长编码	1	01	001	000

可用 00、01、10、11 分别表示字母 A、B、C、D。

定长编码方案要求给定字符集 C 中的每个字符的码长定为 $\lceil \log|C| \rceil$，$|C|$ 表示字符集的大小，因此，含有 4 个字符的字符集 C 需要 2 位二进制数进行编码，那么，整个文件的编码长度为 200 位。

变长编码方案将频度高的字符编码设置较短，将频度低的字符编码设置较长，如表 8.7 所示，分别用 000 表示字母 D，用 001 表示字母 C，01 表示字母 B，1 表示字母 A。这样表示，传输 100 个字母所用的二进制位数为

$$3\times5 + 3\times20 + 2\times25 + 1\times50 = 175$$

这种表示比用定长的二进制序列表示法好，节省了二进制位，比定长编码方式节约了约 25% 的存储空间。

但当我们用 1 表示 A，用 00 表示 B，用 001 表示 C，用 000 表示 D 时，如果接收到的信息为 001000，则无法辨别它是 CD 还是 BAD。因而，不能用这种二进制序列表示 A、B、C、D。要寻找另外的表示法。实际上，对字符集进行编码时，要求字符集中任一字符的编码都不能是其他字符编码的前缀，这种编码称为前缀(编)码。例如 $\{1,01,001,000\}$ 就是前缀码，而 $\{1,11,001,0011\}$ 则不是前缀码。编码的前缀性质首先保证了译码的唯一，也使译码过程变得非常简单，即简单扫描编码文件中的比特串，直到得到一组等于某一字符编码的比特位。用该字符替换这些比特位，然后重复上述步骤，直到达到比特串的末尾(即从编码文件中不断取出代表某一字符的前缀码，转换为原字符，即可逐个译出文件中的所有字符)。

如何对某个字符集(表)创建一套二进制前缀码呢？可用一棵二叉树来产生一套二进制前缀码，让树中的叶子节点代表字母表中的字符，树中所有的左向边都标记为 0，而所有的右向边都标记为 1，通过记录从根到字符叶子的简单路径上的标记序列来获得一个字符的编码，因为从一个叶子到另一个叶子的连续简单路径不存在，所以一个标记序列不可能是另一个标记序列的前缀，进而所有从根到叶子节点标记序列的集合组成了一套二元前缀码。如图 8.10 所示，此二叉树产生的前缀码为：$\{1,00,010,011\}$。

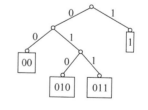

图 8.10　运用二叉树产生二进制前缀码

当知道了字符的出现频率后，在构造这样一棵二叉树来完成对字符集的编码时，自然想到的是将频度高的字符所在的叶子节点(离树根节点近些)的深度设置较浅，将频度低的字符所在的叶子节点(离树根节点远些)的深度设置较深。这就是要构造一棵最优二叉树，也叫哈夫曼树，它是由 n 个带权叶子节点构成的所有二叉树中带权路径长度最短的二叉树，是由戴维·哈夫曼最先提出的。我们可以通过贪心策略来构造。

哈夫曼算法的实现步骤如下。

（1）初始化 n 个单节点的树,节点中标记上字母表中的字符,把每个字符的频率也标记在其中,用来指出树的权重。

（2）在所有树中选择两棵权重最小的树作为左右子树构造一棵新的二叉树,并把其权重之和作为新的二叉树的权重标记在根节点中。

（3）重复第（2）步,直到只剩下一棵单独的树。

上面的算法所构造的树称为哈夫曼树,树中所有从根到叶子节点标记序列的集合组成了一套二元前缀码,也就是哈夫曼编码。这棵树有两个目的。

① 编码器使用这棵树来找到每个符号最优的表示方法。

② 解码器使用这棵树唯一的标识在压缩流中判断每个编码的开始和结束,其通过在读压缩数据位的时候自顶向底的遍历树,选择基于数据流中的每个独立位的分支,一旦到达叶子节点,解码器就知道一个完整的编码已经读出来了。哈夫曼编码可以对各种类型的数据进行压缩,但在本文中我们仅仅针对字符进行编码。

2）算法举例

例,考虑一个只包含 6 个字符的字母表{A、B、C、D、E、F},它们出现的频率如表 8.8 所示。

表 8.8　字符出现的频率表

字符	A	B	C	D	E	F
出现的频率	0.3	0.25	0.2	0.1	0.1	0.05

构造哈夫曼树的过程如图 8.11 所示。

根据构造出的哈夫曼树,我们得到每一个字符的编码如表 8.9 所示。

表 8.9　字符编码结果

字符	A	B	C	D	E	F
出现的频率	0.3	0.25	0.2	0.1	0.1	0.05
对应编码	11	10	01	001	0001	0000
码长	2	2	2	3	4	4

根据每个字符出现的频率和求得的编码长度,可以计算出此例中使用哈夫曼编码,单个字符的平均编码长度为:

$$2\times0.3+2\times0.25+2\times0.2+3\times0.1+4\times0.1+4\times0.05=2.4$$

若使用定长编码,每个字符需要 3 个比特编码,因此压缩率为$(3-2.4)/3=20\%$,大量的实验告诉我们,哈夫曼编码的压缩率通常在 $20\%\sim80\%$ 之间,这取决于所要压缩文本中的字符数及其出现的频率情况。

3）算法实现

在合并树的过程中,为了抽取最小频率的树,我们需要一种重要的数据结构作为辅助:优先级队列(Priority Queue)(最小堆)。最小堆是一个数据结构,在存储方式上使用的是一维线性表(一维数组)存储元素,这些元素在逻辑上组成一个二叉树。对最小堆中的某个节点 $x[i]$ 有以下关系。

根节点:　　$x[1]$。

父节点:　　$x[i/2]$。

左子节点：$x[i*2]$。

右子节点：$x[i*2+1]$。

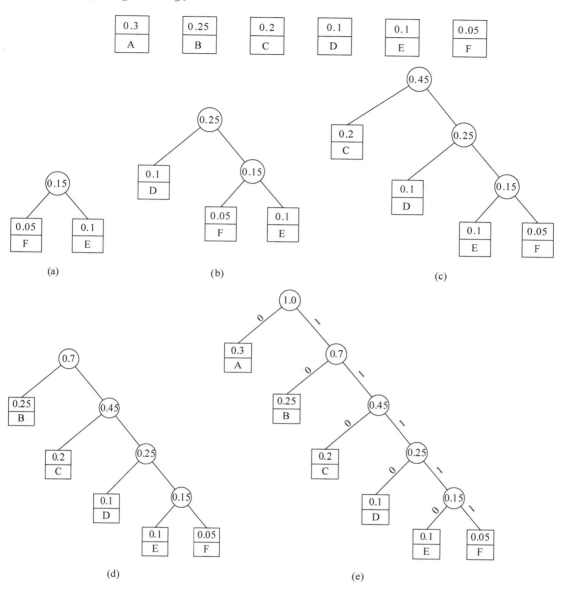

图 8.11　构造哈夫曼编码树的过程

一个最小堆的逻辑二叉树如图 8.12 所示。

堆节点数据结构的结构体定义如下。

```
struct HuffNode
{
    char c;                      //字符
    unsigned int freq;           //字符的频率
    HuffNode * left;             //左孩子指针
```

```
    HuffNode * right;                    //右孩子指针
};
```

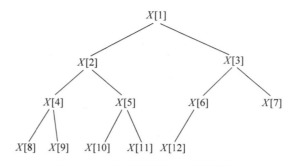

图 8.12　最小堆逻辑二叉树的结构

对于优先级队列来说,主要需要实现两种基本操作:插入新元素,抽取最小元素。它们的步骤如下。

(1) 插入新元素:把该元素放在二叉树的末端,然后从该新元素开始,向根节点方向进行交换,直到它到达最终位置。

(2) 抽取最小元素:把根节点取走,然后把二叉树的末端节点放到根节点上,然后把该节点向子节点反复交换,直到它到达最终位置。

算法如下。

```
// 优先级队列
void heapify(int i)
{
    int l,r,smallest;
    HuffNode * tmp;
    l = 2 * i;          //左孩子
    r = 2 * i + 1;      //右孩子
    if ((l < size)&&(HuffNodes[l] -> freq < HuffNodes[i] -> freq))
        smallest = l;
    else
        smallest = i;
    if ((r < size)&&(HuffNodes[r] -> freq < HuffNodes[smallest] -> freq))
        smallest = r;
    if (smallest!= i)
    {
        / * exchange to maintain heap property * /
        tmp = HuffNodes[smallest];
        HuffNodes[smallest] = HuffNodes[i];
        HuffNodes[i] = tmp;
        heapify(smallest);
    }
}
//addItem 函数用于插入新元素,插入后仍要保持其为最小堆的形态
void addItem(HuffNode * node)
{
```

```
        unsigned int i,parent;
        size = size + 1;
        i = size - 1;
        parent = i/2;
        //为要插入的节点找一个合适的位置
        while ((i > 0) && (HuffNodes[parent] - > freq > node - > freq))
        {
          HuffNodes[i] = HuffNodes[parent];   //父节点被交替下来
          i = parent;
          parent = i/2;
        }
        HuffNodes[i] = node;              //节点最终插入的位置
}
//extractMin 函数用于抽取最小元素,即取走堆的根节点
HuffNode *  extractMin()//
{
        HuffNode *  min;
        min = HuffNodes[1];
        HuffNodes[1] = HuffNodes[size];   // 把二叉树的末端节点放到根节点上
        size = size - 1;
        heapify(0);                       //把该节点(新的根节点)向子节点反复交换,直到它
                                          //到达最终位置
        return min;
}
// 根据字符频率数组,创建一个 huffman 树,返回根节点
HuffNode *  build_Huffman_tree(unsigned int freqs[NUM_CHARS])
{
    for (unsigned int i = 0; i < NUM_CHARS; i++)
    {
        if (freqs[i] > 0)
        {
            HuffNode *  node = new HuffNode;
            node - > c = i;
            node - > freq = freqs[i];
            node - > left = NULL;
            node - > right = NULL;
            addItem(node);
        }
    }
    // 创建哈夫曼树
    while (size > 1)
    {
        HuffNode *  left = extractMin();
        HuffNode *  right = extractMin();
        HuffNode *  root = new HuffNode();
        root - > freq = left - > freq + right - > freq;
        root - > left = left;
        root - > right = right;
        addItem(root);
    }
    return extractMin();
}
```

4）复杂度分析

最小堆的最小元素就是根节点。由于最小堆需要经常性的做抽取最小元素和插入操作，因此，实际上为了维持堆的特征，每次插入和抽取都要进行节点的调整，抽取和插入操作都耗时为 $O(\log n)$。$n-1$ 次的合并总共需要 $O(n\log n)$ 的计算时间，因此 n 个字符的哈夫曼算法的计算时间复杂度为 $O(n\log n)$。

总结

贪心算法通过一系列的选择来得到问题的解，它所做的每一个选择都是当前状态下局部的最佳选择，则所求问题的整体最优解可以通过一系列局部最优的选择来达到。可以用贪心算法求解的问题一般具有两个重要的性质：贪心选择性质和最优子结构性质。只要问题具备以上两个性质，贪心算法就可以出色地求出问题的整体最优解。即使某些问题，贪心算法不能求得整体的最优解，也能求出近似的整体最优解。如果你的要求不是太高，贪心算法是一个很好的选择。

习题 8

1. 给出一个找零问题的实例，使得贪心算法不能输出一个最优解。

2. 为找零问题写一个贪心算法的伪代码，它以金额 n 和硬币的面额 $d_1 > d_2 > \cdots > d_m$ 作为输入。并分析当硬币的面额 $d_1, d_2, \cdots, d_m$ 满足怎样的关系时，使用贪心算法就一定能得到问题的最优解。

3. 对下面的带权连通图，分别使用 Prim 算法和 Kruskal 算法求解其最小生成树，记录下算法初始时及每一次迭代后相关集合中的内容的变化及树的生成过程。

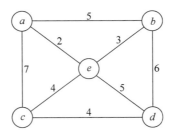

4. 请证明，如果加权连通图的每一个权重都是唯一的，那么它具有唯一的最小生成树。

5. 设 e 是无向图 $G = (V, E)$ 中具有最小代价的边，证明边 e 一定在图 G 的某个最小生成树中。

6. Dijkstra 算法是求解有向图最短路径的一个经典算法，也是应用贪心法的一个成功实例，请描述 Dijkstra 算法的贪心策略。

7. 如果在单处理器上，有 n 个运行时间分别为 $t_1, t_2, \cdots t_n$ 的已知作业，请考虑它们的调度问题。这些作业可以按任意顺序执行，一次只能执行一个作业。要求是安排一个调度计划，使得所有的作业花费在系统中的时间最少（一个作业花费在系统中的时间是该作业用于等待的时间和用于运行的时间的总和)。

（1）为该问题设计一个贪心算法。

（2）这个贪心算法总是能产生最优解吗？

8. 巴切特-斐波那契称重问题，求 n 个砝码$\{w_1, w_2, \cdots, w_n\}$的一个最优集合，使得它可以对天平上重量范围从 1 到 W 的任意整数负载进行称重，要求砝码只能放在天平的一边。

9. 有一背包容量为 50 千克，有三种货物：物品 1 重 10 千克，价值 60 元；物品 2 重 20 千克，价值 100 元；物品 3 重 30 千克，价值 120 元。采用贪心算法的标准是：选择单位重量价值高的货物优先装入。上述 0-1 背包问题用贪心算法能不能得到整体最优，为什么呢？

10. 若在 0-1 背包问题中，各物品依重量递增排列时，其价值恰好依递减顺序排列。对这个特殊的 0-1 背包问题，设计一个有效的算法找出其最优解，并说明算法的正确性。

11. 在一个医院 B 超室，有 n 个人要做不同身体部位的 B 超，已知每个人需要处理的时间为 $t_i(0 < i \leqslant n)$，请求出一种排列次序，使每个人排队等候的时间总和最小。

12. 小刚在玩 JSOI 提供的一个称之为"建筑抢修"的电脑游戏。经过了一场激烈的战斗，T 部落消灭了所有 Z 部落的入侵者。但是 T 部落的基地里已经有 N 个建筑设施受到了严重的损伤，如果不尽快修复的话，这些建筑设施将会完全毁坏。

现在的情况是：T 部落基地里只有一个修理工人。虽然他能瞬间到达任何一个建筑，但是修复每个建筑都需要一定的时间。同时，修理工人修理完一个建筑才能修理下一个建筑，不能同时修理多个建筑。如果某个建筑在一段时间之内没有完全修理完毕，这个建筑就报废了。你的任务是帮小刚合理地制定一个修理顺序，以抢修尽可能多的建筑。

13. 某公司的会议日益增多，以至于全公司唯一的会议室不够用了。现在给出这段时期的会议时间表，要求你适当删除一些会议，使得剩余的会议在时间上互不冲突，要求删除的会议最少。

题目分析：题目要求删除最少的会议，使得剩余的会议在时间上不互相冲突，这实际上是要求安排最多的在时间上不冲突的会议。由于我们的目标是尽可能多地安排会议，而不管安排了哪些会议，所以，可采用如下的贪心方法：首先将所有会议按结束时间从小到大排序，每次总是安排结束时间早的会议，这样不仅安排了一个会议，同时又为剩余的会议留下了尽可能多的时间。

14. 我们定义一个整数区间$[a,b]$，a,b 是一个从 a 开始至 b 结束的连续整数的集合。编写一个程序，对给定的 n 个区间，找出满足下述条件的所含元素个数最少的集合中元素的个数：对于所给定的每一个区间，都至少有两个不同的整数属于该集合。

题目分析：题目意思是要找一个集合，该集合中的数的个数既要少又要和所给定的所有区间有交集（每个区间至少有两个该集合中的数）。我们可以从所给的区间中选数，为了选尽量少的数，应该使所选的数和更多的区间有交集，这就是贪心算法的标准。一开始将所有区间按照右端点从小到大排序。从第一个区间开始逐个向后检查，看所选出的数与所查看的区间有无交集，有两个则跳过，只有一个数相交，就从当前区间中选出最大的一个数（即右端点），若无交集，则从当前区间中选出两个数，就是右端点和（右端点－1），直至最后一个区间。

15. 在一个果园里，多多已经将所有的果子打了下来，而且按果子的不同种类分成了不同的堆。多多决定把所有的果子合成一堆。每一次合并，多多可以把两堆果子合并到一起，消耗的体力等于两堆果子的重量之和。可以看出，所有的果子经过 $n-1$ 次合并之后，就只剩下一堆了。多多在合并果子时总共消耗的体力等于每次合并所耗的体力之和。假定每个果子的重量都为 1,并且已知果子的种类数和每种果子的数目,你的任务是设计出合并的次序方案,使多多耗费的体力最少,并输出这个最小的体力耗费值。

例如,有 3 种果子,数目依次为 1、2、9。可以先将 1、2 堆合并,新堆数目为 3,耗费体力为 3。接着,将新堆与原先的第三堆合并,又得到新的堆,数目为 12,耗费体力为 12。所以多多总共耗费体力 15＝3+12。可以证明 15 为最小的体力耗费值。

16. 假设要在足够多的会场里安排一批活动,并希望使用尽可能少的会场。设计一个有效的贪心算法进行安排(这个问题实际上是著名的图着色问题。若将每一个活动作为图的一个顶点,不相容活动间用边相连。使相邻顶点着有不同颜色的最小着色数,相应于要找的最小会场数)。

编程任务:对于给定的 k 个待安排的活动,编程计算使用最少会场的时间表(必须都安排完成)。

17. 设有 n 个顾客同时等待一项服务。顾客 i 需要的服务时间为 $t_i(1\leqslant i\leqslant n)$。共有 s 处可以提供此项服务。应如何安排 n 个顾客的服务次序才能使平均等待时间达到最小? 平均等待时间是 n 个顾客等待服务时间的总和除以 n。

编程任务:对于给定的 n 个顾客需要的服务时间和 s 的值,编程计算最优服务次序。

18. 给定 n 位正整数 a,去掉其中任意 $k\leqslant n$ 个数字后,剩下的数字按原次序排列组成一个新的正整数。对于给定的 n 位正整数 a 和正整数 k,设计一个算法找出剩下数字组成的新数最小的删数方案。

编程任务:对于给定的正整数 a,编程计算删去 k 个数字后得到的最小数。

19. 在黑板上写了 N 个正整数做成的一个数列,进行如下操作:每一次擦去其中的两个数 a 和 b,然后在数列中加入一个数 $a\times b+1$,如此下去直至黑板上剩下一个数,在所有按这种操作方式最后得到的数中,最大的为 max,最小的为 min,则该数列的极差定义为 $M=\max-\min$。

编程任务:对于给定的数列,编程计算出极差 M。

第9章

回溯法和分支限界法

回溯法和分支限界法是基于树搜索策略演化出的一种算法。按照这两种方法对可能解进行系统检查通常会使问题的求解时间大大减少(无论对于最坏情形还是对于一般情形)。因此,这两种方法通常能够用来求解规模很大的问题。

我们往往有过这样的经历,在解一道数学题时,经过思考后,感觉有好几种可行的解题方案,那么到底哪种方案可行呢?自然地,我们先尝试使用第一种方案,如果第一种方案不行,然后再尝试使用第二种方案,以此类推。回溯法和分支限界法正是类似这样一种不断尝试的算法,它也恰恰符合人们在解决复杂问题时的一种思维方式。

我们可以把这两种算法看做是对第3章介绍的蛮力法的一个改进。蛮力法首先穷举搜索生成问题的所有可能解,然后再去评估这些可能解是否满足约束条件。而回溯法和分支限界法每次只构造可能解的一部分,然后评估这个部分解,如果这个部分解有可能导致一个可行解,则对其进一步构造,否则,就不必继续构造这个部分解了。因此,回溯法和分支限界法常常可以避免搜索所有的可能解。

下面我们分别进行讨论。

9.1 回溯法

9.1.1 概述

1) 问题的解空间

复杂问题常常有很多的可能解,这些可能解构成了问题的解空间。或者说一个大的解决方案可以看做是由若干个小的决策组成的,很多时候它们构成了一个决策序列,解决一个问题的所有可能的决策序列构成了该问题的解空间。解空间也就是进行穷举的搜索空间,所以,解空间中应该包括所有的可能解。

例 9.1 子集和问题。给定 n 个正整数 $w_i(1 \leqslant i \leqslant n)$ 和 M。要求从集合 $(w_1, w_2, \cdots, w_n)$ 中找出所有可能的子集,使每一个子集中各元素的累加和等于 M。

例如,令 $(w_1, w_2, w_3, w_4) = (11, 13, 24, 7)$ 和 $M = 31$。那么,满足要求的子集只有两个,即 $(11, 13, 7)$ 和 $(24, 7)$。但问题的所有可能解为 { ( ),(11),(13),(24),(7),(11,13),(11,24),(11,7),(13,24),(13,7),**(24,7)**,(11,13,24),**(11,13,7)**,(11,24,7),(13,24,7),(11,13,24,7) }。

以上的所有可能解便构成了问题的解空间,由不等长向量组成。

对于此问题的解空间中的一个可能解,还可以使用等长向量$(x_1,x_2,\cdots,x_n)$的方式表示,其中$x_i=1$($1\leqslant i\leqslant n$)表示正整数w_i包含在解中,$x_i=0$表示正整数w_i不被包含在解中,则解空间由长度为n的0-1向量组成。因此上述子集和问题的解空间还可以表示为
$\{(0,0,0,0),(1,0,0,0),(0,1,0,0),(0,0,1,0),(0,0,0,1),(1,1,0,0),(1,0,1,0),(1,0,0,1),(0,1,1,0),(0,1,0,1),\mathbf{(0,0,1,1)},(1,1,1,0),\mathbf{(1,1,0,1)},(1,0,1,1),(0,1,1,1),(1,1,1,1)\}$。

对于子集和问题,可以证明,使用上述两种解的描述方式,其解空间都是由2^n个不同的多元组构成。为了用回溯法求解一个具有n个输入的问题,一般情况下,将其可能解表示为满足某个约束条件的等长向量$X=(x_1,x_2,\cdots,x_n)$的形式,其中分量x_i($1\leqslant i\leqslant n$)的取值范围是某个有限集合$S_i=\{a_{i1},a_{i2},\cdots,a_{iri}\}$,所有可能的解向量构成了问题的解空间。

2)空间树

问题的解空间一般用解空间树(Solution Space Trees,也称状态空间树)的方式组织,以便能用回溯法方便地搜索整个解空间。根节点位于树的第1层,表示搜索的初始状态,第2层的节点表示对解向量的第一个分量做出选择后到达的状态,第1层到第2层的边上标出对第一个分量所作出的选择,以此类推,从树的根节点到叶子节点的路径就构成了解空间的一个可能解。

例如,对于上述子集和问题,可以用一棵完全二叉树表示其解空间,如图9.1所示。

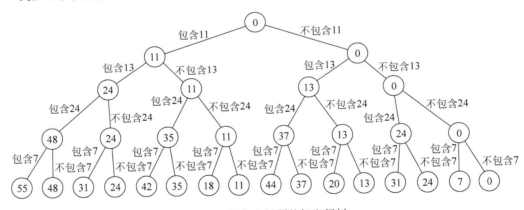

图9.1　子集和问题的解空间树

这棵树的根代表了起点,这时候还没有对给定的元素做任何决定。根的左右子女分别代表在当前所求的子集中包含或者不包含w_1,即对解向量的第一个分量的选择,第2层的节点表示对第一个分量做出选择后达到的状态。同样的,从第二层的节点到第三层的节点向左走表明包含w_2,而向右走则表示不包含w_2,即对解向量的第二个分量的选择,以此类推。因此,从根到树的第$i+1$层某个节点所经历的路径,表明了对解向量前i个分量做出的选择,即指出了该节点所代表的子集中包含前i个数字中的哪些数字。因而,从根到所有叶子节点的可能路径描述出了问题的解空间。

常见的解空间树有两种,子集树和排列树,在后续将详细讨论。

3) 算法基本思想

蛮力法是对整个解空间树中的所有可能解进行穷举搜索的一种方法,回溯法是蛮力法的一个更聪明的变种,它不需要搜索整个解空间树。算法每次只构造可能解的一个分量。解空间树的根代表了在查找解之前的初始状态。根节点到第二层节点不同的分支代表了对解的第一个分量所做的选择,第二层节点到第三层节点不同的分支代表了对解的第二个分量所做的选择,以此类推。那么,从根到树的第 $i+1$ 层某个节点所经历的路径则代表了一个可能解的前 i 个分量,在此我们把它叫做部分(构造)解,因为只有到了叶子节点才算是一个完整的可能解。

回溯法从根节点出发,按照深度优先策略遍历解空间树。当向下搜索到达某个节点时,如果这个节点对应的部分构造解仍然有可能导致一个可行解(这个节点对应的部分构造解仍然能够继续构造),我们说这个节点是有希望的;否则,我们说它是没希望的(无法从树的这个分支中产生一个可行解)。如果当前节点是有希望的,则进入以该节点为根的子树,继续按照深度优先策略搜索,如果当前节点变得没希望了,算法就回溯到该节点的父节点,把父节点的下一个孩子节点作为当前选择,即改变部分解最后一个分量的取值。如果这种选择不存在(即没有下一个孩子节点可供选择),它再回溯到树的上一层,以此类推。如果算法沿某个分支最终能到达了叶子节点,则构造出了问题的一个可能解,如果这个可能解同时满足问题的约束条件,便是一个可行解。如果该算法找到了问题的一个可行解,它要么就停止了(如果只需要一个解),要么回溯之后继续查找其他可行的解。

上面的描述中提到,如果当前节点是没希望的,就回溯到该节点的父节点,实际上就相当于放弃了对以该节点为根的子树的搜索,即跳过对以该节点为根的子树的搜索,这就是所谓剪枝(Pruning)。通过剪枝可以避免一些无效搜索,加速算法的整个搜索过程。

当前节点有没有希望,是对这个节点对应的部分构造解进行评估而得出的结论,即判断该节点对应的部分解是否满足约束条件,或者是否超出目标函数的界。具体的评估策略会根据要求解的不同而不同。

对于例 9.1 的子集和问题,问题的解空间树如图 9.1 所示,树中第 i 层与第 $i+1$ 层 $(1 \leqslant i \leqslant n)$ 节点之间的边上给出了对数字 w_i 的选择,左边表示在当前所求的子集中包含 w_i,右边表示在当前所求的子集中不包含 w_i,节点中的数字记录了从根到该节点对前 i 个数字做出选择后的和。

从根节点出发,按照深度优先策略遍历解空间树,搜索过程如下。

(1) 从节点 1 选择左子树到达节点 2,表明当前所求的子集中要包含数字 11,节点 2 中的标识为 11,表示当前子集为(11),子集和为 11。

(2) 从节点 2 选择左子树到达节点 3,表明当前所求的子集中要包含数字 13,节点 2 中的标识为 24,表示当前子集为(11,13),子集和为 11+13=24。

(3) 从节点 3 选择左子树到达节点 4,表明当前所求的子集中要包含数字 24,这时子集和为 11+13+24=48,超出了题目中要求的子集和 $M=31$,即使沿此节点再继续往下构造已不可能得到问题的可行解了,因此对以节点 4 为根的子树实行剪枝,并进行回溯。

(4) 从节点 4 回溯到节点 3,从节点 3 选择右子树到达节点 7,表明当前所求的子集中不要包含数字 24,因此当前子集变为(11,13,0),节点中标识的子集和的值仍为 24。

(5) 从节点 7 选择左子树到达节点 8,表明当前所求的子集中要包含数字 7,节点 8 中的标识为 31,表示当前子集为 $(11,13,0,7)$,和为 $11+13+0+7=31$,因此得到问题的一个可行解,如果还要查找其他可行的解,那么回溯到父节点,选择父节点的下一个子节点作为当前节点继续搜索。

按以上方式进行搜索,得到的搜索空间如图 9.2 所示,此处把节点代表的子集和是否过大,超过题目要求的子集和值 M 作为节点是否是有希望的评估策略。同时,也把节点代表的子集和是否过小,从而达不到题目要求的子集和值 M 作为节点是否是有希望的评估策略,如式(9.1)、式(9.2)中所示。

$$\sum_{i=1}^{k} w_i x_i > M, \quad 某节点对应的子集和过大 \tag{9.1}$$

$$\sum_{i=1}^{k} w_i x_i + \sum_{i=k+1}^{n} w_i < M, \quad 某节点对应的子集和过小 \tag{9.2}$$

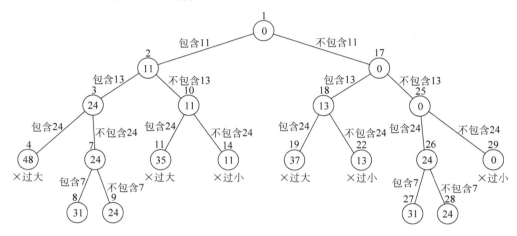

图 9.2　子集和问题的搜索空间

回溯法的搜索过程涉及的节点(称为搜索空间)只是整个解空间树的一部分,是解空间树的一个子集,在搜索过程中,通常采用两种策略避免无效搜索:①用约束条件剪去得不到可行解的子树;②用目标函数的界剪去得不到最优解的子树。这两类函数统称为剪枝函数(pruning function)。

需要注意的是,问题的解空间树是虚拟的,并不需要在算法运行时构造一棵真正的树结构,只需要存储从根节点到当前节点的路径即可。例如,在子集和问题中,只需要存储当前子集中对 w_i 选择的状态。

4) 算法一般性描述

可用回溯法求解的问题 P,通常要能表达为:对于已知的由 n 元组 $(x_1,x_2,\cdots,x_n)$ 组成的一个状态空间 $E=\{(x_1,x_2,\cdots,x_n) \mid x_i \in S_i, i=1,2,\cdots,n\}$,给定关于 n 元组中的一个分量的一个约束集 D,要求 E 中满足 D 的全部约束条件的所有 n 元组。其中 S_i 是分量 x_i 的定义域,是一个有限集合。我们称 E 中满足 D 的全部约束条件的任一 n 元组为问题 P 的一个解。

解问题 P 的最朴素的方法就是枚举法,即对 E 中的所有 n 元组逐一地检测其是否满足 D 的全部约束,若满足,则为问题 P 的一个解。但显然,其计算量是相当大的。

我们发现,对于许多问题,所给定的约束集 D 具有完备性,即 i 元组$(x_1,x_2,\cdots,x_i)$满足 D 中仅涉及到 $x_1,x_2,\cdots,x_i$ 的所有约束,意味着 $j(j\leqslant i)$ 元组$(x_1,x_2,\cdots,x_j)$一定也满足 D 中仅涉及到 $x_1,x_2,\cdots,x_j$ 的所有约束$(i=1,2,\cdots,n)$。换句话说,只要存在 $0\leqslant j\leqslant n-1$,使得 j 元组$(x_1,x_2,\cdots,x_j)$违反 D 中仅涉及到 $x_1,x_2,\cdots,x_j$ 的约束之一,则以$(x_1,x_2,\cdots,x_j)$为前缀的任何 n 元组$(x_1,x_2,\cdots,x_j,x_j+1,\cdots,x_n)$一定也违反 D 中仅涉及到 $x_1,x_2,\cdots,x_i$ 的一个约束$(n\geqslant i\geqslant j)$。因此,一旦检测断定某个 j 元组$(x_1,x_2,\cdots,x_j)$违反 D 中仅涉及 $x_1,x_2,\cdots,x_j$ 的一个约束,就可以肯定,以$(x_1,x_2,\cdots,x_j)$为前缀的任何 n 元组$(x_1,x_2,\cdots,x_j,x_j+1,\cdots,x_n)$都不会是问题 P 的解,因而就不必去搜索和检测它们(即剪枝)。回溯法正是针对这类问题,利用这类问题的上述性质而提出来的比蛮力法效率更高的算法。

5)算法求解步骤

算法求解步骤如下。

第一步:针对所给问题,定义问题的解空间。

第二步:确定易于搜索的解空间的数据结构。

第三步:以深度优先方式搜索解空间,并在搜索过程中用剪枝函数避免无效搜索。搜索解空间的过程如下。

初始时,令解向量 X 为空,然后,从根节点出发,选择 S_1 的第一个元素作为解向量 X 的第一个分量,即 $x_1 = a_{11}$,如果 $X=(x_1)$ 是问题的部分解,则继续扩展解向量 X,选择 S_2 的第一个元素作为解向量 X 的第 2 个分量,否则,选择 S_1 的下一个元素作为解向量 X 的第一个分量,即 $x_1 = a_{12}$。以此类推,一般情况下,如果 $X=(x_1,x_2,\cdots,x_i)$ 是问题的部分解,则选择 S_{i+1} 的第一个元素作为解向量 X 的第 $i+1$ 个分量时,有下面三种情况。

(1)如果 $X=(x_1,x_2,\cdots,x_{i+1})$ 是问题的最终解,则输出这个解。如果问题只希望得到一个解,则结束搜索,否则回溯到父节点继续搜索其他解。

(2)如果 $X=(x_1,x_2,\cdots,x_{i+1})$ 是问题的部分解,则继续构造解向量的下一个分量。

(3)如果 $X=(x_1,x_2,\cdots,x_{i+1})$ 既不是问题的部分解也不是问题的最终解,则存在下面两种情况:

① 如果 $x_{i+1} = a_{i+1k}$ 不是集合 S_{i+1} 的最后一个元素,则令 $x_{i+1} = a_{i+1k+1}$,即选择 S_{i+1} 的下一个元素作为解向量 X 的第 $i+1$ 个分量;

② 如果 $x_{i+1} = a_{i+1k}$ 是集合 S_{i+1} 的最后一个元素,就回溯到 $X=(x_1,x_2,\cdots,x_i)$,选择 S_i 的下一个元素作为解向量 X 的第 i 个分量,假设此时 $x_i = a_{ik}$,如果 a_{ik} 不是集合 S_i 的最后一个元素,则令 $x_i = a_{ik+1}$;否则,就继续回溯到 $X=(x_1,x_2,\cdots,x_{i-1})$。

6)子集树与排列树

常见的解空间树有两种,子集树和排列树。

(1)子集树:当所给问题是从 n 个元素的集合中找出满足某种性质的子集时,相应的解空间树称为子集树。例如,子集和问题的解空间树是一棵子集树。在子集树中,$|S_1| = |S_2| = \cdots = |S_n| = c$,即每个节点有相同数目的子树,通常情况下 $c=2$,所以,子集树中共有 2^n 个叶子节点,因此,遍历子集树需要 $\Omega(2^n)$ 的时间。

(2)排列树:当所给问题是确定 n 个元素满足某种性质的排列时,相应的解空间树称为排列树。例如,哈密顿回路问题的解空间树是一棵排列树。在排列树中,通常情况下,$|S_1| = n$,$|S_2| = n-1$,$\cdots$,$|S_n| = 1$,所以,排列树中共有 $n!$ 个叶子节点,因此,遍历排列树需

要 $\Omega(n!)$ 的时间。

下面各个小节将分别讨论回溯法在具体实际中的应用。

9.1.2 子集和问题

1）算法实现步骤

上节中已经对子集和问题做了详细的论述，包括解空间树、搜索空间、不满足约束条件（没希望的节点或分支）情况下的剪枝以及深度优先的搜索过程，本节主要给出其算法实现。

实现一棵树结构的深度优先搜索，可以使用递归形式，在这里我们使用非递归形式，是利用数据结构中的栈来实现的。利用栈实现的深度优先搜索策略分为如下几个步骤。

第一步：构造由根节点组成的一元栈。

第二步：考察该栈的栈顶元素是否为所求的目标节点。如果是，那么停止；否则，转去第三步。

第三步：从该栈中移除栈顶元素，如果有后代，将后代增加到该栈顶。

第四步：如果栈是空的，那么失败；否则，转去第二步。

注意：为了实现先从树的最左边的分支开始深度优先搜索，在第三步中将后代增加到栈中时，应先将后代逆序后再压入栈。否则，会先从树的最右边的分支开始深度优先搜索。

2）算法实现

stackNode[ ]和 stackLevel[ ]是分别用来存放节点值（对节点的选择）和节点所在的层级的栈，栈使用顺序存储结构即数组实现，top 为栈顶指针，初值为 0。w[]为子集和问题的正整数集合，x[]为用等长向量形式表示的解向量的各分量的取值，每个分量的取值为 0 或 1。

sum 函数为部分子集和函数，参数 k 表示当前的部分解已构造了前 k 个分量。TailSum 函数是用来求正整数集合 w[]中第 k+1 项到第 n 项和的函数，算法如下。

```
int Sum( int x[ ], int w[ ], int k)
{
    int sum = 0;
    for(int i = 1; i <= k; i++)
        sum = sum + x[i] * w[i];
    return sum;
}
int TailSum( int w[ ], int k, int n)
{
    int sum = 0;
    for(int i = k + 1; i <= n; i++)
        sum = sum + w[i];
    return sum;
}
```

SubSum 函数是求子集和问题的函数，它利用栈来实现解空间树的深度优先搜索，程序的结构是按照上面提到的四个步骤来组织的，具体实现如下。

```
void SubSum(int n, int w[], int M)
{
    int top = 0;
    int level;                              //记录层级
    for (i = 1; i <= n; i++)                //初始化解向量 X 的各个分量 xᵢ
        x[i] = 0;
    stackNode[top] = 0;                     //根节点入栈,构造由根节点组成的一元栈
    stackLevel[top] = 0;
    while(top >= 0)                         //栈不为空则循环
    {
        level = stackLevel[top];            //层级出栈
        x[level] = stackNode[top];          //节点出栈
        top--;
        if(level == n&&Sum(x, w, n) == M)   //栈顶元素是最终解吗
        {
            for (i = 1; i <= n; i++)
                输出 x[i];                   //打印输出问题的解
            return;                         //此行若注释掉,可打印出问题的所有可行解
        }
        else                                //有满足约束的后代,后代增加到该栈
                                            //若没有,程序转到 while 循环的第一行,栈的下一个
                                            //元素出栈,回溯
        {
            for(j = 0; j <= 1; j++)
            {                               //只有满足约束条件的孩子节点才入栈
                if((Sum(x, w, level) + j * w[level + 1] <= M)
                    && (Sum(x, w, level) + j * w[level + 1] + TailSum(w, level + 1, n) >= M))
                {
                    top++;
                    stackLevel[top] = level + 1;
                    stackNode[top] = j;
                }
            }
        }
    }
}
```

程序中需要说明的地方如下。

(1) 为了和解向量便于对应,程序中数组 w[]和 x[]的下标都是从 1 开始的。

(2) 程序结构没有采用递归形式,而采用了非递归形式,实际上计算机在执行递归形式的程序时,内部仍然是借助栈来实现递归的。

(3) 在把节点压入栈时,不仅需要把节点对应的值压入栈,需同时把节点所在的层级也压入栈,所以程序中设置了两个栈 stackNode[ ]和 stackLevel[ ],当然如果想用一个栈来实现,需要建立一个如下所示的结构体(或类)。

```
struct Node
{
```

```
    int data;
    int level;
}
```

9.1.3 n 皇后问题

1）问题描述

n 皇后问题是一个古老而经典的问题，是用回溯法求解的典型例题。要求把 n 个皇后放在一个 $n \times n$ 的棋盘上，使得任何两个皇后都不能相互攻击，即它们不能同行，不能同列，也不能位于同一条对角线上。

显然，棋盘的每一行上必须而且只能摆放一个皇后，所以，n 皇后问题便简化为如何在棋盘上为每个皇后分配一列。问题的可能解用一个 n 元向量 $X = (x_1, x_2, \cdots, x_n)$ 表示，其中，$1 \leqslant x_i \leqslant n$，即第 i 个皇后放在第 i 行第 x_i 列上。由于两个皇后不能位于同一列上，所以，解向量 X 中的分量必须满足的约束条件为 $x_i \neq x_j$。

若两个皇后摆放的位置分别是 (i, x_i) 和 (j, x_j)，在棋盘上斜率为 -1 的斜线上，满足条件 $x_j - x_i = j - i$，在棋盘上斜率为 1 的斜线上，满足条件 $x_j - x_i = -(j - i)$。综合两种情况，由于两个皇后不能位于同一斜线上，所以，解向量 X 中的分量还必须满足的约束条件为 $|x_j - x_i| \neq |j - i|$。

对于 $n = 1$，问题的解很简单，而且我们很容易看出对于 $n = 2$ 和 $n = 3$ 来说，这个问题是无解的。下面考虑 $n = 4$ 即四皇后问题，如图 9.3 所示。

2）算法基本思想

回溯法从空棋盘开始，对整个解空间树搜索过程的搜索空间如图 9.4 所示。

首先把皇后 1 摆放到它所在行的第 1 个可能的位置，也就是第 1 行第 1 列；对于皇后 2，在经过第 1 列和

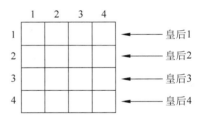

图 9.3　四皇后问题的棋盘

第 2 列的失败的尝试后（节点 5、6），把它摆放到第 1 个可能的位置，也就是第 2 行第 3 列（节点 7）；对于皇后 3，把它摆放到第 3 行的哪一列上都会引起冲突（节点 9、10、11、12），即违反约束条件，所以，进行回溯，回到对皇后 2 的处理，把皇后 2 摆放到下一个可能的位置，也就是第 2 行第 4 列（节点 8）；再次对皇后 3 进行处理，在经过第 1 列失败的尝试后，把它摆放到第 1 个可能的位置，也就是第 3 行第 2 列（节点 14）；最后对皇后 4 进行处理，皇后 4 摆放到第 4 行的哪一列上都会引起冲突（节点 17、18、19、20），再次进行回溯，回到对皇后 3 的处理，为皇后 3 选择下一个可能的位置；即尝试第 3 列和第 4 列，发现都发生冲突（节点 15、16），即下一个可能的位置找不到；继续回溯，回到对皇后 2 的处理，然而，此时皇后 2 已位于棋盘的最后一列，因此也没法找到下一个可能的位置；继续回溯，回到对皇后 1 的处理，把皇后 1 摆放到下一个可能的位置，也就是第 1 行第 2 列（节点 2），接下来，把皇后 2 摆放第 2 行第 4 列的位置，把皇后 3 摆放到第 3 行第 1 列的位置，把皇后 4 摆放到第 4 行第 3 列的位置，这就是 4 皇后问题的一个解（节点 31）。

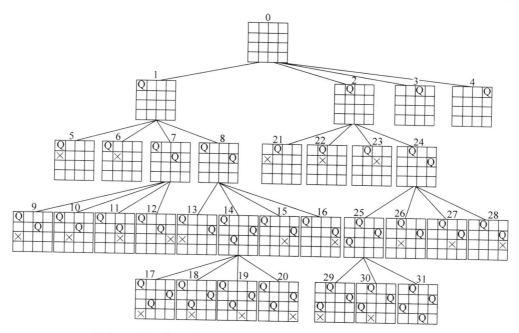

图 9.4　用回溯法解四皇后问题的搜索空间(×表示失败的尝试)

3) 算法实现

用回溯法求四皇后问题,用栈来实现解空间树的深度优先搜索,x[ ]用来存放列值,即解向量的各分量取值,Place(int row,int col)函数用于检测在 row 行 col 列放置一个新的皇后后是否与之前已放置的皇后发生冲突。Queue()为求 n 皇后问题的函数,具体实现如下。

```
bool Place( int row, int col)
{
    for( int j = 1; j < row; j++)
        if( x[ j] == col || abs( row - j) == abs( col - x[ j]))
            return false;
    return true;
}
void Queue( int n)
{
    int top = 0;
    for ( i = 0; i < n; i++)              //初始化解向量 X 的各个分量 xi
        x[ i] = 0 ;
    stackNode[ top] = 0;                  //根节点入栈,构造由根节点组成的一元栈
    stackLevel[ top] = 0;
    while( top > = 0)                     //栈不为空则循环
    {
        level = stackLevel[ top];        //层级出栈
        x[ level] = stackNode[ top];     //节点出栈
        top -- ;
        if( level == n)                  //栈顶元素是问题的最终解吗
        {
```

```
            for ( i = 1 ; i <= n ; i ++ )
                输出 x[i];                   //打印输出问题的解
            return;                          //若此行注释掉,可打印出问题的所有可行解
        }
        else                                //有满足约束的后代,后代增加到该栈
        //若没有,程序转到 while 循环的第一行,栈的下一个元素出栈,引起回溯
        {
            for(j = 4;j > 0;j-- )            //子节点逆序入栈
            {
                if(Place(level + 1,j))
                {                            //只有满足约束条件的孩子节点才入栈
                    top++;
                    stackLevel[ top] = level + 1;
                    stackNode[ top] = j;
                }
            }
        }
    }
}
```

9.1.4 哈密顿回路

1)问题描述

这个问题是从哈密顿发明的一个数学游戏引出的。1859 年哈密顿发明了一种游戏,并作为一个玩具以 25 个金币卖给了一个玩具商。这个玩具是用 12 个正五边形做成的一个正 12 面体,这个 12 面体共有 20 个顶点,并以世界上 20 个著名的城市命名,游戏者沿着这个 12 面体的棱,走遍每个城市一次且仅一次,最后回到出发点。他把这个游戏称为"周游世界"游戏。图 9.5 是这个正十二面体的展开图,按照图中的顶点编号顺序向前走,显然会成功。

更一般的说法,对于一个给定的无向图,可以选择从任意顶点出发,如果存在一条路径,经过图中的每一个顶点,并且每个顶点只访问一次,最终回到最初的位置。我们就说这个图中存在哈密顿回路。例如,在无向图 9.6 中一条哈密顿回路为 0→1→2→4→3→0。

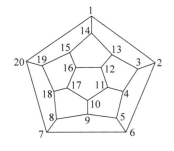

图 9.5 十二面体中的哈密顿回路

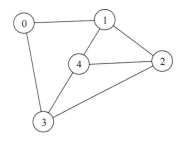

图 9.6 一个无向图

2)算法分析

哈密顿问题是确定在一个已知的图中是否包含哈密顿回路的问题。虽然哈密顿回路问

题与欧拉回路问题在形式上极为相似,但是,到目前为止,人们还没有找到哈密顿图的充分必要条件。这是一个 NP 完全问题。不得不借助于穷举搜索法或回溯法来解决这一类问题。

为此,用向量$(x_1,x_2,\cdots,x_n)$表示回溯法的一组解,x_i 在此表示一个可能的回路上经历的第 i 个顶点的顶点名称(或顶点编号)。初始时,x_1 可以从 n 个顶点中任取一个。但为了避免打印出 n 个相同的圈,规定 $x_1=0$. 即以顶点 0 为起点是无妨的。假定已经选定了$(x_1,x_2,\cdots,x_{k-1})$,下一步的工作是怎样从可能的顶点集中选取 x_k。x_k 可以取不同于 $x_1,x_2,\cdots,x_{k-1}$ 且有一条边与 x_{k-1} 相连的任何顶点之一。如果 $k=n$,那么 x_k 只能取不同于 $x_1,x_2,\cdots,x_{k-1}$ 且有一条边与 x_{k-1} 相连的顶点,当然 x_k 还必须是与 x_1 相连的顶点。

问题的描述类似于排列问题,以无向图图 9.6 为例,其对应的解空间树如图 9.7 所示。

根据回溯法的算法思想,开始搜索解空间树。将 x_1 置为 0,表示哈密顿回路从顶点 0 开始。然后将 x_2 置为 1,表示到达节点 1,构成哈密顿回路的部分解$(0,1)$,然后依次将 x_3 置为 2,x_4 置为 3,x_5 置为 4,最终到达叶子节点 4,构成哈密顿回路的一个可能解$(0,1,2,3,4)$。但是,在图 9.7 中从顶点 4 到顶点 0 没有边,因此,此解不是问题的可行解,引起回溯。将 x_4 置为 4,x_5 置为 3;到达叶子节点 3,构成哈密顿回路的一个可能解$(0,1,2,3,4)$。而在图 9.7 中从顶点 3 到顶点 0 存在边,所以,找到了一条哈密顿回路$(0,1,2,4,3,0)$,搜索过程结束。在解空间树中的搜索过程如图 9.8 所示。

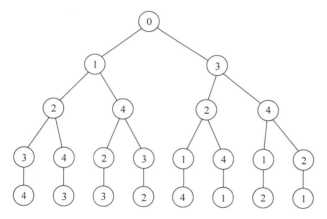

图 9.7　哈密顿回路的解空间树

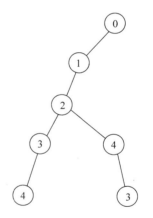

图 9.8　哈密顿回路的搜索空间

3) 算法实现

用栈来实现解空间树的深度优先搜索,图采用邻接矩阵存储,即用数组 c[n][n]存储图中的边值,x[ ]用来存放回路中的各顶点,即解向量的各分量取值,contain()函数表示当前回路中是否已包含顶点 node,算法如下。

```
//该算法只要找到满足条件的一个解即结束
bool Contain(int x[], int k, int node)
{
    bool flag = false;
    for(int i = 0; i <= k; i++)
    {
```

```
            if(x[i] == node)
            {
                flag = true;
                break;
            }
        }
        return flag;
    }
    void Hamiton(int n, int x[], int c[N][N])
    {
        int top = 0;
        int start = 0;                    //从顶点 0 出发
        for (i = 0; i < n; i++)           //初始化解向量 X 的各个分量 xi
            x[i] = -1 ;
        stackNode[top] = start;
        stackLevel[top] = 0;
        while(top >= 0)
        {
            level = stackLevel[top];       //层次出栈
            x[level] = stackNode[top];     //节点出栈
            top-- ;
            if(level + 1 == n&&c[x[level]][start] == 1)    //栈顶元素是问题的最终解吗
            {
                for (i = 0 ; i < n ; i ++)
                    输出 x[i];             //打印输出问题的解
                输出 x[0];
                return ;
            }
            else                           //有满足约束的后代,后代增加到该栈若没有,程序
                                           //转到 while 循环的第一行,栈的下一个元素出栈,
                                           //引起回溯
            {
                for(j = 4;j >= 0;j-- )     //子节点逆序入栈
                {                          //只有满足约束条件的孩子节点才入栈
                    if((!Contain(x, level, j))&&c[x[level]][j] == 1)
                    {
                        top++;
                        stackLevel[top] = level + 1;
                        stackNode[top] = j;
                    }
                }
            }
        }
    }
```

9.1.5 装载问题

1) 问题描述和分析

共有 n 个集装箱要装在 2 艘载重量分别为 c_1 和 c_2 的轮船上,其中集装箱 i 的重量为

w_i，且 $w_1 + w_2 + \cdots + w_n \leqslant c_1 + c_2$；装载问题要求确定，是否有一个合理的装载方案可将这 n 个集装箱装上两艘轮船。如果有，找出一种装载方案。

例如，当 $n=3$，$c_1 = c_2 = 50$，且 $w = [10, 40, 40]$ 时，可将集装箱 1 和集装箱 2 装在第一艘轮船上，而将集装箱 3 装在第二艘轮船上；如果 $w = [20, 40, 40]$，则无法将这 3 个集装箱都装上轮船。

当 $w_1 + w_2 + \cdots + w_n = c_1 + c_2$ 时，装载问题等价于子集和问题。当 $c_1 = c_2$，且 $w_1 + w_2 + \cdots + w_n = 2c_1$ 时，装载问题等价于划分问题。即使限制 $w_i (i=1, 2, \cdots, n)$ 为整数，c_1 和 c_2 也是整数。子集和问题与划分问题都是 NP 难问题。由此可知，装载问题也是 NP 难问题。

容易证明，如果一个给定的装载问题有解，则采用下面的策略可以得到最优装载方案。

（1）首先将第一艘轮船尽可能地装满。

（2）然后将剩余的集装箱装上第二艘轮船。

将第一艘轮船尽可能装满等价于如何选取全体集装箱的一个子集，使该子集中集装箱的重量之和最接近 c_1。即问题可归结为：寻找一个子集在满足约束 $\sum\limits_{i=1}^{n} w_i x_i \leqslant c_1$ 的条件下，使 $\sum\limits_{i=1}^{n} w_i x_i$ 的值最大，其中 $x_i \in \{0, 1\} (1 \leqslant i \leqslant n)$。

用回溯法解装载问题时，用子集树表示其解空间显然是最合适的。可行性约束函数 $\sum\limits_{i=1}^{n} w_i x_i \leqslant c_1$ 可剪去不满足约束条件的子树，比如，在子集树的第 $j+1$ 层的节点 Z 处，用 c_w 记当前的装载重量，即 $c_w = (w_1 x_1 + w_2 x_2 + \cdots + w_j x_j)$，当 $c_w > c_1$ 时，以节点 Z 为根的子树中所有节点都不满足约束条件，因而该子树不可能对应可行解，故可将该子树剪去。

2）算法举例

设 $w = [10, 8, 5]$，$c_1 = 16$，$c_2 = 8$。其搜索空间如图 9.9 所示，节点的左子树表示将此集装箱装上船，右子树表示不将此集装箱装上船，节点中的值表示当前装入第一艘船的集装箱总重量。

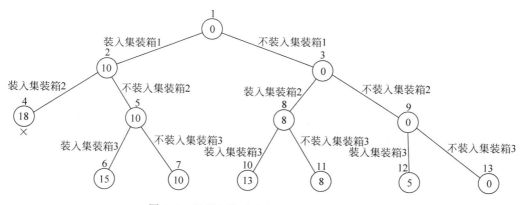

图 9.9 运用回溯法求装载问题的搜索空间

同样是深度优先搜索，在节点 4，表示在第一艘船上装入集装箱 1 又装入集装箱 2，结果超出了船的载重量，即违反了前面提到的约束条件，因此不再对以节点 4 为根的子树进行搜索，引起回溯。最终，在所有可行的叶子节点中，节点 6 是满足约束且使装入集装箱的总重量与船的载重量最接近的节点,因此节点 6 就是我们所求的节点。此时,装载问题对应的一个方案为:集装箱 1 和集装箱 3 装入船 1,集装箱 2 装入船 2。

　　从图 9.9 所示的搜索空间可以看出,回溯法基本搜索了整个解空间树,只有一处剪枝,此时,回溯法的效率没有比穷举法好到哪里去。因此,为了提高算法的运行效率,我们需要对算法进行改进。

　　设 bestw 是当前最优载重量;r 是剩余集装箱(未做选择)的重量,即 $r = \sum_{i=j+1}^{n} w_i$。在以 Z 为根的子树中的任一叶节点所相应的载重量均不超过 $c_w + r$。因此,当 $c_w + r < $ bestw 时,可将该子树剪去。

　　搜索过程如图 9.10 所示。如前所述,节点 6 是第一个满足约束条件的叶子节点,因此是一个可行解,把节点 6 对应的值赋值为 bestw,此时 bestw $=15$,虽然最终我们知道节点 6 对应最优解,但就当时来讲还不能断定它就是最优解。因此在求得一个可行解后,仍要回溯去搜索其他节点,看有没有更好的解。回溯到节点 5,走右边的分支到达节点 7,节点 7 也对应一个满足约束条件的可行解,但其值为 10,小于 15,没有节点 6 对应的解好,所以保持 bestw 的值不变(如果节点 7 对应的值大于 15,则 bestw 被赋予新的值)。此时仍要回溯去搜索其他节点,看有没有更好的解。回溯到节点 1,走右边的分支表示不装入集装箱 1,因此节点 3 对应的载重量 $c_w = 0$。剩余集装箱的重量 $r = w_2 + w_3 = 13$,以节点 3 为根的子树中的任一叶节点所相应的载重量均不超过 $c_w + r$,而此时 $c_w + r < $ bestw 成立,这就意味着以节点 3 为根的子树中的任一叶节点不可能对应最优解,因此被剪枝。

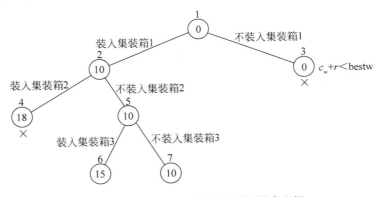

图 9.10　算法改进后装载问题的搜索空间

　　可以看到改进后算法将大大减小对解空间树的搜索范围,$c_w + r$ 在这里充当了一个限界函数的角色。你会发现,问题的约束信息会把不满足约束条件的节点(分支)剪枝,而限界函数会把不可能得到最优解的节点(分支)剪枝。实际上,对于最优化问题我们有一个更好的算法,就是下一节要讨论的分支限界法。

　　3)算法实现

　　同样用栈来实现解空间树的深度优先搜索,x[]为等长向量形式表示的解向量的各分量的取值,每个分量的取值为 0 或 1,Cw()函数用来求当前装载的重量,参数 k 表示已对前 k 个集装箱做出了装与不装的选择。r()函数用来求剩余(未做选择的)集装箱的总重量。算法如下。

```
int Cw( int x[ ], int w[ ], int k )
{
    int sum = 0;
    for( int i = 1; i <= k; i++ )
        sum = sum + x[ i ] * w[ i ];
    return sum;
}
int r( int w[ ], int k, int n )
{
    int rest = 0;
    for( int i = k + 1; i <= n; i++ )
        rest = rest + w[ i ];
    return rest;
}
```

MaxLoading 为求最优装载问题的函数,参数 c_1 为第一艘船的载重量,bestX[ ]用于存放当前可行解中的最优解(的各个分量),bestw 为当前最优载重量。

```
void MaxLoading( int n, int x[ ], int w[ ], int c₁ )
{
    int top = 0;
    int bestw = 0;
    for ( i = 0; i < n; i++ )            //初始化解向量 X 的各个分量 xi
        x[ i ] = −1 ;
    stackNode[ top ] = 0;
    stackLevel[ top ] = 0;
    while( top >= 0 )
    {
        level = stackLevel[ top ];       //层次出栈
        x[ level ] = stackNode[ top ];   //节点出栈
        top −− ;
        if( level == n )                 //栈顶元素是一个可行解吗
        {
            int curResult = Cw( x, w, n );
            if( curResult > bestw )
            {
                bestw = curResult;
                for( i = 1; i <= n; i++ )
                    bestX[ i ] = x[ i ];
            }
        }
        Else                             //有满足约束的后代,后代增加到该栈若没有,程序转
                                         //到 while 循环的第一行,栈的下一个元素出栈,引起回溯
        {
            for( j = 0; j <= 1; j++ )    //子节点逆序入栈
            {                            //满足约束条件且有希望成为最优装载的孩子节点才入栈
                if( ( Cw( x, w, level ) + j * w[ level + 1 ] ) <= c₁
                    && ( Cw( x, w, level ) + j * w[ level + 1 ] + r( w, level + 1, n ) ) > bestw )
                {
```

```
                    top++;
                    stackLevel[top] = level + 1;
                    stackNode[top] = j;
                }
            }
        }
    }
    for (i = 1 ; i <= n ; i ++)
        输出 bestX[i];                    //打印输出问题的解
}
```

9.2 分支限界法

9.2.1 概述

1）基本描述

类似于回溯法,分支限界法(branch and bound method)也是一种在问题的解空间树 T 上搜索问题解的算法。算法一般按类似于广度优先的策略搜索问题的解空间树,在遍历过程中,对已经处理的每一个节点根据限界函数估算目标函数的可能取值,从中选取使目标函数取得极值(极大或极小)的节点优先进行广度优先搜索,尽快找到问题的解。因为限界函数常常是基于问题的目标函数而确定的,所以,分支限界法适用于求解最优化问题。

有一些问题其实无论用回溯法还是分支限界法都可以得到很好的解决,但是另外一些则不然。因此我们需要具体一些的分析——到底何时使用分支限界而何时使用回溯呢?

在本章前面的部分,我们使用回溯法解决了许多问题,这些问题都不是最优化问题。最优化问题是根据某些约束条件寻求目标函数(如旅途的长度、所选物品的价值、分配的成本等)的最大或最小值。在最优化问题的标准术语中,一个**可行解**是位于问题的搜索空间中的一个点,它能够满足问题的所有约束(例如,一个哈密顿回路、总重量不超过背包承重量的物品子集),而一个**最优解**是一个使目标函数取得最佳值的可行解(例如,旅行商问题中最短哈密顿回路、能够装进背包的最有价值的物品子集)。通常,回溯法的求解目标是找出解空间中满足约束条件的一个解(或所有解),而分支限界法的求解目标则是找出满足约束条件的一个解,但这个解是使目标函数取得最大、最小值的解,即在某种意义下的最优解。

如何求最优化问题呢?想想在回溯法的求解过程中,当获得了一个可行解之后,不结束算法的执行,让其继续回溯,就可以得到问题的所有可行解。因此,求最优解最朴素的方式是在所有求得的可行解中找一个最优的。这样的一种思想,实际上又回归到了前面讲过的蛮力法,效率低下。在回溯法中,当搜索到树中的某个分支(或节点),而这个分支不可能对应问题的一个可行解时,我们就立刻把这个分支砍掉,即不再对这个节点以及这个节点对应的子树进行搜索,转而去处理其他的分支(或节点)。在分支限界法中,这种回溯的思想得到了进一步的加强,不仅仅考虑是否满足约束条件,而是当树中的某个分支(或节点)不可能对应问题的最优解时,就把这个分支砍掉,回溯到去处理那个最有可能对应最优解的分支(或节点)。因此对于最优化问题,可以使用分支限界法来求解。

2）一般求解过程

由于求解目标不同,导致分支限界法与回溯法在解空间树 T 上的搜索方式也不相同。回溯法以深度优先的方式搜索解空间树 T,而分支限界法则以广度优先或以最佳优先的方式搜索解空间树 T。

分支限界法的搜索策略是：在扩展节点处,首先生成其所有的儿子节点（分支）,然后再从当前的活节点表中选择下一个扩展节点。为了有效地选择下一个扩展节点,以加速搜索的进程,在每一个活节点处,计算一个函数值（限界）,并根据这些已计算出的函数值,从当前活节点表中选择一个最有利的节点作为扩展节点,使搜索朝着解空间树上有最优解的分支推进,以便尽快地找出一个最优解。

与回溯法一样,问题的解空间树是表示问题解空间的一棵有序树,常见的有子集树和排列树。在搜索问题的解空间树时,分支限界法按照最佳优先策略遍历问题的解空间树,对于当前（扩展）节点,依次搜索该节点的所有孩子节点,分别估算这些孩子节点的目标函数的可能取值（对于最小化问题,估算节点的下界；对于最大化问题,估算节点的上界）,如果某孩子节点不满足问题的约束条件或使目标函数可能取得的值超出目标函数的界,则将其丢弃；否则,将其加入待处理节点队列中。然后从待处理节点队列中选取使目标函数的值取得极值（对于最小化问题,是极小值；对于最大化问题,是极大值）的节点作为当前扩展节点,重复上述过程,直到扩展到某个节点,而这个节点恰能使目标函数取得最大（或最小）值,即找到了最优解。

3）回溯法和分支限界法的区别

回溯法和分支限界法主要有以下不同。

（1）对解空间树的搜索方式不同：回溯法采用深度优先搜索,分支限界法采用最佳优先搜索。回溯法的搜索过程可描述为“先从一条路往前走,能进则进,不能进则退回来,换一条路再试”；而分支限界法可描述为“先选择一条最有希望的路往前走,每走一步都要看看是否出现更有希望的路,如果有,则选择更有希望的路往前走”。

（2）算法的非递归形式实现不同：回溯法采用数据结构中的栈的形式来实现深度优先搜索,分支限界法通常采用优先队列（堆）的形式来实现最佳优先搜索。

（3）求解目标不同：回溯法的求解目标是找出解空间中满足约束条件的一个解（或所有解）,而分支限界法的求解目标则是找出满足约束条件的一个解,但这个解是使目标函数取得最大或最小值的解,即在某种意义下的最优解。

（4）分支限界法与回溯法对当前扩展节点所使用的扩展方式不同。在分支限界法中,每一个活节点只有一次机会成为扩展节点。活节点一旦成为扩展节点,就一次性产生其所有儿子节点。在这些儿子节点中,那些导致不可行解或导致非最优解的儿子节点被舍弃,其余儿子节点被加入到活节点表中。此后,从活节点表中取下一个节点成为当前扩展节点,并重复上述节点扩展过程。这个过程一直持续到找到所求的解或活节点表为空时为止。

4）限界函数和搜索过程

以 0-1 背包为例进行说明。

假设有 4 个物品,其重量、价值以及重量价值比见表 9.1,其中,4 个物品是按重量价值比从大到小的顺序给出的,背包容量 $W=10$。

表 9.1　0-1 背包问题中物品的重量和价值

物品	重量(w)	价值(v)	价值/重量(v/w)
1	4	40	10
2	7	42	6
3	5	25	5
4	3	12	4

问题的解是找出其中最有价值的,能够全部装入背包的物品子集。下面给出了问题的目标函数和约束条件。

目标函数：　　$f(x_i) = \sum_{i=1}^{4} x_i v_i$　　约束条件：$\sum_{i=1}^{4} x_i w_i \leqslant W$

应用贪心法求得近似解为$(1,0,0,0)$,获得的价值为 40,这可以作为 0-1 背包问题的下界。如何求得 0-1 背包问题的一个合理的上界呢? 考虑最好情况,背包中装入的全部是第 1 个物品且可以将背包装满,则获得的价值为 $W \times (v_1/w_1) = 100$。于是,得到了目标函数的界$[40,100]$。

另外,对于 0-1 背包问题的解空间树中第 $i(1 \leqslant i \leqslant n)$ 层的每一个节点,都代表了一个子集,子集中的元素代表了对前 i 个物品做出的某种特定的选择,这个特定的选择由从根节点到该节点的路径唯一确定。向左的分支表示装入下一个物品,向右的分支表示不装入下一个物品。对于第 i 层的某个节点,假设背包中已装入物品的重量是 w,获得的价值是 v,计算该节点的目标函数上界的一个简单方法是把已经装入背包中的物品取得的价值 v 加上背包剩余容量 $W - w$ 与剩下物品的最大单位重量价值 v_{i+1}/w_{i+1} 相乘,计算公式如式(9.3)

$$ub = v + (W - w) \times v_{i+1}/w_{i+1} \tag{9.3}$$

式(9.3)就构成了 0-1 背包问题的限界函数。图 9.11 给出了 0-1 背包问题的搜索空间,图中节点记录了选入背包的物品的总重量 w 和总价值 v,子集的上界 ub 也会被记录在其中。

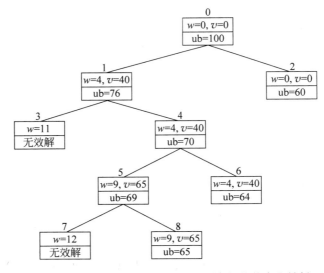

图 9.11　分支限定法对 0-1 背包问题求解的状态空间树

应用分支限界法的搜索过程如下。

(1) 在根节点 0,没有将任何物品装入背包,因此,背包物品的总重量 $w=0$,总价值 $v=0$,根据限界函数计算节点 0 的目标函数上界为 $10\times10=100$,节点 0 作为当前节点,进行下一步的扩展。

(2) 在节点 1,表示将物品 1 装入背包,因此,背包中物品的总重量 $w=4$,总价值 $v=40$,目标函数上界为 $40+(10-4)\times6=76$,将节点 1 加入待处理队列中;在节点 2,表示没有将物品 1 装入背包,因此,背包中物品的总重量 $w=0$,总价值 $v=0$,目标函数上界为 $10\times6=60$,将节点 3 加入待处理队列中。

(3) 当前待处理节点有节点 1 和节点 2,因为是一个最大化问题,而节点 1 对应的目标函数的上界值大于节点 2,所以从节点 1(而不是节点 2)往下扩展取得最大值的可能性要大,因此把节点 1 作为当前节点,进行下一步的扩展。

(4) 在节点 3,表示将物品 2 装入背包,这样,背包中物品的总重量 $w=11$,超出了背包的承重量,即不满足约束条件,将节点 3 丢弃;在节点 4,表示没有将物品 2 装入背包,因此,背包中物品的总重量和总价值与节点 2 相同,目标函数值的上界为 $40+(10-4)\times5=70$。将节点 5 加入待处理队列中。

(5) 当前待处理节点有节点 2 和节点 4,同样节点 4 对应的目标函数的上界值大于节点 2,把节点 4 作为当前节点,进行下一步的扩展。

(6) 在节点 5,表示将物品 3 装入背包,因此,背包中物品的总重量 $w=9$,总价值 $v=65$,目标函数上界为 $65+(10-9)\times4=69$,将节点 5 加入待处理队列中;在节点 6,表示没有将物品 3 装入背包,因此,背包的重量和获得的价值与节点 4 相同,目标函数上界为 $40+(10-4)\times4=64$,将节点 6 加入待处理队列中。

(7) 当前待处理节点有节点 2、节点 5 和节点 6,节点 5 对应的目标函数的上界值大于节点 2 和节点 6 的上界,把节点 6 作为当前节点,进行下一步的扩展。

(8) 在节点 7,表示将物品 4 装入背包,这样,背包中物品的总重量 $w=12$,超出了背包的承重量,即不满足约束条件,将节点 8 丢弃;在节点 8,表示没有将物品 4 装入背包,因此,背包的重量和获得的价值与节点 5 相同,目标函数值为 65。

(9) 由于节点 8 是叶子节点,并且节点 8 对应的目标函数值与待处理队列中的节点 2 和节点 6 的上界值相比较是最大的,所以,节点 8 对应的解即是问题的最优解。当然,也没有必要再对未处理的节点 2 和节点 6 做处理或扩展,搜索结束。

从上述例子可以看出,如何知道哪个分支(或节点)是最有可能对应最优解的那个分支(或节点)呢?是通过引入一个限界函数来实现的,并根据限界函数确定目标函数的界 [down,up]。对于最小化问题,根据限界函数确定目标函数的下界 down,目标函数下界值最小的分支(或节点)就是最有可能对应最优解的那个分支(或节点)。同样,对于最大化问题,根据限界函数确定目标函数上界 up,目标函数上界值最大的分支(或节点)就是最有可能对应最优解的那个分支(或节点)。

上述的搜索过程采用的是最佳优先搜索策略,它是将深度优先和广度优先搜索的优点进行结合而成的一种方法,最佳优先搜索策略每次都是选择到目前为止最可能产生最优解的分支进行扩展,它具有全局观点。从 0-1 背包问题的搜索过程可以看出,与回溯法相比,分支限界法可以根据限界函数不断调整搜索方向,选择最有可能取得最优解的子树优先进行搜索,从而尽快找到问题的解。

最佳优先搜索策略的一般步骤如下。

步骤 1：使用评价函数构造一个堆,首先构造由根节点组成的一元堆。

步骤 2：考察该堆的根元素是否是目标节点。如果是,那么停止；否则,转向步骤 3。

步骤 3：从该堆中删除根元素,并扩展该元素,把这个元素的后代添加到堆中。

步骤 4：如果该堆是空的,那么失败；否则,转向步骤 2。

因为 0-1 背包问题是求最大值问题,所以用最大堆来实现,把当前背包中物品总价值的上界 ub 作为堆的关键字。0-1 背包问题的最佳优先搜索过程如图 9.12 所示。

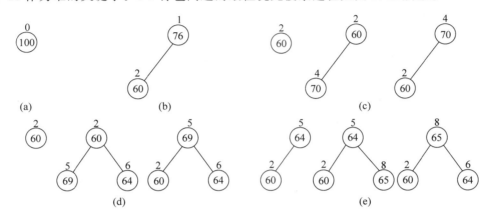

图 9.12　算法执行过程中的堆和堆中元素

从根节点 0 开始,先由根节点组成一个一元堆,如图 9.12(a)所示：

堆顶元素(根元素)显然不是目标节点,因此删除堆顶元素,并把根元素的后代节点 1 和节点 2 添加到堆中,如图 9.12(b)所示。

堆顶元素(节点 1)也不是目标节点,因此删除堆顶元素,并把节点 1 的后代节点 3 和节点 4 添加到堆中。注意：节点 3 不满足约束条件,因此只添加后代节点 4。如图 9.12(c)所示,添加后代后仍要保证是最大堆的形态,所以要做调整。

堆顶元素(节点 4)也不是目标节点,因此删除堆顶元素,并把节点 4 的后代节点 5 和节点 6 添加到堆中,添加后代后仍要保证是最大堆的形态,仍要做调整,如图 9.12(d)所示。

堆顶元素(节点 5)也不是目标节点,因此删除堆顶元素,并把节点 5 的后代节点 7 和节点 8 添加到堆中。同样,节点 7 不满足约束条件,因此只添加后代节点 8。添加后代后仍要保证是最大堆的形态,所以仍要做调整,如图 9.12(e)所示。

堆顶元素(节点 8)是目标节点,即问题的最优解。因为节点 8 是最后一层的节点,对应问题的一个解为(1,0,1,0),此解使背包中的物品的总价值为 65,比节点 2 和节点 6 可能的最好情况都好,因此说是问题的最优解,算法到此结束。

5）算法中的关键问题

（1）如何确定合适的限界函数。分支限界法在遍历过程中根据限界函数估算某节点对应的目标函数的可能取值。好的限界函数不仅计算简单,还要保证最优解在搜索空间中,更重要的是能在搜索的早期对超出目标函数界的节点进行丢弃,减少搜索空间,从而尽快找到问题的最优解。有时,对于具体的问题实例往往需要进行大量的实验,才能确定一个合理的限界函数。

（2）如何组织待处理节点。为了能在待处理节点中选取使目标函数取得极值（极大或极小）的节点，可以采用堆的形式存储和实现，对于最大化问题采用最大堆，对于最小化问题采用最小堆。当然，也可以采用其他形式实现类似优先队列的结构来存储和处理待处理节点。

（3）如何记录最优解中的各个分量。分支限界法对问题的解空间树中节点的处理是跳跃式的，它会从待处理节点中选择一个最可能导致最优解的节点来处理，这个节点可能是刚刚处理过节点的孩子节点，也可能是兄弟节点，也可能是上层节点。虽然我们能借助最大堆求得问题的最优值，但却没有记录下最优解中的各个分量。解决这个问题不能把回溯的思想拿过来用，因为回溯采用的是深度优先搜索策略，任何时刻只需要保存从根到正在处理节点的一条分支的路径。分支限界法需要保存从根下来到所有待处理的节点的多条分支的路径。

解决这个问题的一个简单方法是在每个节点中另外多存储一份数据，即根到该节点的路径。因此，在定义节点的数据结构时，除包括该节点对应的目标函数上界值外，还应包括根到该节点的路径，即部分解$(x_1, \cdots, x_i)$。例如，图 9.11 所示的 0-1 背包问题，在搜索过程中，最大堆各元素的状态如图 9.13 所示，括号中内容即为根到该节点的路径。采取这种方案，在找到目标节点（此节点对应最优解）后，可直接打印输出对应的最优解中的各个分量。

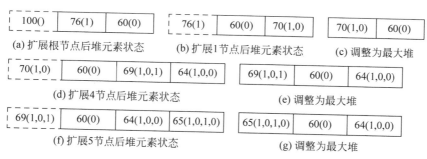

图 9.13 在最大堆元素中存储路径信息

另一种方法是除了用堆（优先队列的一种）存储待处理节点外，还要在搜索过程中构建搜索经过的树结构。简单实现可以在树的每个节点中增加一个指向父节点的指针，即在定义树节点的数据结构时，应至少包括一个指向父节点的指针和一个当前节点对应的选择值。这样在求得最优解时，从叶子节点不断回溯到根节点，依次打印节点对应的选择值的逆序便构成了最优解的各个分量。

9.2.2 0-1 背包问题

0-1 背包问题，它类似于子集和问题，其解空间是一个完全二叉树。上节内容对使用分支限界法求解 0-1 背包问题已经做了详细的论述，下面给出其算法实现。

算法使用最大堆来实现解空间树的最佳优先搜索。堆节点的数据结构如下。

```
struct HeapNode{
    int w;                              //当前重量
    int v;                              //当前价值
    int level;                          //层级
    int bound;                          //上界
    int route[N];                       //路径,代表了解向量的各个分量
};
```

InsertHeap 函数用来插入堆元素,插入之后仍保证是最大堆。具体实现如下。

```
void InsertHeap(HeapNode b[ ],HeapNode x,int & length)
{
    for(int i = length + 1;i > 1;i = i/2)
        if(x.bound < = b[ i/2].bound)
        {
            break;
        }
        else
        {
            b[ i] = b[ i/2];
        }
    b[ i] = x;
    length = length + 1;
}
```

DeleteHeap 函数用来删除堆顶元素,删除之后仍保证是最大堆。具体实现如下。

```
void DeleteHeap(HeapNode b[ ],int & length)
{
    int i;
    b[1] = b[length];                   //最后一个元素赋值给根,并把它调整到合适位置
    HeapNode temp = b[1];
    b[length].bound = 0;                //最后一个元素给一个最小值
    for(i = 2;i < length;i = i * 2)
    {
        if(b[ i].bound < b[ i + 1].bound)
            i++;
        if(temp.bound > = b[ i].bound)
            break;
        b[ i/2] = b[ i];
    }
    i = i/2;
    b[ i] = temp;
    length = length - 1;
}
```

MaxUpBound 函数返回当前堆中所有节点的最大上界。具体实现如下。

```
int MaxUpBound(HeapNode b[],int length)
{
    int max = 0;
    for(int i = 1;i < = length;i++)
    {
        if(max < b[i].bound)
        max = b[i].bound;
    }
    return max;
}
```

Pack01 为求解 0-1 背包问题的函数,入口参数 n 为解空间树的层次,也可理解为物品的个数。w[]和 v[]分别用来存放物品的重量和价值,W 为背包容量。具体实现如下。

```
void Pack01(int n,int w[],int v[],int W)
{
    HeapNode rootNode;                    //构造由根节点组成的一元堆
    rootNode.w = 0;
    rootNode.v = 0;
    rootNode.bound = W * (v[1]/w[1]);
    for(i = 1;i < N;i++)
        rootNode.route[i] = 0;
    rootNode.level = 0;
    InsertHeap(heap,rootNode,heapLength);
    while(heapLength > 0)
    {
        HeapNode temp;
        temp = heap[1];                   //得到堆顶元素
        level = temp.level;
        DeleteHeap(heap,heapLength);
        if(level == n&&temp.v > = MaxUpBound(heap,heapLength))    //堆顶元素是最终解吗
        {
            for (i = 1 ; i < = n ; i ++)
                输出 temp.route[i];  //打印输出问题的解
            输出 temp.v;
            return ;
        }
        else                    //有满足约束的后代,后代增加到堆中若没有,程序转
                                //到 while 循环的第一行,下一个堆顶元素出堆,引起回溯
        {
            for(j = 0;j < = 1;j++)
            {                   //只有满足约束条件的孩子节点才入堆
                if(temp.w + j * w[level + 1]< = W)
                {
                    HeapNode node;
                    node.w = temp.w + j * w[level + 1];
                    node.v = temp.v + j * v[level + 1];
```

```
            if(level < = n - 1)
            {
                node. bound = node. v + (W - node. w) * (v[level + 1]/w[level + 1]);
            }
            else
            {
                node. bound = node. v;
            }
            for(i = 1;i < = level;i++)
                node. route[i] = temp. route[i];
            node. route[level + 1] = j;
            node. level = level + 1;
            InsertHeap(heap,node,heapLength);
        }
    }
  }
 }
}
```

可以看出,算法实现过程中,不需要建立起一棵真正的树,而是利用优先队列(最大堆)来存储待处理的节点,从而实现树的最佳优先搜索,这样的一棵状态空间树是一边建立一边处理的。

9.2.3　任务分配问题

1) 问题描述

为了让大家更好地理解分支限界法,我们把它应用于分配问题。

任务分配问题:要求把 n 项任务分配给 n 个人,每个人完成每项任务的成本不同,要求分配总成本最小的最优分配方案。

如图 9.14 所示是一个任务分配的成本矩阵,有了成本矩阵,可以对问题重新定义:从矩阵的每一行中选取一个元素,使得任何两个元素都不在同一列上,并使它们的和尽可能小。

$$C = \begin{bmatrix} 9 & 2 & 7 & 8 \\ 6 & 4 & 3 & 7 \\ 5 & 8 & 1 & 8 \\ 7 & 6 & 9 & 4 \end{bmatrix} \begin{matrix} 人员 a \\ 人员 b \\ 人员 c \\ 人员 d \end{matrix}$$

$$\begin{matrix} 任务 1 & 任务 2 & 任务 3 & 任务 4 \end{matrix}$$

图 9.14　任务分配问题的成本矩阵

2) 算法分析

如何求出一个最优分配成本的上界和下界呢? 对于上界,考虑任意一个可行解,比如矩阵中的对角线是一个合法的选择,表示将任务 1 分配给人员 a、任务 2 分配给人员 b、任务 3 分配给人员 c、任务 4 分配给人员 d,其成本是 $9+4+1+4=18$;或者应用贪心法求得一个近似解:将任务 2 分配给人员 a、任务 3 分配给人员 b、任务 1 分配给人员 c、任务 4 分配给人员 d,其成本是 $2+3+5+4=14$。显然,14 是一个更好的上界。对于下界,任意一个可行解的成本都不会小于矩阵每一行最小元素的和。因此,将每一行的最小元素加起来就得到解的下界,其成本是 $2+3+1+4=10$。需要强调的是,这个解并不是一个合法的选择(3 和 1 来自于矩阵的同一列),它仅仅给出了一个参考下界,这样,最优解一定是 $[10,14]$ 之间的某个值。

依据上面给出下界值的思路,若当前已对人员 $1\sim i$ 分配了任务,并且获得了成本 v,则限界(下界)函数可以定义为:

$$lb = v + \sum_{k=i+1}^{n} 第\ k\ 行的最小值 \tag{9.4}$$

比如,对于在第一行选择 9 的一个可行解,解的下界应该是:$9+3+1+4=17$。

不同于回溯法总是从最近的那个(第一个)有希望的节点开始扩展,分支限界法会选择当前最有希望的节点开始扩展,如何识别出哪个是最有希望的节点,对于此处最小化问题,是通过比较节点对应的(目标函数)值的下界来确定的。把具有最小下界的节点作为最有希望的节点是比较明智的。但我们并不排除这种可能,即一个最优解最终可能产生于状态空间树的另一个分支。

应用分支限界法求解如图 9.14 所示的任务分配问题,对解空间树的搜索如图 9.15 所示,具体的搜索过程如下。

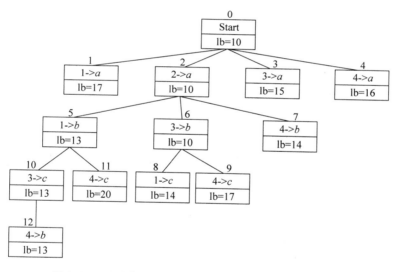

图 9.15　运用分支限界法求解任务分配问题的搜索空间

(1) 在根节点 0,没有分配任务,根据限界函数估算目标函数下界值为 $2+3+1+4=10$。

(2) 树的第一层节点代表从矩阵的第一行中选择了一个元素,例如在节点 1,表示将任务 1 分配给人员 a,获得的成本为 9,目标函数下界为 $9+(3+1+4)=17$,将节点 1 加入到待处理队列中;在节点 2,表示将任务 2 分配给人员 a,获得的成本为 2,目标函数下界为 $2+(3+1+4)=10$,将节点 2 加入到待处理队列中;在节点 3,表示将任务 3 分配给人员 a,获得的成本为 7,目标函数下界为 $7+(3+1+4)=15$,将节点 3 加入到待处理队列中;在节点 4,表示将任务 4 分配给人员 a,获得的成本为 8,目标函数下界为 $8+(3+1+4)=16$,将节点 4 加入到待处理队列中。

(3) 在待处理队列(节点<1,17>、<2,10>、<3,15>、<4,16>)中选取目标函数下界值最小的节点 2 优先进行扩展,即节点 2 是最有希望的节点,最有希望使总分配成本最小的节点(分支)。从该节点扩展分支,从第二行中选择一个不在第二列的元素,有 3 项不同的任务可分配给 b。

(4) 在节点 5,表示将任务 1 分配给人员 b,获得的成本为 $2+6=8$,目标函数下界为 $8+(1+4)=13$,将节点 6 加入到待处理队列中;在节点 6,表示将任务 3 分配给人员 b,获得的成本为 $2+3=5$,目标函数下界为 $5+(1+4)=10$,将节点 7 加入到待处理队列中;在节点 7,表示将任务 4 分配给人员 b,获得的成本为 $2+7=9$,目标函数下界为 $9+(1+4)=14$,将节点 7 加入到待处理队列中。

(5) 在待处理队列(节点<1,17>、<3,15>、<4,16>、<5,13>、<6,10>、<7,14>)中选取目标函数下界值最小的节点 6 优先进行扩展。从第三行中选择一个不在第二列和第三列的元素,有 2 项不同的任务可分配给 c。

(6) 在节点 8,表示将任务 1 分配给人员 c,获得的成本为 $5+5=10$,目标函数下界为 $10+4=14$,将节点 8 加入到待处理队列中;在节点 9,表示将任务 4 分配给人员 c,获得的成本为 $5+8=13$,目标函数下界为 $13+4=17$,将节点 9 加入到待处理队列中。

(7) 在待处理队列(节点<1,17>、<3,15>、<4,16>、<5,13>、<7,14>、<8,14>、<9,17>)中选取目标函数下界值最小的节点 5 优先进行搜索。注意节点 8 和节点 9 位于树的第三层,现在把节点 5 作为扩展节点,又回到了第二层,充分说明分支限界法对解空间树中的节点的处理是跳跃式的。

(8) 在节点 10,表示将任务 3 分配给人员 c,获得的成本为 $8+1=9$,目标函数值为 $9+4=13$,将节点 10 加入到待处理队列中;在节点 11,表示将任务 4 分配给人员 c,获得的成本为 $8+8=16$,目标函数下界为 $16+4=20$,将节点 11 加入到待处理队列中。

(9) 在待处理队列(节点<1,17>、<3,15>、<4,16>、<7,14>、<8,14>、<9,17>、<10,13>、<11,20>)中选取目标函数下界值最小的节点 10 优先进行扩展。

(10) 在节点 12,表示将任务 4 分配给人员 d,获得的成本为 $9+4=13$,目标函数值(不再是下界)为 13,由于节点 12 是叶子节点,同时节点 12 对应的目标函数值与待处理队列中所有节点的下界值相比较是最小的,所以,节点 13 对应的解即是问题的最优解,搜索结束。

通过这个例子首先我们再次体会到分支限界法所采用的最佳优先搜索策略。另外,优先队列(待处理队列)仍优先考虑使用最小堆来实现。还需要说明的是:我们可以把使用贪心法获得的上界应用到整个搜索过程中,比如最开始在根节点处扩展的时候,节点 1、3、4 对应的目标函数的下界值都大于上界 14,这意味着这几个节点(分支)不可能对应问题的最优解,因此在处理的过程中就没有必要再把这几个节点加入到待处理队列中了。实际上实现了一种剪枝的作用,从而加速整个求解的过程。把上界也考虑进去的情况如图 9.16 所示。

3) 算法实现

因为此问题是求成本最小问题,所以使用最小堆来实现解空间树的最佳优先搜索。堆节点的数据结构如下。

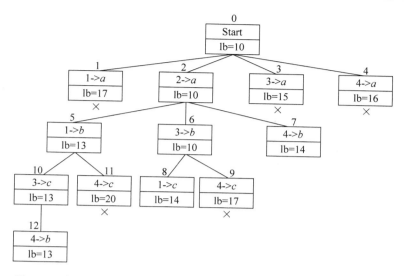

图9.16 把上界也考虑进去的分支限界法求解任务分配问题的搜索空间

```
struct HeapNode{
    int v;                          //当前成本
    int level;                      //层级
    int bound;                      //上界
    int route[N + 1];               //路径,代表了解向量的各个分量
};
```

InsertHeap()和DeleteHeap()仍是完成堆元素的插入和删除操作的函数,实现同上一节,此处略,但需注意上节中使用的是最大堆,而此题目中使用的是最小堆,所以需把代码中"＞"的地方改为"＜","＜"的地方改为"＞"。

```
void InsertHeap(HeapNode b[], HeapNode x, int & length)
void DeleteHeap(HeapNode b[], int & length)
```

LineMin函数用来求成本矩阵中每一行的最小值。具体实现如下。

```
int LineMin(int b[])
{
    int min = b[0];
    for(int i = 1; i < N; i++)
        if(min > b[i])
            min = b[i];
    return min;
}
```

LineMinSum函数返回第level行到最后一行,每一行最小值的总和。具体实现如下。

```
int LineMinSum(int C[N][N], int level)
{
```

```
        int sum = 0;
        for(int i = level; i < N; i++)
            sum = sum + LineMin(C[i]);
        return sum;
    }
```

MinDownBound 函数用来求当前堆中所有节点的最小下界。具体实现如下。

```
int MinDownBound(HeapNode b[], int length)
{
    int min = INFINITY;
    for(int i = 1; i <= length; i++)
    {
        if(b[i].bound < min)
        min = b[i].bound;
    }
    return min;
}
```

Contain 函数用来判断第 j 项任务是否已经被分配。具体实现如下。

```
bool Contain(int x[], int level, int j)
{
    bool flag = false;
    for(int i = 1; i <= level; i++)
    {
        if(x[i] == j)
        {
            flag = true;
            break;
        }
    }
    return flag;
}
```

Assign 为求解任务分配问题的函数，C 为成本矩阵，upBound 为成本的上界，可以使用贪心算法求得，常量 N 表示任务数或人员数。具体实现如下。

```
void Assign(int C[N][N], int upBound)
{
    HeapNode rootNode;                    //构造由根节点组成的一元堆
    rootNode.v = 0;
    rootNode.bound = LineMinSum(C, 0);
    for(i = 0; i < N; i++)
        rootNode.route[i] = 0;
    rootNode.level = 0;
    InsertHeap(heap, rootNode, heapLength);
    while(heapLength > 0)
```

```
{
    HeapNode temp;
    temp = heap[1];                    //得到堆顶元素
    level = temp. level;
    DeleteHeap(heap, heapLength);
    //判堆顶是否是最终解
    if(level == N&&temp. v < = MinDownBound(heap, heapLength))
    {
        for (i = 1 ; i < = N ; i ++)
            输出 temp. route[i];   //打印输出问题的解
        输出 temp. v;
        return ;
    }
    else                               //有满足约束的后代,后代增加到堆中若没有,程序转
                                       //到 while 循环的第一行,下一个堆顶元素出堆,引起回溯
    {
        for(j = 1 ; j < = N ; j++)
        {                              //只有满足约束条件的孩子节点才入堆
            if(!Contain(temp. route, level, j)&&(temp. v + C[level][j - 1] < = upBound))
            {
                HeapNode node;
                node. v = temp. v + C[level][j - 1];
                if(level < = N - 1)
                {
                    node. bound = node. v + LineMinSum(C, level + 1);
                }
                else
                {
                    node. bound = node. v;
                }
                for(i = 1 ; i < = level ; i++)
                    node. route[i] = temp. route[i];
                node. route[level + 1] = j;
                node. level = level + 1;
                InsertHeap(heap, node, heapLength);
            }
        }
    }
}
```

9.2.4　多段图的最短路径问题

1) 问题描述

在第 6 章中,我们介绍过采用动态规划算法求解多段图的最短路径问题。本节采用分支限界法实现求解。

设图 $G = (V,E)$ 是一个带权有向连通图,如果把顶点集合 V 划分成 k 个互不相交的子集 $V_i(2 \leqslant k \leqslant n, 1 \leqslant i \leqslant k)$,使得 E 中的任意一条边 (u,v),必有 $u \in V_i, v \in V_i + m (1 \leqslant i < k,$

$1 < i + m \leqslant k$），则称图 G 为多段图，称 $s \in V_1$ 为源点，$t \in V_k$ 为终点。多段图的最短路径问题是求从源点到终点的最小代价路径。

图 9.17 所示的是一个含有 10 个顶点的多段图，即在图中找出从源点 0 到终点 9 的最短路径。

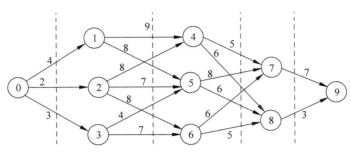

图 9.17 一个多段图

2）算法分析

对如图 9.17 所示的多段图应用贪心法求得近似解为 0→2→5→8→9，其路径代价为 2+7+6+3=18，这可以作为多段图最短路径问题的上界，任何代价大于 18 的解都不可能成为一个最优解，因此，这个上界可以用来终止很多分支。另外，把每一段间最小的代价相加，可以得到一个非常简单的下界，其路径长度为 2+4+5+3=14。

由于多段图将顶点划分为 k 个互不相交的子集，所以，多段图划分为 k 段，一旦某条路径的前几段被确定后，就可以并入这些信息并计算部分解的目标函数值的下界。一般情况下，对于一个正在生成的路径，假设已经确定了前 m 段（$1 \leqslant m \leqslant k$），其路径上的顶点依次为 $(r_1, r_2, \cdots, r_m)$，此时，该部分解的目标函数值的下界的计算方法如下。

$$\mathrm{lb} = \sum_{i=1}^{m-1} c[r_i][r_i + 1] + \text{以 } r_m \text{ 为起点到 } m+1 \text{ 段的最短边}$$
$$+ \sum_{i=m+1}^{k-1} \text{第 } i \text{ 段到第 } i+1 \text{ 段间的最短边} \tag{9.5}$$

例如，对图 9.16 所示多段图，如果部分解包含边 (0,1)，则第 1 段的代价已经确定，并且在下一段只能从顶点 1 出发，最好的情况是选择从顶点 1 出发的最短边，则该部分解的下界是 lb=**4**+**8**+5+3=20。

3）求解过程

应用分支限界法求解如图 9.17 所示多段图的最短路径问题，其搜索空间如图 9.18 所示。

具体的搜索过程如下（加黑表示该路径上已经确定的边）。

（1）在根节点 1，根据限界函数计算目标函数的下界为 14。

（2）在节点 2，表示第 1 段选择边 (0,1)，目标函数值为 lb=**4**+**8**+5+3=20，超出目标函数的界，将节点 2 丢弃；在节点 3，表示第 1 段选择边 (0,2)，目标函数的下界为 lb=**2**+**6**+5+3=16，将节点 3 加入到待处理待处理队列中；在节点 4，表示第 1 段选择边 (0,3)，目标函数的下界为 lb=**3**+**4**+5+3=15，将节点 4 加入到待处理队列中。

（3）在待处理队列（节点 <2,20>、<3,16>、<4,15>）中选取目标函数下界值极小的节点 4 优先进行搜索。

（4）在节点 5,表示第 2 段选择边(3,5),目标函数的下界为 lb＝3＋4＋6＋3＝16,将节点 5 加入到待处理队列中；在节点 6,表示第 2 段选择边(3,6),目标函数下界为 lb＝3＋7＋5＋3＝18,将节点 6 加入到待处理队列中。

（5）在待处理队列(节点<2,20>、<3,16>、<5,16>、<6,18>)中选取目标函数下界值极小的节点 3 优先进行搜索。

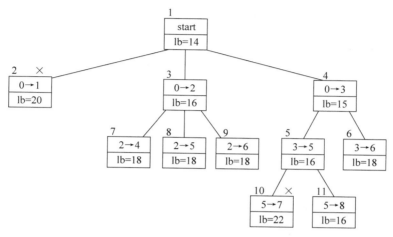

图 9.18 分支限界法求多段图最短路径问题的搜索空间

（6）在节点 7,表示第 2 段选择边(2,4),目标函数的下界为 lb＝2＋8＋5＋3＝18,将节点 7 加入到待处理队列中；在节点 8,表示第 2 段选择边(2,5),目标函数的下界为 lb＝2＋7＋6＋3＝18,将节点 8 加入到待处理队列中；在节点 9,表示第 2 段选择边(2,6),目标函数的下界为 lb＝2＋8＋5＋3＝18,将节点 9 加入到待处理队列中。

（7）在待处理队列(节点<2,20>、<5,16>、<6,18>、<7,18>、<8,18>、<9,18>)中选取目标函数下界值极小的节点 5 优先进行搜索。

（8）在节点 10,表示第 3 段选择边(5,7),此时,可直接确定第 4 段的边(7,9),目标函数值(不再是下界)为 lb＝3＋4＋8＋7＝22,为一个可行解但超出目标函数的界,将其丢弃；在节点 11,表示第 3 段选择边(5,8),可直接确定第 4 段的边(8,9),目标函数值(不再是下界)为 lb＝3＋4＋6＋3＝16,为一个较好的可行解。由于节点 11 是叶子节点,并且其目标函数值与待处理队列中所有节点的下界相比较是最小的,所以,节点 11 代表的解即是问题的最优解,搜索过程结束。

4）算法实现

多段图的数据结构存储采用边集数组的形式,对于图 9.17 所示的多段图,其边集数组如表 9.2 所示。

表 9.2 多段图的边集数组

边集	begin	end	weight	stage	边集	begin	end	weight	stage
Edges[0]	0	1	4	1	Edges[3]	1	4	9	2
Edges[1]	0	2	2	1	Edges[4]	1	5	8	2
Edges[2]	0	3	3	1	Edges[5]	2	4	8	2

边集	begin	end	weight	stage	边集	begin	end	weight	stage
Edges[6]	2	5	7	2	Edges[12]	5	7	8	3
Edges[7]	2	6	8	2	Edges[13]	5	8	6	3
Edges[8]	3	5	4	2	Edges[14]	6	7	6	3
Edges[9]	3	6	7	2	Edges[15]	6	8	5	3
Edges[10]	4	7	5	3	Edges[16]	7	9	7	4
Edges[11]	4	8	6	3	Edges[17]	8	9	3	4

边集数组 Edge 结构体的定义如下。

```
struct Edge{
    int begin;              //边的起点
    int end;                //边的终点
    int weight;             //边的权重
    int stage;              //边隶属于第几段
};
```

多段图的最短路径问题是最小化问题,所以仍使用最小堆实现解空间树的最佳优先搜索,堆节点的数据结构定义同上一节,此处略。InsertHeap()和 DeleteHeap()仍是对堆元素进行插入和删除操作的函数,实现同上一节。MinDownBound()函数用来求当前堆中所有节点的最小下界,实现也同上一节。

```
void InsertHeap(HeapNode b[],HeapNode x,int & length)
void DeleteHeap(HeapNode b[],int & length)
int MinDownBound(HeapNode b[],int length)
```

算法如下。

```
//MinEdgeFromNode 函数用来求以 node 节点作为起点的一条最小边值
int MinEdgeFromNode(Edge edges[],int edgeCount,int node)
{
    int min = INFINITY;
    bool find = false;
    for(int i = 0;i < edgeCount;i++)
        if(edges[i].begin == node&&edges[i].weight < min)
        {
            min = edges[i].weight;
            find = true;
        }
    if(!find)
        min = 0;
    return min;
}
```

StageMin 函数返回当前段中的最小边(权值)。具体实现如下。

```
int StageMin(Edge edges[],int edgeCount,int curStage)
{
    int min = INFINITY;
    for(int i = 0;i < edgeCount;i++)
        if(edges[i].stage == curStage&&edges[i].weight < min)
            min = edges[i].weight;
    return min;
}
```

StageMinSum 函数返回从第 beginStage 到第 endStage 段每一段的最小边的和。具体实现如下。

```
int StageMinSum(Edge edges[],int edgeCount,int beginStage,int endStage)
{
    int sum = 0;
    for(int i = beginStage;i <= endStage;i++)
        sum = sum + StageMin(edges,edgeCount,i);
    return sum;
}
```

MultistageGraph 为求解多段图最短路径问题的函数,入口参数 edges[]为边集数组, edgeCount 为边的个数,upBound 为成本的上界,可以使用贪心算法求得。常量 N 表明是几段图。具体实现如下。

```
void MultistageGraph(Edge edges[],int edgeCount,int upBound)
{
    HeapNode rootNode;              //构造由根节点组成的一元堆
    rootNode.v = 0;
    rootNode.bound = StageMinSum(edges,edgeCount,1,N);
    rootNode.route[0] = 0;          //初始位置从 0 节点开始
    rootNode.level = 0;
    InsertHeap(heap,rootNode,heapLength);
    while(heapLength > 0)
    {
        HeapNode temp;
        temp = heap[1];             //得到堆顶元素
        level = temp.level;
        DeleteHeap(heap,heapLength);
        //堆顶元素是否是最终解
        if(level == N&&temp.v <= MinDownBound(heap,heapLength))
        {
            for (i = 0 ; i <= N ; i ++)
                输出 temp.route[i]; //打印输出问题的解
            输出 temp.v;
            return ;
        }
        else                        //有满足约束的后代,后代增加到堆中若没有,程序转
                                    //到 while 循环的第一行,下一个堆顶元素出堆,引起回溯
```

```
        {
            for(j = 0;j < edgeCount;j++)
            {                       //满足约束条件并且下界值小于上界的孩子节点才入堆
                if(edges[j].begin == temp.route[level])
                {                   //计算下界的方法
                    int lb = temp.v + edges[j].weight
                        + MinEdgeFromNode(edges,edgeCount,edges[j].end)
                        + StageMinSum(edges,edgeCount,level + 3,N);
                    if(lb <= upBound)
                    {
                        HeapNode node;
                        node.v = temp.v + edges[j].weight;
                        node.bound = curUpBound;
                        for(i = 0;i <= level;i++)     //在节点中记录已走过的路径
                            node.route[i] = temp.route[i];
                        node.route[level + 1] = edges[j].end;
                        node.level = level + 1;
                        InsertHeap(heap,node,heapLength);
                    }
                }
            }
        }
    }
}
```

9.2.5 旅行商问题

1）问题描述

在前面的章节我们已经介绍过旅行商问题，本节我们采用分支限界实现该问题的求解。

旅行商问题是指旅行家要旅行 n 个城市，要求各个城市经历且仅经历一次，然后回到出发城市，并要求所走的路程最短。

图 9.19（a）所示是一个带权无向图，（b）是该图的代价矩阵。

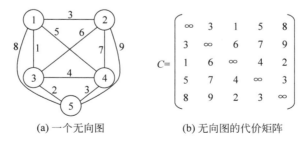

(a) 一个无向图   (b) 无向图的代价矩阵

图 9.19　无向图及其代价矩阵

2）算法分析

运用分支限界法求解旅行商问题的关键是能否对旅程的长度给出一个合理的下界。通过把城市距离矩阵 D 的每一行最小的元素相加，可以得到一个简单的下界，其路径长度为 $1+3+1+3+2=10$。但还有一个不容易一眼看出，信息量更大的下界。对于每一个城市 i

$(1 \leqslant i \leqslant n)$，求出从城市 i 到最近的两个城市的距离和 s_i，计算出这 n 个数字的和 s，并把结果除以 2，就得到一个合理的下界。这样考虑的原因是我们需要通过一条路径进入某城市，通过另外一条不同的路径离开这个城市，每一个城市都是如此，但我们的距离却多加了一倍，所以要把相加的结果除以 2。对图 9.19(a)所示的无向图，目标函数的下界是：

$$lb = ((1+3)+(3+6)+(1+2)+(3+4)+(2+3))/2 = 14$$

仍须指出，这种做法不保证是一个合法的选择，可能没有构成哈密顿回路，它仅仅给出了一个参考下界。另外，如果解集合中已经确定了包含某些特定的边，我们也可以相应的求出其对应的下界值。比如在图 9.19(a)中，要求所求的哈密顿回路中必须包含边(1,4)。我们知道此边两端分别对应城市 1 和城市 4，不管是进入城市 1(或城市 4)还是走出城市 1(或城市 4)，其中一条路径已经确定了，就是边(1,4)，所以计算距离和 s_i 的方法变为找一条与城市 1(或城市 4)相连的最短的边加上边(1,4)即可。因此，此时的下界值为

$$lb = ((1+\mathbf{5})+(3+6)+(1+2)+(3+\mathbf{5})+(2+3))/2 = 16$$

通过以上分析，得出计算目标函数下界值的方法如下。

$$lb = \sum s_i + \sum s_j \tag{9.6}$$

$s_i = i$ 行最小的两个元素之和，表示城市 i 不和已确定的边相连。

$s_j = j$ 行最小的元素 + 已确定的边，表示城市 j 和确定的边相连。

对图 9.19 所示无向图采用贪心法求得近似解为 $1 \to 3 \to 5 \to 4 \to 2 \to 1$，其路径长度为 $1+2+3+7+3 = 16$，这可以作为旅行商问题的上界。

3) 算法举例

现在运用分支限界算法以及式(9.6)给出的限界函数来求图 9.19 给出的无向图的最短哈密顿回路。其搜索空间如图 9.20 所示。

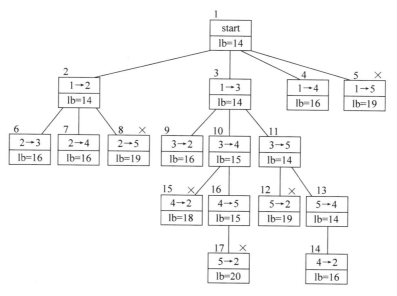

图 9.20 分支限界法求解旅行商问题的搜索空间

具体的搜索过程如下。

(1) 在根节点 1，根据限界函数计算目标函数的下界为 $lb = ((1+3)+(3+6)+(1+2)+$

(3＋4)＋(2＋3))/2＝14。

(2) 在节点 2,从城市 1 到城市 2,路径长度为 3,目标函数的下界为((1＋3)＋(3＋6)＋(1＋2)＋(3＋4)＋(2＋3))/2＝14,将节点 2 加入到待处理队列中;在节点 3,从城市 1 到城市 3,路径长度为 1,目标函数的下界为((1＋3)＋(3＋6)＋(1＋2)＋(3＋4)＋(2＋3))/2＝14,将节点 3 加入到待处理队列中;在节点 4,从城市 1 到城市 4,路径长度为 5,目标函数的下界为((1＋5)＋(3＋6)＋(1＋2)＋(3＋5)＋(2＋3))/2＝16,将节点 4 加入到待处理队列中;在节点 5,从城市 1 到城市 5,路径长度为 8,目标函数的下界为((1＋8)＋(3＋6)＋(1＋2)＋(3＋5)＋(2＋8))/2＝20,超出目标函数的界,将节点 5 丢弃。

(3) 在待处理队列(节点＜2,14＞、＜3,14＞、＜4,16＞)中选取目标函数下界值极小的节点 2 优先进行扩展。

(4) 在节点 6,从城市 2 到城市 3,目标函数的下界为((1＋3)＋(3＋6)＋(1＋6)＋(3＋4)＋(2＋3))/2＝16,将节点 6 加入到待处理队列中;在节点 7,从城市 2 到城市 4,目标函数的下界为((1＋3)＋(3＋7)＋(1＋2)＋(3＋7)＋(2＋3))/2＝16,将节点 7 加入到待处理队列中;在节点 8,从城市 2 到城市 5,目标函数的下界为((1＋3)＋(3＋9)＋(1＋2)＋(3＋4)＋(2＋9))/2＝19,超出目标函数的界,将节点 8 丢弃。

(5) 在待处理队列(节点＜3,14＞、＜4,16＞、＜6,16＞、＜7,16＞)中选取目标函数下界值极小的节点 3 优先进行扩展。

(6) 在节点 9,从城市 3 到城市 2,目标函数的下界为((1＋3)＋(3＋6)＋(1＋6)＋(3＋4)＋(2＋3))/2＝16,将节点 9 加入到待处理队列中;在节点 10,从城市 3 到城市 4,目标函数的下界为((1＋3)＋(3＋6)＋(1＋4)＋(3＋4)＋(2＋3))/2＝15,将节点 10 加入到待处理队列中;在节点 11,从城市 3 到城市 5,目标函数的下界为((1＋3)＋(3＋6)＋(1＋2)＋(3＋4)＋(2＋3))/2＝14,将节点 11 加入到待处理队列中。

(7) 在待处理队列(节点＜4,16＞、＜6,16＞、＜7,16＞、＜9,16＞、＜10,15＞、＜11,14＞)中选取目标函数下界值极小的节点 11 优先进行搜索。

(8) 在节点 12,从城市 5 到城市 2,目标函数值为((1＋3)＋(3＋9)＋(1＋2)＋(3＋4)＋(2＋9))/2＝19,超出目标函数的界,将节点 12 丢弃;在节点 13,从城市 5 到城市 4,目标函数值为((1＋3)＋(3＋6)＋(1＋2)＋(3＋4)＋(2＋3))/2＝14,将节点 13 加入待处理队列中。

(9) 在待处理队列(节点＜4,16＞、＜6,16＞、＜7,16＞、＜9,16＞、＜10,15＞、＜13,14＞)中选取目标函数值极小的节点 13 优先进行搜索。

(10) 在节点 14,从城市 4 到城市 2,目标函数的下界值为((1＋3)＋(3＋7)＋(1＋2)＋(3＋7)＋(2＋3))/2＝16,最后从城市 2 回到城市 1,目标函数值为((1＋3)＋(3＋7)＋(1＋2)＋(3＋7)＋(2＋3))/2＝16,由于节点 14 为叶子节点,得到一个可行解,其路径长度为 16。

(11) 在待处理队列(节点＜4,16＞、＜6,16＞、＜7,16＞、＜9,16＞、＜10,15＞、＜14,16＞)中选取目标函数值极小的节点 10 优先进行搜索。

(12) 在节点 15,从城市 4 到城市 2,目标函数的下界值为((1＋3)＋(3＋7)＋(1＋4)＋(7＋4)＋(2＋3))/2＝18,超出目标函数的界,将节点 15 丢弃;在节点 16,从城市 4 到城市 5,目标函数的下界值为((1＋3)＋(3＋6)＋(1＋4)＋(3＋4)＋(2＋3))/2＝15,将节点 16 加入到待处理队列中。

（13）在待处理队列（节点<4,16>、<6,16>、<7,16>、<9,16>、<14,16>、<16,15>）中选取目标函数值极小的节点16优先进行搜索。

（14）在节点17，从城市5到城市2，目标函数的下界值为((1+3)+(3+9)+(1+4)+(3+4)+(9+3))/2=20，超出目标函数的界，将节点17丢弃。

（15）待处理队列（节点<4,16>、<6,16>、<7,16>、<9,16>、<14,16>）中目标函数值均为16，且有一个是叶子节点14，所以，节点14对应的解1→3→5→4→2→1即是TSP问题的最优解，搜索过程结束。

4）算法实现

本算法使用的仍是最小堆，堆节点的数据结构如下。

```
struct HeapNode{
    int v;                      //路径长度
    int level;                  //层级
    float bound;                //上界
    int route[N + 1];           //路径,代表了解向量的各个分量
};
```

InsertHeap函数和DeleteHeap函数是用来实现对堆进行插入和删除操作的函数，这两个函数在完成插入堆元素和删除堆元素后仍保持最小堆的形态。其具体实现同上一节。MinDownBound()函数用来求当前堆中所有节点的最小下界，实现也同上一节。

```
void InsertHeap(HeapNode b[ ],HeapNode x,int & length)
void DeleteHeap(HeapNode b[ ],int & length)
int MinDownBound(HeapNode b[ ],int length)
```

RowMinExcept函数用来求邻接矩阵C的row行中除col列外的最小元素。具体实现如下。

```
int RowMinExcept(int C[N][N],int row,int col)
{
    int min = INFINITY;
    for(int j = 0;j < N;j++)
    {
        if(j == col)
            continue;
        if(C[row][j]< min)
            min = C[row][j];
    }
    return min;
}
```

SiSum函数用来求当前已确定（走过）的路径的起点和终点相连接的边中，除路径上的一条边外，另外的一条最短边，并把它们相加。具体实现如下。

```
int SiSum(int C[N][N],HeapNode temp)
{
```

```
    int level = temp.level;
    int sum = RowMinExcept(C,temp.route[0] - 1,temp.route[1] - 1)
                + RowMinExcept(C,temp.route[level] - 1,temp.route[level - 1] - 1);
    return sum;
}
```

RowMinTwo 函数用来求邻接矩阵 C 第 row 行中最小的两个元素的和。具体实现如下。

```
int RowMinTwo(int C[N][N],int row)
{
    int minOne = INFINITY;
    int minTwo = 0;
    int col;
    for(int j = 0;j < N;j++)
    {
        if(C[row][j]< minOne)
        {
            minOne = C[row][j];
            col = j;
        }
    }
    minTwo = RowMinExcept(C,row,col);
    return minOne + minTwo;
}
```

Contain 函数用来针对下一步将要选择的节点 node,判断是否包含在已走过的路径中。具体实现如下。

```
bool Contain(HeapNode temp,int node)
{
    int level = temp.level;
    for(int i = 0;i <= level;i++)
        if(temp.route[i] == node)
            return true;
    return false;
}
```

SjSum 函数用来求图中在当前路径中未走过的顶点对应邻接矩阵某行的最小的两个元素之和,并累加。具体实现如下。

```
int SjSum(int C[N][N],HeapNode temp)
{
    int sum = 0;
    for(int i = 1;i <= N;i++)
    {
        if(!Contain(temp,i))
        {
```

```
            sum = sum + RowMinTwo(C, i - 1);
        }
    }
    return sum;
}
```

TSP 为求旅行商问题的函数,其实现结构与前几节类似。入口参数 C 为图的邻接矩阵存储,upBound 为路径长度的上界,可用贪心算法求得。具体实现如下。

```
void TSP( int C[N][N], int upBound)
{
    HeapNode rootNode;                      //构造由根节点组成的一元堆
    rootNode. v = 0;
    rootNode. level = 0;
    rootNode. route[0] = 1;                 //从顶点 1 开始出发
    rootNode. bound = SjSum(C, rootNode)/2.0;
    InsertHeap( heap, rootNode, heapLength);
    while( heapLength > 0)
    {
        HeapNode temp;
        temp = heap[1];                     //得到堆顶元素
        level = temp. level;
        DeleteHeap( heap, heapLength);
        //堆顶元素是否是最终解
        if ((level == N - 1)
                &&C[ temp. route[level] - 1][ temp. route[0] - 1]!= INFINITY
                &&( temp. v + C[ temp. route[level] - 1][ temp. route[0] - 1])
                            <= MinDownBound( heap, heapLength))
        {
            for (i = 0 ; i < N ; i ++)
                输出 temp. route[i];
            输出 temp. route[0];
            输出 temp. v + C[ temp. route[level] - 1][ temp. route[0] - 1];
            return ;
        }
        else                                //有满足约束的后代,后代增加到堆中若没有,程序转
                                            //到 while 循环的第一行,下一个堆顶元素出堆,引起回溯
        {
        for(j = 1; j <= N; j++)
            {                               //满足约束条件并且下界值小于上界的孩子节点才入堆
                if(C[ temp. route[level] - 1][j - 1]!= INFINITY&&! Contain(temp, j))
                {
                    temp. route[level + 1] = j;
                    temp. level = level + 1;
                    float lb = (( temp. v + C[ temp. route[level] - 1][j - 1]) * 2
                                    + SiSum(C, temp) + SjSum(C, temp))/2.0;
                    if(lb <= upBound)
                    {
                        HeapNode node;
                        node. v = temp. v + C[ temp. route[level] - 1][j - 1];
```

```
                    node. bound = lb;
                    for(i = 0;i <= level;i++)          //在节点中记录已走过的路径
                        node. route[ i] = temp. route[ i];
                    node. route[ level + 1] = j;
                    node. level = level + 1;
                    InsertHeap(heap,node,heapLength);
                }
            }
        }
    }
}
```

总结

　　本章详细地介绍了回溯法和分支限界法,它们是基于树搜索策略演化出的一种算法。在回溯法的算法举例中详细介绍了子集和问题、n 皇后问题、哈密顿回路问题、装载问题。在分支限界法算法举例中详细介绍了 0-1 背包问题、任务分配问题、多段图的最短路径问题、旅行商问题。回溯法适用于求满足约束条件的一个解(或所有解),而分支限界法适用于求解最优化问题。

习题 9

　　1. 用递归函数设计图着色问题的回溯算法。

　　2. 用递归函数设计八皇后问题的回溯算法。

　　3. 写一个回溯算法求解马周游问题:给出一个 8×8 的棋盘,一个放在棋盘某个位置上的马是否可以恰好访问每个方格一次,并回到起始位置上?

　　4. 给定背包容量 $W = 20$,以及 6 个物品,重量为 $(5,3,2,10,4,2)$,价值为 $(11,8,15,18,12,6)$。画出回溯法求解上述 0-1 背包问题的搜索空间。

　　5. 给定一个正整数集合 $X = \{ x_1,x_2,\cdots,x_n\}$ 和一个正整数 y,设计回溯算法,求集合 X 的一个子集 Y,使得 Y 中元素之和等于 y。

　　6. 设计回溯算法求解最大团问题。

　　7. 亚瑟王打算请 150 名骑士参加宴会,但是有些骑士相互之间会有口角,而亚瑟王知道谁和谁不合。亚瑟王希望能让他的客人围着一张圆桌坐下,而所有不和的骑士相互之间都不会挨着坐。回答下列问题。

　　(1) 哪一个经典问题能够作为亚瑟王问题的模型?

　　(2) 请证明,如果与每个骑士不和的人数不超过 75,则该问题有解。

　　(3) 设计回溯算法求解亚瑟王问题。

　　8. 设有一个 $n \times m$ 格的迷宫,四面封闭,仅在左上角的格子有入口,右下角的格子有出口。迷宫内部的格子,其东、西、南、北四面可能有出入口,也可能没有出入口。设计一个回溯算法通过迷宫。

9. 在分支限界法求解 TSP 问题中,为了对每个扩展节点保存根节点到该节点的路径,请设计待处理节点的数据结构。

10. 对于 TSP 问题,还有一个基于归约的分支限界算法,请上网查找这个算法。

11. 对于任务分配问题的分支限界法,在最好情况下,它的搜索空间包含多少个节点?

12. 给定背包容量 $W = 20$,6 个物品的重量分别为 $(5,3,2,10,4,2)$,价值分别为 $(11,8,15,18,12,6)$,画出分支限界法求解上述 0-1 背包问题的搜索空间。

第 10 章

NP完全性理论

在前面的章节中,对一些算法的设计和分析进行了讨论,对一些特定的算法进行了描述,并分析了它们的时间复杂度。此外,也说明了如果 II 是任意一个问题,对 II 存在着一个算法,它的时间复杂度是 $O(n^k)$,其中 n 是输入规模,k 是非负整数,就认为存在着求解问题 II 的多项式时间算法(polynomial-time algorithms)。多项式时间算法是一种有效的算法,在现实世界中,有很多问题存在多项式时间算法。但是,更大量的有趣的问题并不属于这个范畴,因为求解这些问题所需要的时间量要用指数和超指数函数来测度,即具有 $O(2^n)$ 以及 $O(n!)$ 的时间复杂度。这一类问题,其计算时间随着输入规模的增长而快速增长,即使是中等规模的输入,其计算时间也是以世纪来衡量的,这类问题只能用指数时间算法(exponential-time algorithms)求解。因此,在计算机科学界已达成这样的共识,认为存在多项式时间算法的问题是易求解的,而对于那些不大可能存在多项式时间算法的问题是难解的。

对于后面这一类问题,人们一直在寻找具有多项式时间的算法,虽然还不能给出使其获得多项式时间的方法,但是却可以证明在这些问题中,有很多问题在计算上是相关的。对这些存在着计算上相关的问题,如果它们中的一个可以用多项式时间来求解的话,那么其他所有同类问题也可以用多项式时间来求解;如果它们中的一个肯定不存在多项式时间算法的话,那么对与之同类的其他问题,也肯定不会找到多项式时间算法。于是,在这一章,从计算的观点来看,不是试图去找出求解它们的算法,而是着眼于说明它们在计算复杂性之间存在着什么样的关系。

在本章中,要研究有趣的 NP 类问题。这类问题的计算复杂性至今是未知的。许多现象表明这类问题可能是"难"解的。在 NP 类问题中还有一类问题构成了 NP 类问题的核心,它们也许是 NP 类问题中最难的,它们就是要详细讨论的 NP 完全问题类。本章从算法的观点非形式化地讨论 NP 完全性理论,NP 完全性理论从计算复杂性的角度对问题的分类以及问题之间的关系进行了研究,从而为算法设计提供指导。

10.1 判定问题和最优化问题

在研究 NP 完全性理论时,我们很容易阐述一个问题使它的解只有两个结论,yes 或 no,在这种情况下,称问题为判定问题。在实际应用中,当然不局限于判定问题,很多问题以求解或计算的形式出现,但它们可以转化为一系列更容易研究的判定问题。下面给出几个例子,说明如何把一个问题阐述为判定问题。

例 10.1　设 S 是一个实数序列,ELEMENT UNIQUENESS 问题为,是否 S 中的所有的数都是不同的。作为判定问题的重新表述,我们有

判定问题:ELEMENT UNIQUENESS

输入:一个整数序列 S。

问题:在 S 中存在两个相等的元素吗?

例 10.2　给出一个无向图 $G=(V,E)$,用 k 种颜色对 G 着色是这样的问题:对于 V 中每一个顶点用 k 种颜色中的一种对它着色,使图中没有两个邻接顶点有相同的颜色。着色问题是判断用预定数目的颜色对一个无向图着色是否可能的问题。把它阐述成判定问题,我们有

判定问题:COLORING

输入:一个无向图 $G=(V,E)$ 和一个正整数 $k \geqslant 1$。

问题:G 可以用 k 着色吗?

这个问题是难解的,如果 k 被限定于 3,问题就是非常著名的 3 着色问题,甚至在图是平面的情况下也是难解的。

例 10.3　给出一个无向图 $G=(V,E)$,对于某个正整数 k,G 中大小为 k 的团集,是指 G 中有 k 个顶点的一个完全子图。团集问题是问一个无向图是否包含一个预定大小的团集。

把它重述为判定问题,我们有

判定问题:CLIQUE

输入:一个无向图 $G=(V,E)$ 和一个正整数 k。

问题:G 有大小为 k 的团集吗?

与此相对照,最优化问题是关心某个量的最大化或最小化的问题。在前面的章节中,已经遇到过大量的最优化问题,像找出一张表中的最大或最小元素的问题,在有向图中寻找最短路径问题和计算一个无向图的最小生成树的问题。如果有一个求解判定问题的有效算法,那么很容易把它变成求解与它相对应的最优化问题的算法。例如,图着色的优化问题为:求解为图 $G=(V,E)$ 着色,使相邻两个顶点不会有相同的颜色,所需要的最少颜色数是多少? 现假定图 G 的顶点个数为 n,着色数是 k,并存在着一个图着色判定问题的多项式时间算法 Coloring:

BOOL Coloring(GRAPH G,int n,int k)

那么,就可以用下面的方法,通过调用算法 Coloring 来解图着色的优化问题。算法如下。

```
int ChromaticNumber(GRAPH G, int n)
{
    high = n;
    low = 1;
    while(low <= high)
    {
        mid = (low + high)/2;
        if(Coloring(G, n, mid))
            high = mid - 1;
```

```
        else
            low = mid + 1;
    }
    return low;
}
```

这相当于一个二叉检索算法,很显然,它只要对算法 Coloring 调用 $O(\log n)$ 次,就可以找到图 G 的最少着色数。根据假定,算法 Coloring 是一个多项式时间算法,相对来说,$\log n$ 因子是不重要的,所以,这个算法从整体上看也是一个多项式时间算法。这就实现了把图着色的判定问题,转换为图着色的优化问题。因为这个理由,在 NP 完全问题的研究中,甚至在一般意义上的计算复杂性或可计算性的研究中,常常把注意力限制在判定问题上。

10.2 P 类问题

定义 10.1 A 是求解问题 Π 的一个算法,如果在处理问题 Π 的实例时,在算法的整个执行过程中,每一步只有一个确定的选择,就称算法 A 是确定性(determinism)算法。

确定性算法执行的每一个步骤,都有一个确定的选择,如果重新用同一输入实例运行该算法,所得的结果严格一致。

定义 10.2 如果对于某个判定问题 Π,存在一个非负整数 k,对于输入规模为 n 的实例,能够以 $O(n^k)$ 的时间运行一个确定性算法,得到 yes 或 no 的答案,则该判定问题 Π 是一个 P 类问题。

从定义 10.1 可以看到,P 类问题是由具有多项式时间的确定性算法来求解的判定问题组成的。因此用 P(polynomial)来表征这类问题。例如,下面的一些判定问题就属于 P 类问题。

可排序的判定问题:给定 n 个元素的数组,是否可以按非降序排序?

不相交集判定问题:给出两个整数集合,它们的交集是否为空?

最短路径判定问题:给定有向赋权图 $G=(V,E)$,正整数 k 及两个顶点 $s,t \in V$(权为正整数),是否存在着一条由 s 到 t 的长度至多为 k 的路径?

如果把判定问题的提法改变一下,例如,把可排序的判定问题的提法改为:给定 n 个元素的数组,是否不可以按非降序排序。把这个问题称为不可排序的判定问题,则称不可排序的判定问题是可排序的判定问题的补。同样,最短路径判定问题的补是:给定有向赋权图 $G=(V,E)$,正整数 k 及两个顶点 $s,t \in V$,是否不存在一条由 s 到 t 的长度至多为 k 的路径。

定义 10.3 令 C 是一类问题,如果对 C 中的任何问题 $\Pi \in C$,Π 的补也在 C 中,则称 C 类问题在补集下封闭。

定理 10.1 P 类问题在补集下是封闭的。

证明:在 P 类判定问题中,每一个问题 Π 都存在着一个确定性算法 A,这些算法都能够在一个多项式时间内返回 yes 或 no 的答案。现在,为了解对应问题 Π 的补 $\bar{\Pi}$,只要在对应的算法 A 中,把返回 yes 的代码,修改为返回 no,把返回 no 的代码,修改为返回 yes,即把原算法 A 修改为算法 $\bar{A}$。很显然,算法 $\bar{A}$ 是问题 $\bar{\Pi}$ 的一个确定性算法,它也能够在一个多项式时间内返回 yes 或 no 的答案。因此 P 类问题 Π 的补 $\bar{\Pi}$,也属于 P 类问题。所以,P 类问题在补集下是封闭的。

定义 10.4　设 Π 和 Π' 是两个判定问题。如果存在一个确定性算法 A,它的行为如下。当给 A 展示问题 Π' 的一个实例 I' 时,算法 A 可以把它变换为问题 Π 的实例 I,当且仅当 I 的答案是 yes,使得 I' 的答案也为 yes,而且,这个变换必须在多项式时间内完成。那么我们说 Π' 以多项式时间规约于 Π,用符号 $\Pi' \propto_p \Pi$ 表示。

定理 10.2　Π 和 Π' 是两个判定问题,如果 $\Pi \in P$,并且 $\Pi' \propto_p \Pi$,则 $\Pi' \in P$。

证明:因为 $\Pi' \propto_p \Pi$,所以,存在一个确定性算法 A,它可以用多项式 $p(n)$ 的时间把问题 Π' 的实例 I' 转换为问题 Π 的实例 I,当且仅当 I 的答案是 yes。使得 I' 的答案也为 yes,如果对某个正整数 $c>0$,算法 A 在每一步的输出,最多可以输出 c 个符号,则算法 A 的输出规模最多不会超过 $cp(n)$ 个符号。因为 $\Pi \in P$,所以存在一个多项式时间的确定性算法 B,对输入规模为 $cp(n)$ 的问题 Π 进行求解,所得结果也是问题 Π' 的结果。算法 C 是把算法 A 和算法 B 合并起来的算法,则算法 C 也是一个确定性算法,并且以多项式时间 $r(n)=q(cp(n))$ 得到问题 Π' 的结果,所以 $\Pi' \in P$,

10.3　NP 类问题

一般来说,一个问题的验证过程比求解过程更容易进行,为了界定一个比 P 类问题更大的,人们考虑验证过程为多项式时间的问题类,为此,引入非确定性算法的概念。

定义 10.5　设 A 是求解问题 Π 的一个算法,如果算法 A 以推测并验证的方式工作,就称算法 A 是非确定性(nondeterminism)算法,非确定性算法是由两个阶段组成的。

(1) 推测阶段:它对输入规模为 n 的实例 x,产生一个输出结果 y,这个输出可能是相应输入实例 x 的解,也可能不是,甚至它的形式也不是所希望的解的正确形式。如果再一次运行这个非确定性算法,得到的结果可能和以前得到的结果不一致。因此,推测以一种非确定的形式工作。

(2) 验证阶段:在这个阶段,用一个确定性算法验证两件事。首先,检查在推测阶段产生的结果 y 是否是合适的形式,如果不是,则算法停下来并得到 no;另一方面,如果 y 是合适的形式,那么算法验证它是否是问题的解,如果是问题的解,则算法停下来并得到 yes,否则,算法停下来并得到 no。

如果某些问题存在着以多项式时间运行的非确定性算法,则这类问题就属于 NP 类问题,它要求在多项式步数内得到结果,即在 $O(n^i)$ 时间内,其中 i 为非负整数。

例 10.4　货郎担的判定问题:给定 n 个城市、正常数 k 及城市之间的代价矩阵 C,判定是否存在一条经过所有城市一次且仅一次,最后返回出发城市且代价小于常数 k 的回路。假定 A 是求解货郎担判定问题的算法。首先,A 用非确定性的算法,在多项式时间内推测存在这样的一条回路。然后,用确定性的算法,在多项式时间内检查这条回路是否正好经过每个城市一次,并返回到出发城市。如果答案为 yes,则继续检查这条回路的费用是否小于常数 k。如果答案仍为 yes,则算法 A 输出 yes,否则输出 no。因此,A 是求解货郎担判定问题的非确定性算法。当然,如果算法 A 输出 no,并不意味着不存在一条所要求的回路,因为算法的推测可能是不正确的。但反过来,如果对问题 Π 的实例 I,算法 A 输出 yes,则说明至少存在一条所要求的回路。

非确定性算法的运行时间,是推测阶段和验证阶段的运行时间的和。若推测阶段的运行时间为 $O(n^i)$,验证阶段的运行时间为 $O(n^j)$,则对某个非负整数 k,非确定性算法的运行时间为 $O(n^i)+O(n^j)=O(n^k)$。这样,可以对 NP 类问题作如下定义。

定义 10.6　如果对某个判定问题 Π,存在着一个非负整数 k,对输入规模为 n 的实例,能够以 $O(n^k)$ 的时间运行一个非确定性算法,得到 yes 或 no 的答案,则该判定问题 Π 是一个 NP 类判定问题。

从上面的定义看到,NP 类判定问题是由具有多项式时间的非确定性算法来解的判定问题组成的,因此用 NP(Nondeterministic Polynomial)来表征这类问题。对于 NP 类判定问题,重要的是它必须存在一个确定性的算法,能够以多项式的时间来检查和验证在推测阶段所产生的答案。

上述货郎担判定问题的算法的验证部分,显然可以设计出一个具有多项式时间的确定算法来对推测阶段所做出的推测进行检查和验证,因此,货郎担判定问题是 NP 类判定问题。

P 类和 NP 类问题的主要差别在于:P 类问题可以用多项式时间的确定性算法来进行判定或求解,NP 类问题可以用多项式时间的确定性算法去检查和验证它的解。

如果问题 Π 属于 P 类,则存在一个多项式的确定性算法,来对它进行判定或求解。显然,对于这样的问题 Π,也可以构成一个多项式时间的确定性算法,来验证它的解的正确性。因此,Π 也属于 NP 类问题。由此,$\Pi \in P$,必然有 $\Pi \in NP$,所以 $P \subseteq NP$。

反之,如果问题 Π 属于 NP 类,则存在一个多项式时间的非确定性算法,来推测并验证它的解,但是,不一定能够构造出一个多项式时间的确定性算法,对它进行求解或判定。因此,Π 不一定属于 P 类问题。于是,人们猜测 $NP \neq P$。但是,这个不等式是成立还是不成立,至今还没有得到证明。

10.4　NP 完全问题

有大量问题都具有这个特性:我们知道存在多项式时间的非确定性算法,但是不知道是否存在多项式时间的确定性算法。同时,我们不能证明这些问题中的任何一个不存在多项式时间的确定性算法,这类问题称为 NP 完全问题。

NP 完全问题是 NP 判定问题的一个子类,对这个子类中的一个问题,如果能够证明可以用多项式时间的确定性算法来进行求解或判定,那么,NP 完全问题中的所有问题都可以通过多项式时间的确定性算法来进行求解或判定。因此,如果对这个子类中的任何一个问题,能够找到或能够证明存在着一个多项式时间的确定性算法,那么,就有可能证明 $NP=P$。尽管已经进行了多年的研究,目前还没有一个 NP 完全问题有多项式时间的确定性算法。这些问题也许存在多项式时间的确定性算法,因为计算机科学是相对新生的科学,肯定还会有新的算法设计技术有待发现。这些问题也许不存在多项式时间的确定性算法,但目前缺乏足够的技术来证明这一点。

定义 10.7　令 Π 是一个判定问题,如果问题 Π 属于 NP 类问题,并且对 NP 类问题中的每一个问题 Π',都有 $\Pi' \propto_p \Pi$,则称判定问题 Π 是一个 NP 完全问题(NP complete problem),有时把 NP 完全问题记为 NPC。

难解问题中还有一类问题,虽然也能证明所有的 NP 类问题可以在多项式时间内变换为问题 Π,但是并不能证明问题 Π 是 NP 类问题,所以,问题 Π 不是 NP 完全的。但是,问题 Π 至少与任意 NP 类问题有同样的难度,这样的问题称为 NP 难问题。

定义 10.8　令 Π 是一个判定问题,如果对于 NP 类问题中的每一个问题 Π',都有 $\Pi' \propto_p \Pi$,则称判定问题 Π 是一个 NP 难问题。

因此,如果 Π 是 NP 完全问题,而 Π' 是 NP 难问题,那么,它们之间的差别在于 Π 必定是 NP 类问题,而 Π' 不一定在 NP 类问题中。NP 类、NP 完全、NP 难问题之间的关系如图 10.1 所示。

如前所述,至今还没有人能证明是否 P$\neq$NP。若 P$\neq$NP,则说明 NP 类中的所有问题,包括 NP 完全问题,都不存在多项式时间的确定性算法;若 P $=$ NP,则说明 NP 类中的所有问题,包括 NP 完全问题都具有多项式时间的确定性算法。无论哪一种答案,都将为算法设计提供重要的指导和依据。目前人们猜测 P$\neq$NP,则 P 类问题、NP 类问题、NP 完全问题之间的关系如图 10.2 所示。

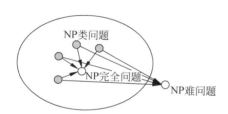

图 10.1　NP 类、NP 完全、NP 难问题
之间的关系示意图

图 10.2　P 类问题、NP 类问题和 NP 完全
问题之间的关系

定理 10.3　令 Π、Π' 和 Π'' 是 3 个判定问题,满足 $\Pi'' \propto_p \Pi'$ 和 $\Pi' \propto_p \Pi$,则有 $\Pi'' \propto_p \Pi$。

证明:假定问题 Π'' 的实例 I'' 由 n 个符号组成,因为 $\Pi'' \propto_p \Pi'$,所以,存在一个确定性算法 A'',它可以用多项式 $p(n)$ 的时间,把问题 Π'' 的实例 I'' 转换为问题 Π' 的实例 I',使得 I'' 的答案为 yes,当且仅当 I' 的答案是 yes。如果对某个正整数 $c>0$,算法 A'' 在每一步的输出,最多可以输出 c 个符号,则算法 A 的输出规模,最多不会超过 $cp(n)$ 个符号,它们组成了问题 Π' 的实例 I'。因为 $\Pi' \propto_p \Pi$,所以,存在一个确定性算法 A',以多项式 $q(cp(n))$ 的时间,把问题 Π' 的实例 I' 转换为问题 Π 的实例 I,使得 I' 的答案是 yes,当且仅当 I 的答案是 yes。令算法 A 是把算法 A'' 和算法 A' 合并起来的算法,则算法 A 也是一个确定性的算法,并且以多项式时间 $r(n)=q(cp(n))$,把问题 Π'' 的实例 I'' 转换为问题 Π 的实例 I,并且使得 I'' 的答案为 yes,当且仅当 I 的答案是 yes。由此得出,Π'' 以多项式时间规约于 Π,即 $\Pi'' \propto_p \Pi$。

这个定理表明:规约关系 $\propto_p$ 是传递的。

定理 10.4　令 Π 和 Π' 是 NP 中的两个问题,使得 $\Pi' \propto_p \Pi$。如果 Π' 是 NP 完全的,则 Π 也是 NP 完全的。

证明:因为 Π' 是 NP 完全的,令 Π'' 是 NP 中的任意一个问题,则有 $\Pi'' \propto_p \Pi'$。因为 $\Pi' \propto_p \Pi$,根据定理 10.3,有 $\Pi'' \propto_p \Pi$。因为 $\Pi \in$ NP,并且 Π'' 在 NP 中是任意的,根据定义 10.7,Π 是 NP 完全的。

根据上面的定理,为了证明一个问题 Π 是 NP 完全的,仅需要证明以下两个条件同时成立即可。

（1）$\Pi \in NP$；

（2）存在着一个 NP 完全问题 Π'，使得 $\Pi' \propto_p \Pi$。

例 10.5 考虑下面的两个问题。

（1）哈密顿回路问题：给出一个无向图 $G=(V,E)$，是否存在一条回路，使得图中每个顶点在回路中出现一次且仅有一次。

（2）货郎担问题：给出一个 n 个城市的集合，且给出城市间的距离。对于一个常数 k，是否存在从某个城市出发，经过每一个城市一次且仅一次，最后回到出发城市且距离小于或等于 k 的路线。

众所周知，哈密顿回路问题是 NP 完全问题。我们将用这个事实来证明货郎担问题也是 NP 完全的。

首先，证明货郎担问题是一个 NP 问题，这在例 10.4 中已经说明。

其次，证明哈密尔顿回路问题可以用多项式时间规约为货郎担问题，即

$$哈密尔顿回路问题 \propto_p 货郎担问题$$

设 $G=(V,E)$ 是哈密尔顿回路问题的任一实例，构造一个赋权图 $G'=(V',E')$，使得 $V'=V,E'=\{(u,v)|u,v\in V\}$，并对其中的每一条边赋予如下长度。

$$l(e) = \begin{cases} 1 & e \in E \\ n & e \notin E \end{cases} \tag{10.1}$$

其中 $n=|V|$。这个构造可以由一个算法在多项式时间内完成。下面证明 G 中包含一条哈密尔顿回路，当且仅当 G' 中存在一条经过各个顶点一次，且全长不超过 n 的路径。

（1）G 中包含一条哈密尔顿回路，设这条回路是 v_1、v_2、v_3、$\cdots$、v_n、v_1，则这条回路也是 G' 中一条经过各个顶点一次且仅一次的回路，根据式（10.1），这条回路长度为 n，因此，这条路径满足货郎担问题。

（2）G' 中存在一条满足货郎担问题的路径，则这条路径经过 G 中各个顶点一次且仅一次，最后回到起始出发点，因此它是一条哈密尔顿回路。

综上所述，哈密尔顿回路问题 $\propto_p$ 货郎担问题，而哈密尔顿回路问题是 NP 完全的，因此货郎担问题也是 NP 完全的。

10.5 典型的 NP 完全问题

下面介绍几种典型的 NP 完全问题。

1）可满足性问题（SATISFIABILITY）

设布尔表达式 f 是一个合取范式（Conjunction Normal Form，CNF），它是由若干个析取子句的合取构成的，而这些析取子句又是由若干个文字的析取组成，文字则是布尔变元或布尔变元的否定。把前者称为正文字，后者称为负文字。例如，x 是布尔变元，则 x 是正文字，x 的否定 $-x$ 是负文字，负文字有时也表示为 $\bar{x}$。下面的例子是一个合取范式。

$$f = (x_2 \lor x_3 \lor x_5) \land (x_1 \lor x_3 \lor \bar{x}_4 \lor x_5) \land (\bar{x}_2 \lor \bar{x}_3 \lor x_4)$$

如果对它相应的布尔变量赋值，使 f 的真值为真，就称布尔表达式 f 是可满足的。例

如,在上式中,只要使 x_1,x_4 和 x_5 为真,则表达式 f 就为真。因此,这个式子是可满足的。

可满足性问题的提法如下。

判定问题:SATISFIABILITY

输入:CNF 布尔表达式 f

问题:对布尔表达式 f 中的布尔变量赋值,是否可使 f 的真值为真

定理 10.5 可满足性问题 SATISFIABILITY 是 NP 完全的。

证明:很明显,对任意给定的布尔表达式 f,容易构造一个多项式时间的确定性算法,对表达式中的布尔变量进行 0、1 赋值,来验证布尔表达式 f 的真值情况。因此,可满足性问题 SATISFIABILITY $\in$ NP。

为了证明可满足性问题是 NP 完全的,必须证明对任意给定的问题 $\Pi \in$ NP,都有 $\Pi \propto_P$ SATISFIABILITY。

因为 $\Pi \in$ NP,所以,存在着一个解问题 Π 的多项式时间的非确定性的算法 A。因此,可以用合取范式的形式构造一个布尔表达式 f,来模拟算法 A 对实例 I 的计算,使得 f 的真值为真,当且仅当问题 Π 的非确定性算法 A 对实例 I 的答案为 yes。设实例 I 的规模为 n,因为 A 可在多项式时间 $p(n)$ 内完成,对某个整数 $c>0$,模拟过程最多可执行的动作为 $cp(n)$ 个,所以,可以用 $O(cp(n)) = O(q(n))$ 的时间来构造布尔表达式 f。因此,有 $\Pi \propto_P$ SATISFIABILITY。

综上所述,可满足性问题 SATISFIABILITY 是 NP 完全的。

定理 10.5 称为 Cook 定理,这个定理具有很重要的作用,因为它给出了第一个 NP 完全问题,之后对任何问题 Π,只要能够证明 $\Pi \in$ NP,并且 SATISFIABILITY $\propto_P \Pi$,那么 Π 就是 NP 完全的。所以,以 SATISFIABILITY 的 NP 完全性作为基础,很快地又证明了很多其他的 NP 完全问题,逐渐地产生了一棵以 SATISFIABILITY 为根的 NP 完全树。图 10.3 展示了这棵树的一小部分,其中每一个节点表示一个 NP 完全问题,该问题可以在多项式时间内转换为它的任一儿子节点所表示的问题。

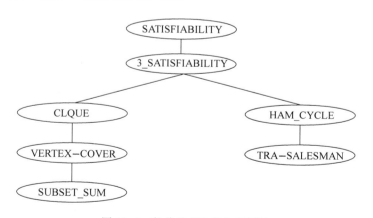

图 10.3 部分的 NP 完全问题树

2) 三元可满足性问题(3_SATISFIABILITY)

在合取范式中,如果每个析取子句恰好由 3 个文字组成,则称为三元合取范式或三元 CNF 范式。三元合取范式的可满足性问题 3_SATISFIABILITY 的提法如下。

判定问题：3_SATISFIABILITY

输入：三元合取范式 f

问题：对布尔表达式 f 中的布尔变量赋值，是否可使 f 的真值为真

3）图的着色问题（COLORING）

给出一个无向图 $G=(V,E)$，用 k 种颜色对 V 中的每一个顶点分配一种颜色，使得图中不会有两个邻接顶点具有同一种颜色。着色问题的提法如下。

判定问题：COLORING

输入：无向图 $G=(V,E)$，正整数 $k \geqslant 1$

问题：是否可以用 k 种颜色为图 G 着色

4）集团问题（CLIQUE）

给定一个无向图 $G=(V,E)$ 和一个正整数 k，G 中具有 k 个顶点的完全子图，称为 G 的大小为 k 的集团。集团判定问题的提法如下。

判定问题：CLIQUE

输入：无向图 $G=(V,E)$，正整数 k

问题：G 中是否包含大小为 k 的集团

5）顶点覆盖问题（VERTEX COVER）

给定一个无向图 $G=(V,E)$ 和一个正整数 k，若存在 $V' \subseteq V$，$|V'|=k$，使得对任意的 $(u,v) \in E$，都有 $u \in V'$ 或 $v \in V'$，则称为图 G 的一个大小为 k 的顶点覆盖。顶点覆盖问题的提法如下。

判定问题：VERTEX_COVER

输入：无向图 $G=(V,E)$，正整数 k

问题：G 中是否存在一个大小为 k 的顶点覆盖

10.6　其他 NP 完全问题

（1）3 可满足问题。用合取范式的形式给出一个公式 f，使每个子句恰好由 3 个文字组成，f 是可满足的吗？

（2）3 着色问题。给出一个无向图 $G=(V,E)$，G 能用三种颜色着色吗？这个问题是前面所述一般着色问题（已经知道它是 NP 完全问题）的特殊情况。

（3）3 维匹配问题。设 X，Y 和 Z 是大小为 k 的两两不相交集合。设 W 是三元组集合 $\{(x,y,z)|x \in X,y \in Y,z \in Z\}$。是否存在 W 的完全匹配 M？即，是否存在大小为 k 的子集 $M \in W$，使 M 中的两个三元组的任何坐标相同？相应的二维匹配问题是正则的完全的二分图匹配问题。

（4）哈密顿路径问题。给出一个无向图 $G=(V,E)$，它是否包含一条恰好访问每个顶点一次的简单路径？

（5）划分问题。给出一个 n 个整数的集合 S，是否可能划分 S 成为两个子集合 S_1 和 S_2，使 S_1 中的整数和等于 S_2 中的整数和？

（6）背包问题。给出具有大小 $s_1,s_2,\cdots,s_n$ 和值 $v_1,v_2,\cdots,v_n$ 的 n 项，背包的容量 C 和整常数 k，是否可以用这些项的一部分来装入背包，使它们的总容量不超过 C，同时总价值

不小于 k？这个问题用动态规划法可在时间 $\Theta(nC)$ 内求解。

(7) 装箱问题。给出具有大小 $s_1, s_2, \cdots, s_n$ 的 n 项,箱的容量 C 和正整数 k,是否可能用最多 k 个箱子来装这 n 项?

(8) 集合覆盖。给出集合 X,一个 X 的子集族 $\mathscr{F}$ 和一个在 1 和 $|\mathscr{F}|$ 间的整数 k,是否存在 $\mathscr{F}$ 中的 k 个子集,使它们的并是 X?

(9) 多处理机调度。给出 n 个作业 $J_1, J_2, \cdots, J_n$,每个作业有运行时间 t_i,一个正数 m (处理机的个数)和结束时间 T,是否能够在这 m 个相同的处理机上调度这些作业,使它们的结束时间不超过 T? 结束时间定义为所有 m 个处理机中的最大执行时间。

(10) 最长路径问题。给出一个赋权图 $G=(V, E)$,两个特异的顶点 $s, t \in V$ 和一个正整数 C,在 G 中是否存在一条从 s 到 t 长度为 c 或更长的简单路径?

10.7 NP 完全问题的计算机处理

NP 完全问题是计算机难以处理,但在实际中经常会遇到的问题,我们回避不了这些问题,因此,人们提出了解决 NP 完全问题的各种方法。

1) 采用先进的算法设计技术

当实际应用中的问题规模不是很大时,采用动态规划法、回溯法、分支限界法等算法设计技术还是能够解决问题的。

2) 充分利用限制条件

许多问题,虽然直观上归结为一个 NP 完全问题,但往往进一步的分析就会发现它还会包含某些限制条件,而有些问题当增加了限制条件后,可能会改变性质。例如,限定 0-1 背包问题中,物品的重量和价值均为正整数;限定图着色问题中的图为平面图;限定 TSP 问题中边的代价满足三角不等式等。所以,在解决实际问题时,应特别注意,在将实际问题归结为抽象问题后,是否还满足其他特定的限制条件。

3) 近似算法

在现实世界中,很多问题的输入数据是用测量的方法获得的,而测量的数据本身就存在着一定程度的误差,因此,输入数据是近似的。同时,很多问题的解允许有一定程度的误差,只要给出的解是合理的、可接受的。此外,采用近似算法可以在很短的时间内得到问题的近似解,所以,近似算法是求解 NP 完全问题的一个可行的方法。近似算法因"正确性"不能保证而不同于普通算法。目前,近似算法的研究越来越受到重视,可以说是解决 NP 完全问题的最重要的途径。

4) 概率算法

概率算法也称为随机算法,与近似算法不同,它允许把随机性的操作注入到算法运行中,同时允许结果以较小的概率出现错误,并以此为代价,使得算法运行时间大幅度减少。

5) 并行计算

并行计算是利用多台处理机共同完成一项计算,虽然从原理上说增加处理机的个数不能根本解决 NP 完全问题,但这也是解决 NP 完全问题的措施之一。事实上,并行计算是解决计算密集型问题的必经之路,近年来许多难解问题的计算成功都离不开并行算法的支持。

例如,数千个城市的 TSP 问题的计算、129 位大整数的分解、"深蓝"弈棋程序的成功,都得益于并行计算的实现。

6）智能算法

遗传算法（GA）、人工神经网络（ANN）、DNA 算法、蚁群算法（ACO）、免疫算法（IA）、模拟退火（SA）等来源于自然界的优化思想,被称为智能算法。例如,遗传算法是一种随机的近似优化算法,它从生物物种的遗传进化规律得到启发,同时已成为解决难解优化问题的有力手段。

总结

本章开头根据是否存在多项式时间算法,把问题划分为易解的问题和难解问题,而对于算法本身又分为确定性算法和非确定性算法。进而引出了 P 类问题和 NP 类问题,NP 完全问题是 NP 判定问题的一个子类,与之相应的有问题变换、复杂度规约以及 NP 完全性理论。最后给出了一些典型的 NP 完全问题以及 NP 完全问题的计算机算法。

习题 10

1. 设计一个多项式时间算法求解二可着色问题 2_COLORING。

2. 给出背包问题的判定形式,并简要描述背包问题判定形式的非确定性算法。

3. 设计一个不确定性算法来求解可满足性问题。

4. 假设划分问题是 NP 完全的,证明装箱问题是 NP 完全的。

5. 令 I 是问题 COLORING 的一个实例,s 是实例 I 的一个解。描述一个确定性的算法,验证 s 是否为实例 I 的解。

6. 已知划分问题 PARTITION 是 NP 完全的,证明装箱问题 BIN_PACKING 是 NP 完全的。

7. 令 Π_1 和 Π_2 是两个判定问题,并且 $\Pi_1 \propto_p \Pi_2$。假定 Π_2 可以在时间 $O(n^k)$ 内求解,Π_1 可以用时间 $O(n^j)$ 归约到 Π_2。证明：Π_1 可以在时间 $O(n^j + n^k)$ 内求解。

8. 设计一个多项式时间算法,在给定的具有 n 个顶点的无向图 $G = (V,E)$ 中,找出大小为 k 的团,这里 k 是一个给定的正整数。这与团集问题的 NP 完全性矛盾吗？为什么？

9. 令 $f = (x_1 \lor x_2 \lor \bar{x}_3) \land (\bar{x}_1 \lor x_3) \land (\bar{x}_2 \lor x_3) \land (\bar{x}_1 \lor \bar{x}_2)$ 是可满足性问题 SATISFIABILITY 的一个实例,根据 SATISFIABILITY 规约于 CLIQUE 的方法,把上述公式转换为 CLIQUE 的一个实例,使得该实例的答案为 yes,当且仅当上述公式 f 是可满足的。

10. 由题 9 的 SATISFIABILITY 的实例 f,把它转换为顶点覆盖 VERTEX_COVER 的一个实例,并证明 SATISFIABILITY $\propto_p$ VERTEX_COVER。

第 11 章

案例精选

本章为大家精选了 12 个案例，进行了简要分析，并在书后的光盘中附了案例的实现程序。希望能通过这 12 个案例，巩固大家对于算法的理解，提高实际应用的能力。

11.1 果园篱笆问题

某大学 ACM 集训队，不久前向学校申请了一块空地，成为自己的果园。全体队员兴高采烈的策划方案，种植了大批果树，有梨树、桃树、香蕉……。后来，发现有些坏蛋，他们暗地里偷摘果园的果子，被 ACM 集训队队员发现了。因此，大家商量解决办法，有人提出：修筑一圈篱笆，把果园围起来，但是由于我们的经费有限，必须尽量节省资金，所以，我们要找出一种最合理的方案。由于每道篱笆，无论长度多长，都是同等价钱。所以，大家希望设计出来的修筑一圈篱笆的方案所花费的资金最少。有人已经做了准备工序，统计了果园里果树的位置，每棵果树分别用二维坐标来表示。现在，他们要求根据所有的果树的位置，找出一个 n 边形的最小篱笆，使得所有果树都包围在篱笆内部，或者在篱笆边沿上。

本题的实质：凸包问题。请使用蛮力法和分治法求解该问题。

解析：

本题已经做了提示，题目的实质是凸包问题，凸包问题的解法在蛮力法和分治法两章中都有详细的叙述，这里不再重复。实现算法时，分治法有更多需要考虑的细节，请大家注意。

11.2 空中飞行管理问题

随着空中各种飞机数量的增加，飞行安全控制变得尤为重要，要想提高空中飞行的安全系数，其中一个急需解决的问题就是需要预先知道空中哪两架飞机之间具有最大碰撞危险。如果知道了这两架具有最大碰撞危险的飞机，我们就能预先通知飞行员进行相应的安全飞行，以避免碰撞。从穷举法的角度很容易解决这个问题，但是效率太低，时间复杂度是 $O(n^2)$，不符合实际需要，利用分治法分而制之的思想，降低问题复杂度，通过建模求解，把时间复杂度降到 $O(n\log n)$，可以较好地解决实际问题。

求解该问题，至少使用蛮力法和分治法求解，并比较时间复杂性。

解析：

本题实质是最近对问题，最近对问题分二维最近对和三维最近对。最近对问题的解法在蛮力法和分治法两章中都有详细的叙述,但本书所讲的最近对问题都是二维的,大家可以考虑本题的三维最近对解法,这里不再详细叙述。

11.3 去数问题

键盘输入一个高精度的正整数 n,去掉任意 s 个数字后剩下的数字按原左右次序组成一个新的正整数,寻求一种方案,使得新的正整数最小。

要求:

(1) 输出应包括所去掉的数字的位置和组成的新的正整数(n 不超过 240 位)。

(2) 输入数据均不需判错。

解析:

首先我们必须注意,题目中正整数 n 的有效位数为 240 位,而计算机中整数的有效位达不到试题的数位要求。因此,必须采用可含 256 个字符的字串来替代整数。

题目中要求删 s 个数字,可以转换成每次选择删除 1 个数字,删除后使剩下数字组成的正整数达到最小的问题。经分析该问题满足最优化原理和贪心选择性质(读者自己证明),可以采用贪心算法实现。因此可以使用尽可能逼近目标的贪心法来逐一删去其中的 s 个数符。

为实现每一步的选择都能使剩下的数最小,我们可按照从高位到低位的顺序搜索递减区间。若各位数字递增,则删除最后一个数字;否则删除第一个递减区间的首数字,这样就形成了一个新的数字串。然后回到串首,按上述规则再删除下一个数字。

例如,$n=$"8692735",$s=4$,删除过程如下。

$n=$"8 6 9 2 7 3 5"	找第一个递减区间
$n=$" 6 9 2 7 3 5"	删除第一个递减区间的首数字
$n=$" 6 9 2 7 3 5"	找第一个递减区间
$n=$" 6 2 7 3 5"	删除第一个递减区间的首数字
$n=$" 6 2 7 3 5"	找第一个递减区间
$n=$" 2 7 3 5"	删除第一个递减区间的首数字
$n=$" 2 7 3 5"	找第一个递减区间
$n=$" 2 3 5"	删除第一个递减区间的首数字

最后剩下的数字为 235,为所有删除方法的最小值。

11.4 极差问题

在黑板上写了 N 个正整数作成的一个数列,进行如下操作:每一次擦去其中的两个数 a 和 b,然后在数列中加入一个数 $a \times b + 1$,如此下去直至黑板上剩下一个数,在所有按这种操作方式最后得到的数中,最大的为 max,最小的为 min,则该数列的极差定义为 $M = \text{max} - \text{min}$。对于给定的数列,编程计算出极差 M。

解析:

当看到此题时,我们会发现求 max 与求 min 是两个相似的过程。因此我们把求解 max

与 min 的过程分开,着重探讨求 max 的问题。

下面我们以求 max 为例来讨论此题用贪心策略求解的合理性。

讨论:假设经($N-3$)次变换后得到 3 个数,a、b、$\max'$($\max' \geqslant a \geqslant b$),其中 $\max'$ 是($N-2$)个数经($N-3$)次 f 变换后所得的最大值,此时有两种求值方式。设其所求值分别为 $z1$,$z2$,则有 $z1=(a \times b+1) \times \max'+1$,$z2=(a \times \max'+1) \times b+1$,所以 $z1-z2=\max'-b \geqslant 0$。若经($N-2$)次变换后所得的 3 个数为 m、a、b($m \geqslant a \geqslant b$),且 m 不为($N-2$)次变换后的最大值,即 $m<\max'$,则此时所求得的最大值为 $z3=(a \times b+1) \times m+1$,此时 $z1-z3=(1+ab)(\max'-m)>0$,所以此时不为最优解。

所以若使第 k($1 \leqslant k \leqslant N-1$)次变换后所得值最大,必使($k-1$)次变换后所得值最大(符合贪心策略的性质 2,最优子结构性质),在进行第 k 次变换时,只需取在进行($k-1$)次变换后所得的数列中的两个最小数 p、q 施加 f 操作 $p \leftarrow p \times q+1$、$q \leftarrow \infty$ 即可(符合贪心策略性质 1,贪心选择性质),因此此题可用贪心策略求解。讨论完毕。

在求 min 时,我们只需在每次变换的数列中找到两个最大数 p、q 施加作用 f,$p \leftarrow p \times q+1$、$q \leftarrow -\infty$ 即可。原理同上。

11.5 最优合并问题

给定 k 个排好序的序列 S_1,S_2,$\cdots$,S_k,用 2 路合并算法将这 k 个序列合并成一个序列。假设所采用的 2 路合并算法合并 2 个长度分别为 m 和 n 的序列需要 $m+n-1$ 次比较。试设计一个算法确定合并这个序列的最优合并顺序,使所需的总比较次数最少。为了进行比较,还需要确定合并这个序列的最差合并顺序,使所需的总比较次数最多。

解析:

贪心算法:这个程序比较适合用堆,最优用最小堆,最差用最大堆。

以最优合并为例:

(1) 使用各序列的长度建堆。

(2) 两个最小的元素出堆,计算这两个序列合并需要的比较次数,该次数入堆。

(3) 重复(2),直到堆只剩下一个元素。

最后剩下的元素即为题目的解。

两路合并比较次数为 count$=m+n-1$。

最优合并问题。

例:1 7 3 5 9

建立堆,进行堆排序,取最小两个值

合并	次数	新数组长度
1 3	3	4(入堆)
4 5 7 9		
4 5	8	9(入堆)
7 9 9		
7 9	15	16(入堆)
9 16		

　　9 16　　　24　　　　25

最终次数 count＝3＋8＋15＋24＝50

最差合并问题。

1 7 3 5 9

建立堆,进行堆排序,取最大两个值

合并	次数	新数组长度
7 9	15	16(入堆)
1 3 5 16		
5 16	20	21(入堆)
1 3 21		
3 21	23	24(入堆)
1 24		
1 24	24	25

合并次数 count＝15＋20＋23＋24＝82

蛮力法:

若有 K 个序列,则有 $K!$ 种合并方法,列举出每种方法,并计算比较次数。

11.6　在棋盘中实现从初始布局到目标布局的转变

在 3×3 的棋盘上,摆有八个棋子,每个棋子上标有 1 至 8 的某一数字。棋盘中留有一个空格。空格周围的棋子可以移到空格中。要求解的问题是:给出一种初始布局(初始状态)和目标局面(目标状态),找到一种移动方法,实现从初始布局到目标布局的转变。

解析:

状态表示:显然用二维数组来表示布局比较直观,$S(i,j)$ 表示第 i 行第 j 列格子上放的棋子数字。空格则用 0 来表示。

移动规则:根据题意空格周围的棋子可以向空格移动。为便于解决问题,显然从另一个角度来看,"空格周围的棋子可以向空格移动"相当于"空格向四周移动",这样就把四枚棋子的移动转化为一个空格的移动,从而便于问题的处理。设空格的位置在 (i_0,j_0) 处,则根据题意有四条移动规则:

(1) 空格向上移动。If　$i_0-1 \geqslant 1$　then　$s(i_0,j_0) := s(i_0-1,j_0)$; $s(i_0-1,j_0) := 0$

(2) 空格向下移动。If　$i_0+1 \leqslant 3$　then　$s(i_0,j_0) := s(i_0+1,j_0)$; $s(i_0+1,j_0) := 0$

(3) 空格向左移动。If　$j_0-1 \geqslant 1$　then　$s(i_0,j_0) := s(i_0,j_0-1)$; $s(i_0,j_0-1) := 0$

(4) 空格向右移动。If　$j_0+1 \leqslant 3$　then　$s(i_0,j_0) := s(i_0-1,j_0+1)$; $s(i_0,j_0+1) := 0$

搜索策略:

(1) 把初始状态作为当前状态。

(2) 从当前状态出发,运用四条移动规则,产生新的状态。

(3) 判断新的状态是否达到目标状态,如果是,转(5)。

(4) 把新的状态记录下来,取出下一个中间状态作为当前状态,返回(2)。

(5) 输出从初始状态到目标状态的路径,结束。

如果初始状态和目标状态如图 11.1 所示。按上述策略,可以得到如图 11.2 所示的一步状态搜索图。为了减少搜索节点个数,可以设计适当的剪枝函数。

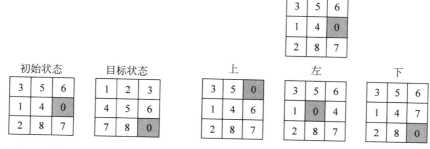

图 11.1 初始状态与目标状态

图 11.2 一步状态搜索图

例:

将棋盘上棋子的状态存储在一个一维数组 $p[9]$ 中,存储的顺序是从左上角开始,自左至右,从上到下,把标识的八块图片抽象成一个数字序列,构成一个数组,表示其摆放的位置。确定每个节点所能进行的移动方向,进行衍生。

从图 11.2 中某个顶点 B 出发,首先访问 B,依次访问 B 的各个未被访问的邻接点。最后,分别从这些邻接点、端节点出发,依次访问它们的各个未被访问的邻接点,新的端节点。

(1)把起始节点放到一个链表中(如果该起始节点为一目标节点,则得到解)。

(2)扩展零节点 B。

(3)把 B 的所有后继节点与前面对比,判断有无重复,若没有,则放到表的末端,如有,则删除一个分支。

(4)返回(2),直到找到目标状态。

11.7 商店购物问题

某商店中每种商品都有一个价格。例如,一朵花的价格是 2 ICU(ICU 是信息学竞赛的货币的单位);一个花瓶的价格是 5 ICU。为了吸引更多的顾客,商店提供了特殊优惠价。特殊优惠商品是把一种或几种商品分成一组。并降价销售。例如,3 朵花的价格不是 6 而是 5 ICU;2 个花瓶加 1 朵花是 10 ICU 而不是 12 ICU。

编一个程序,计算某个顾客所购商品应付的费用。要充分利用优惠价以使顾客付款最小。请注意,你不能变更顾客所购商品的种类及数量,即使增加某些商品会使付款总数减小也不允许你作出任何变更。假定各种商品价格用优惠价如上所述,并且某顾客购买的物品为 3 朵花和 2 个花瓶。那么顾客应付款为 14 ICU。

1 朵花加 2 个花瓶优惠价:10 ICU

2 朵花 正常价 4 ICU

输入数据

用两个文件表示输入数据。第一个文件 INPUT. TXT 描述顾客所购的物品(放在购物筐中);第二个文件描述商店提供的优惠商品及价格(文件名为 OFFER. TXT)。两个文件中都只用整数。

第一个文件 INPUT.TXT 的格式为：第一行是一个数字 $B(0\leqslant B\leqslant 5)$，表示所购商品种类数。下面共 B 行，每行中含 3 个数 C,K,P。C 代表商品的编码（每种商品有一个唯一的编码），$1\leqslant C\leqslant 999$。$K$ 代表该种商品的购买总数，$1\leqslant K\leqslant 5$。P 是该种商品的正常单价（每件商品的价格），$1\leqslant P\leqslant 999$。请注意，购物筐中最多可放 $5\times 5=25$ 件商品。

第二个文件 OFFER.TXT 的格式为：第一行是一个数字 $S(0\leqslant S\leqslant 99)$，表示共有 S 种优惠。下面共 S 行，每一行描述一种优惠商品的组合中商品的种类。下面接着是几个数字对 (C,K)，其中 C 代表商品编码，$1\leqslant C\leqslant 999$。$K$ 代表该种商品在此组合中的数量，$1\leqslant K\leqslant 5$。本行最后一个数字 $P(1\leqslant P\leqslant 9999)$代表此商品组合的优惠价。当然，优惠价要低于该组合中商品正常价之总和。

输出数据

在输出文件 OUTPUT.TXT 中写一个数字（占一行），该数字表示顾客所购商品（输入文件指明所购商品）应付的最低货款。

输入/输出数据举例

INPUT	OFFER.TXT	OUTPUT.TXT
2	2	14
7 3 2	1 7 3 5	
8 2 5	2 7 1 8 2 10	

解析：

对问题进行分析，发现 5 种商品的购物问题可以转化为使用某种优惠后剩余商品的购物问题，满足最优化原理（同学可以自己证明），并且具有重复子问题的特征，因此可以采用动态规划算法实现。

采用动态规划方法，最主要是建立递归关系，建立过程如下。

(1) 首先将输入的 INPUT.TXT 和 OFFER.TXT 两个文件中的数据调入程序，分别用数组 $A[1..5]$ 存放购买 5 种商品的数量，用 $s[1..m][n]$ 存放优惠商品的信息（其中第一维表示有 m 种优惠（每种优惠有一个优惠序号），第二维存放每种优惠商品的数量组成），优惠价信息放在 $\text{sale}[1..m]$ 中。

(2) 设用户购买 5 类商品（购买数量分别为 a,b,c,d,e）应付的最低货款为 $m[a,b,c,d,e]$，用 $\text{ans}[a,b,c,d,e]$ 存放此时选用的优惠序号，因此建立的一般递推关系如下。

$$m[a,b,c,d,e]=\min_{1\leqslant i\leqslant m}\begin{cases}m[a-s_{i1},b-s_{i2},c-s_{i3},d-s_{i4},e-s_{i5}]+\text{sale}[i]\text{（使用第 }i\text{ 种优惠）}\\ \quad(a-s_{i1}\geqslant 0,b-s_{i2}\geqslant 0,c-s_{i3}\geqslant 0,d-s_{i4}\geqslant 0,e-s_{i5}\geqslant 0)\\ m[a,b,c,d,e]\text{（不使用优惠）}\end{cases}$$

$\text{ans}[a,b,c,d,e]=$ 上式中最小的 k 值，如果不使用优惠，则 $k=0$。

初始条件为：$m[0,0,0,0,0]=0$；

上述递推关系的计算，可采用自底向上的方式进行计算。首先依次选择 1 个、2 个直至全部第 5 种商品；然后再选择 1 个第 4 种商品，1 个、2 个直至全部第 5 种商品；再选择 2 个第 4 种商品，1 个、2 个直至全部第 5 种商品；以此类推，直至 5 种商品全部选择为止。根据乘法原理，放置方案共有商品 1 的购买总数 $*$ 商品 2 的购买总数 $*$ 商品 3 的购买总数 $*$ 商品

4 的购买总数 × 商品 5 的购买总数。对于每种选择的商品组合 (a,b,c,d,e)，我们从第 1 种优惠出发，依次顺序考虑第 1 种优惠、第 2 种优惠……、第 m 种优惠，直至求出购买商品组合 (a,b,c,d,e) 的最低价 $m[a,b,c,d,e]$ 以及最后选中的优惠序号 $ans[a,b,c,d,e]$。

（3）所求的原问题是：$m[A[1],A[2],A[3],A[4],A[5]]$，该计算在 $ans[a,b,c,d,e]$ 中自顶向下获得采用优惠号的序列。

以该题中输入为例分析。

对输入进行预处理后，可以根据动态规划算法列出问题表。本题以给出的输入为例，能够列出下表，根据本例输入，需要购买 3 个 7 号物品，2 个 8 号物品，表中行为购买物品的数量，列为购买物品的种类，表的对应项为所花费的钱数，最终要求的数值为第三行第 6 列的值。

```
      0  1  2  3  4   5
      0  0  0  0  0   0
   7  0  2  4  5  *   *
   8  0  2  4  5  10  14
```

表中第 1 行没有物品，所以所有价钱均为 0。

第 2 行能选择 7 号物品，所以买 1 个 7 号物品需要 2 ICU，2 个 7 号物品需要 4 ICU，3 个 7 号物品因为有优惠条件，在 5 ICU 和 6 ICU 中选择小的值 5 ICU。由于 7 号物品只有 3 个，所以 4 和 5 为空。

第 3 行可以选择 7 号物品和 8 号物品，由于 7 号物品的单价为 2 ICU，8 号物品的单价为 5 ICU，所以买前 3 个物品选择同第 2 行一致。当买 4 个物品时花费最少只能选择 3 个 7 号物品和 1 个 8 号物品，直接买的价值是 $2 \times 3 + 5 = 11$ ICU，应用优惠条件 1 可以得 $5 + 5 = 10$ ICU，因此该位置应填写较小值。

第 3 行选择买 5 个物品时可以根据 $10 + 5 = 15$ ICU，由左侧值加入一个 8 号物品得到，还有一种计算方法是使用优惠条件 2 有 $10 + 2 \times 2 = 14$ ICU，最终选择 14 ICU。

本题在填写表格时需要考虑不同优惠条件下物品的总价，这样可以构成约束条件，以决定哪种方案更优。

11.8 旅游预算问题

一个旅行社需要估算乘汽车从某城市到另一个城市的最小费用，沿路有若干加油站，每个加油站收费不一定相同。

旅游预算有如下规则。

若油箱的油过半，不停车加油，除非油箱中的油不可能支持到下一站；每次加油时都加满；在一个加油站加油时，司机要花费 2 元买东西吃；司机不必为其他意外情况而准备额外的油；汽车开出时在起点加满油箱；计算精确到分（1 元 = 100 分）。编写程序估计实际行驶在某路线时所需的最小费用。

输入格式：

从当前目录下的文本文件"route.dat"中读入数据。按以下格式输入若干旅行路线的情况。

第一行为起点到终点的距离(实数)。

第二行为三个实数,后跟一个整数,每两个数据间用一个空格隔开。其中第一个数为汽车油箱的容量(升),第二个数是每升汽油行驶的公里数,第三个数是在起点加满油箱的费用,第四个数是加油站的数量(≤50)。接下去的每行包括两个实数,每个数据之间用一个空格分隔,其中第一个数是该加油站离起点的距离,第二个数是该加油站每升汽油的价格(元/升)。加油站按它们与起点的距离升序排列。所有的输入都有一定有解。

输出格式:

答案输出到当前目录下的文本文件 route.out 中。

该文件包括两行。第一行为一个实数和一个整数,实数为旅行的最小费用,以元为单位,精确到分,整数表示途中加油的站 N。第二行是 N 个整数,表示 N 个加油的站的编号,按升序排列。数据间用一个空格分隔,此外没有多余的空格。

输入输出举例:

输入文件:(route.dat)	输出文件(route.out)
516.3	38.11 1
15.7 22.1 20.87 3	2
125.4 1.259	
297.9 1.129	
345.2 0.999	

解析:

对问题进行分析,发现本题的求解与有向图的最短路径比较相似。原问题是求从起点到终点的最小费用,如果从起点可以直接到达终点,则最小费用直接求出即可;否则原问题可以转化为从起点直达某个中间节点,再由该中间节点到达终点的最小费用的求解。它满足最优化原理(同学可以自己证明),并且具有重复子问题的特征,因此可以采用动态规划算法实现。

采用动态规划算法,要建立递归关系,建立过程如下。

我们采用 least$[i,j]$ 存放从起点 i 到 j 的最小费用,用 cost$[m{\rightarrow}n]$ 存放从起点 m 直接到达终点 n 的费用。因此建立的一般递推关系如下。

$$\text{least}[i,j] = \min_{i+1\leqslant k<j}\begin{cases}\text{cost}[i\rightarrow k]+\text{lesat}[k,j]+2(\text{从起点 }i\text{ 直接到达点 }k)\\\text{cost}[i\rightarrow j](\text{从起点 }i\text{ 直接到达点 }j)\end{cases}$$

初始条件为 least$[i,i]=0$。

上述递推关系的计算,可采用自底向上的方式进行计算。首先依次计算从节点 1 直接到达节点 2、节点 2 直接到达节点 3、……、节点 $n-1$ 直接到达节点 n 的最小费用;然后再计算从节点 1 直接到达节点 3、节点 2 直接到达节点 4、……、节点 $n-2$ 直接到达节点 n 的最小费用,计算方法采用递推公式;再计算从节点 1 直接到达节点 4、节点 2 直接到达节点 5、……、节点 $n-3$ 直接到达节点 n 的最小费用,计算方法仍采用递推公式。以此类推,直到计算出从节点 1 直接到达节点 n 的最小费用,即为所得。

以该题中输入为例分析。

首先需要对输入进行预处理,以题目给出的数据为例,在起点加满油需要 20.87,能跑

15.7×22.1＝346.97 公里,不够全部路程(516.3 公里)。

（1）在第一个加油站加油已用油 125.4/22.1＝5.6742 升,在第一个加油站加满油需要 7.14 元,还能再跑 346.97 公里,不足够到终点,所以需要在后续站点继续加油。

（2）在第二个加油站加油并且在第一个加油站没加油,则已用油 297.9/22.1＝13.4963 升,在第二个加油站加满需要 15.24 元,还能再跑 346.97 公里,够到达终点。本方案共花费 20.87＋15.24＋2＝38.11 元。

在第二个加油站加油并且在第一个加油站加油,则已用油 172.5/22.1＝7.8054 升,在第二个加油站加满需要 8.81 元,同样还能再跑 346.97 公里,够到达终点。本方案共花费 20.87＋7.14＋2＋8.81＋2＝40.82 元。

（3）在第三个加油站加油,由于以上分析可知在第二个加油站加油足够跑到终点,则不需要再到第三个加油站加油。因此分以下两种情况。

在第三个加油站加油并且不在之前的任何加油站加油,则已用油 345.2/22.1＝15.6199 升,在第三个加油站加满油需要 15.60 元,还能再跑 346.97 公里,够到达终点。本方案共花费 20.87＋15.6＋2＝38.47 元。

在第三个加油站加油并且在第一个加油站加油,则已用油 219.8/22.1＝9.9457 升,在第三个加油站加满需要 9.94 元,还能再跑 346.97 公里,够到达终点。本方案共花费 20.87＋7.14＋2＋9.94＋2＝41.95 元。

使用动态规划方法可以用一张表来表示以上计算。在每个加油站是否加油做出一种方案,判断在本站是否需要加油,最终可以得到所需要的结果。

本题的结果是只需要在第二个加油站加一次油,总花费为 38.11 元。

11.9　防卫导弹问题

一种新型的防卫导弹可截击多个攻击导弹。它可以向前飞行,也可以用很快的速度向下飞行,可以毫无损伤地截击进攻导弹,但不可以向后或向上飞行。但有一个缺点,尽管它发射时可以达到任意高度,但它只能截击比它上次截击导弹时所处高度低或者高度相同的导弹。现对这种新型防卫导弹进行测试,在每一次测试中,发射一系列的测试导弹(这些导弹发射的间隔时间固定,飞行速度相同),该防卫导弹所能获得的信息包括各进攻导弹的高度,以及它们发射次序。现要求编一程序,求在每次测试中,该防卫导弹最多能截击的进攻导弹数量,一个导弹能被截击应满足下列两个条件之一。

（1）它是该次测试中第一个被防卫导弹截击的导弹。

（2）它是在上一次被截击的导弹发射后发射,且高度不大于上一次被截击导弹的高度。

输入格式:

从当前目录下的文本文件 CATCHER.DAT 中读入数据。该文件的第一行是一个整数 $N(0 \leqslant N \leqslant 4000)$,表示本次测试中,发射的进攻导弹数,以下 N 行,每行各有一个整数 $h_i(0 \leqslant h_i \leqslant 32767)$,表示第 i 个进攻导弹的高度。文件中各行的行首、行末无多余空格,输入文件中给出的导弹是按发射顺序排列的。

输出格式:

答案输出到当前目录下的文本文件 CATCHER.OUT 中,该文件的第一行是一个整数

max,表示最多能截击的进攻导弹数,以下的 max 行每行各有一个整数,表示各个被截击的进攻导弹的编号(按被截击的先后顺序排列)。输出的答案可能不唯一,只要输出其中任一解即可。

输入输出举例:

输入文件:CATCHER.DAT　　　　输出文件:CATCHER.OUT

3	2
25	1
36	3
23	

解析:

本题使用动态规划算法,求解输入的最长不减子序列。

将序列 $A[1..n]$,划分为子序列 $A[1]$,$A[1..2]$,$A[1..3]$,$\cdots$,$A[1..n]$,依次对每个序列求最长不减子序列,求解后面的序列会用到前面的结果。用 $C[1..n]$ 记录已求的长度,即 $C[i]$ 为 $A[1..i]$ 最长不减子序列的长度。

递推公式:

① $C[i]=1$　　$i=1$

② $C[i]=\max\{C[j] \mid j<i \text{ and } A[j]\leqslant A[i]\}+1$　$i>1$

11.10 钓鱼问题

约翰是个垂钓谜,星期天他决定外出钓鱼 $h(1\leqslant h\leqslant 16)$ 小时,约翰家附近共有 $n(2\leqslant n\leqslant 25)$ 个池塘,这些池塘分布在一条直线上,约翰将这些池塘按离家的距离编上号,依次为 L_1,L_2,$\cdots$,L_n,约翰家门外就是第一个池塘,所以他到第一个池塘是不用花时间的,约翰可以任选若干个池塘垂钓,并且在每个池塘他都可以呆上任意长的时间,但呆的时间必须为 5 分钟的倍数(5 分钟为一个单位时间),已知从池塘 L_i 到池塘 L_{i+1} 要花去约翰 t_i 个单位时间,每个池塘的上鱼率预先也是已知的,池塘 L_i 在第一个单位时间内能钓到的鱼为 $F_i(0\leqslant F_i\leqslant 100)$,并且每过一个单位时间在单位时间内能钓到的鱼将减少一个常数 $d_i(0\leqslant d_i\leqslant 100)$。

现在请你编一个程序来计算约翰最多能钓到多少鱼。

输入格式:

第一行为一个整数 n。

第二行为一个整数 h。

第三行为 n 个用空格隔开的整数,表示 $F_i(i=1,2,\cdots,n)$。

第四行为 n 个用空格隔开的整数,表示 $d_i(i=1,2,\cdots,n)$。

第五行为 $n-1$ 个用空格隔开的整数,表示 $t_i(i=1,2,\cdots,n-1)$。

输出格式:

输出文件中仅一个整数,表示约翰最多能钓到的鱼的数量。

【输入输出样例】

输入:

2

1

10 1

2 5

2

输出:

31

解析:

对输入进行处理,将所有需要的数据整理。

本题时间单位为 5 分钟,所以一小时内有 20 个时间单位。

对第 i 个池塘而言,第 j 个时间单位的出鱼率为 $C(i,j)=\max\{C(i,j-1)+F_i-d_i,$ $C(i,j-1)\}$。

对鱼塘的出鱼数整理成数组,本例鱼塘 1 的出鱼率如下所示。

1 2 3 4 5 6 7…

10 8 6 4 2 0 0…

鱼塘 2 的出鱼率如下所示。

1 2 3…

1 0 0…

生成一个 $h*20+1$ 行,$n+1$ 列的表,进行动态规划处理,目标结果为表中最右下角的数值。

题目给出共 1 个小时,时间单位为 5 分钟,因此表格有 21 行,3 列。从池塘 1 到池塘 2 需要 2 个单位时间。每个池塘的收益为:$T(i,j)=\max\{T(i,j-1)+0, T(i-1,j-1)+C(i-1-t_i,j), T(i-2,j-1)+C(i-t_i,j), T(i-3,j-1)+C(i+1-t_i,j),\cdots\}$,计算时需要先计算 t_i 的大小,以此来看需要比较的数量。

耗时	到达第 1 个池塘收益
0	0
1	10
2	18
3	24
4	28
5	30
6	30
7	30
…	…

耗时	到达第 1 个池塘收益	到达第 2 个池塘收益
0	0	
1	10	0
2	18	max(18+0,10+0,0+1)=10
3	24	max(24+0,18+0,10+1)=18
4	28	max(28+0,24+0,18+1)=24
5	30	max{30+0,28+0,24+1}=30
6	30	max(30+0,30+0,28+1)=30
7	30	max(30+0,30+0,30+1)=31
…	…	…

上表第 7 行至第 12 行的结果一致,所以输出为 31。

11.11 胖男孩问题

麦克正如我们所知的已快乐地结婚,在上个月他胖了 70 磅。因为手指上的脂肪过多,使他连给他最亲密的朋友斯拉夫克写一个电子邮件都很困难。

每晚麦克都详细地描述那一天他所吃的所有东西,但有时当他只想按一次某键时往往会按了不止一次,并且他的胖手指还会碰到他不想要按的键,麦克也知道自己的手指有问题,因此他在打字的时候很小心,以确保每打一个想要的字符时误打的字符不超过 3 个,误打的字符可能在正确字符之前也可能在其之后。

当斯拉夫克多次收到读不懂的电子邮件后,他总是要求麦克将电子邮件发 3 遍,使他容易读懂一点。

请编写一个程序,帮助斯拉夫克根据他所收到的三封电子邮件求出麦克可能写出的最长的信。

输入格式

输入文件中共有三行,每一行文本包括麦克信件的一种版本。其中所有的字符都由英文字母表中的小写字母组成并且不超过 100 个。

输出格式

输出文件中的第一行即唯一的一行数据应该包含斯拉夫克根据所收到的电子邮件推测出的最长的信件。

你可以相信问题一定有解,但解不一定是唯一的。

输入输出样例

输入:

cecqbhvaiaedpibaluk

cabegviapcihlaaugck

adceevfdadaepcialaukd

输出:

cevapiluk

解析:

本题为最长公共串的问题,在第 6 章我们介绍过两个序列求解公共子串的问题,该题是求解三个序列的公告子串问题。该问题仍然采用动态规划的方法解决。

用 $c[i][j][k]$ 记录序列 X_i、Y_j 和 Z_k 的最长公共子序列的长度,其中 $X_i = \{x_1, x_2, \cdots, x_i\}$,$Y_j = \{y_1, y_2, \cdots, y_j\}$,$Z_k = \{z_1, z_2, \cdots, z_k\}$。当 $i=0$ 或 $j=0$ 或 $k=0$ 时,X_i、Y_j 和 Z_k 的最长公共子序列为空序列,因此 $c[i][j][k]=0$。

经分析,可建立如下递归关系。

$$c[i][j][k] = \begin{cases} 0 & i=0, j=0, k=0 \\ c[i-1][j-1][k-1]+1 & i,j,k>0; \ x_i = y_j = z_k \\ \max\{c[i-1][j][k], c[i][j-1][k], c[i][j][k-1]\} & i,j,k>0; \ x_i \neq y_j \neq z_k \end{cases}$$

构造备忘录表,仍可采用自底向上的方法,同时用 $b[i][j][k]$ 记录 $c[i][j][k]$ 的值的来源,即如果 $x_i = y_j = z_k$,则 $c[i][j][k] = c[i-1][j-1][k-1]+1$,此时 $b[i][j][k]=0$;如

果 $x_i \neq y_j \neq z_k$，在 $c[i-1][j][k]$、$c[i][j-1][k]$、$c[i][j][k-1]$ 三者中，如 $c[i-1][j][k]$ 最大，则 $b[i][j][k]=1$；如 $c[i][j-1][k]$ 最大，则 $b[i][j][k]=2$；如 $c[i][j][k-1]$ 最大，则 $b[i][j][k]=3$。

根据前述过程获得的数组 b，采用自顶向下的方法求解 X、Y 和 Z 的最长公共子序列。获取的顺序仍是从公共子序列的末尾开始，从后向前得到。首先从 $b[m][n][w]$ 开始（m,n,w 分别为序列 X、Y 和 Z 的长度），根据数组 b 中的值获得公共字符：如果 $b[i][j][k]=0$，则直接输出 x_i，同时递推到 $b[i-1][j-1][k-1]$；如果 $b[i][j][k]=1$，则递推到 $b[i-1][j][k]$；如果 $b[i][j][k]=2$，则递推到 $b[i][j-1][k]$；如果 $b[i][j][k]=3$，则递推到 $b[i][j][k-1]$。直到 $i=0$ 或 $j=0$ 或 $k=0$ 时，就得到 X、Y 和 Z 的最长公共子序列。

11.12　护卫队问题

护卫车队在一条单行的街道前排成一队，前面河上是一座单行的桥。因为街道是一条单行道，所以任何车辆都不能超车。桥能承受一个给定的最大承载量。为了控制桥上的交通，桥两边各站一个指挥员。护卫车队被分成几个组，每组中的车辆都能同时通过该桥。当一组车队到达了桥的另一端，该端的指挥员就用电话通知另一端的指挥员，这样下一组车队才能开始通过该桥。每辆车的重量是已知的。任何一组车队的重量之和不能超过桥的最大承重量。被分在同一组的每一辆车都以其最快的速度通过该桥。一组车队通过该桥的时间是用该车队中速度最慢的车通过该桥所需的时间来表示的。

问题要求计算出全部护卫车队通过该桥所需的最短时间值。

输入格式

输入文件中的第一行包含三个正整数（用空格隔开），第一个整数表示该桥所能承受的最大载重量（用吨表示），第二个整数表示该桥的长度（用千米表示），第三个整数表示该护卫队中车辆的总数（$n<1000$）。

接下来的几行中，每行包含两个正整数 W 和 S（用空格隔开），W 表示该车的重量（用吨表示），S 表示该车过桥能达到的最快速度（用千米/小时表示）。车子的重量和速度是按车子排队等候时的顺序给出的。

输出格式

输出文件中应该是一个实数，四舍五入精确到小数点后 1 位，表示整个护卫车队通过该桥所需的最短时间（用分钟表示）。

输入输出样例

输入：
```
100 5  10
40 25
50 20
50 20
70 10
12 50
9 70
49 30
```

```
38    25
27    50
19    70
```
输出：
75.0

解析：

本题也是动态规划问题的实例，也采用列表的方式对序列进行处理，处理时需要看当前车辆和前面车辆一起过的时间是否比其他方案小。找到约束函数即可得到答案。

设 $time[i]$ 表示前 i 辆车过桥的最短时间，$length$ 表示桥的长度，$weight$ 表示桥所能承受的最大载重量，$w[i]$ 表示第 i 辆车的重量，$s[i]$ 表示第 i 辆车的最大速度，则有，当 $w[k]+w[k+1]+w[k+2]+\cdots+w[i] \leqslant weight$ 时，$time[i]=\min(time[k]+length/minspeed(s[k+1],s[k+2],\cdots,s[i]))$，其中 $0<k<i$，$minspeed(s[k+1],s[k+2],\cdots,s[i])$ 表示第 $k+1$ 辆车到第 i 辆车中过桥的最小速度，即一组车辆的过桥时间以最慢速度的车辆为准。当 i 表示最后一辆车的序号时，$time[i]$ 则是所要的结果。

参 考 文 献

[1] （美）Anany Levitin 著.算法设计与分析基础(第 2 版).潘彦译.北京：清华大学出版社,2007.

[2] 王红梅,胡明.算法设计与分析(第 2 版).北京：清华大学出版社,2013.

[3] （美）Thomas H,Cormen Charles E,Leiserson Ronald L,Rivest Clifford Stein 著.算法导论(原书第 3 版).殷建平,徐云,王刚,刘晓光,苏明,邹恒明,王宏志译.北京：机械工业出版社,2013.

[4] 啊哈磊.啊哈！算法.北京：人民邮电出版社,2014.

[5] （美）克里斯托弗·斯坦纳.算法帝国.李筱莹译.北京：人民邮电出版社,2014.

[6] 刘汝佳.算法竞赛入门经典.北京：清华大学出版社,2014.

[7] （美）Anany Levitin,Maria Levitin 著.算法谜题.赵勇,徐章宁,高博译.北京：人民邮电出版社,2014.

[8] （美）Henry S,Warren Jr 著.算法心得：高效算法的奥秘.爱飞翔译.北京：机械工业出版社,2014.

[9] 王晓东.算法设计与分析(第 3 版).北京：清华大学出版社,2014.

[10] 王晓东.算法设计与分析习题解答(第 3 版).北京：清华大学出版社,2014.

[11] 邹恒明.算法之道(第 2 版).北京：机械工业出版社,2012.

[12] （美）塞奇威克(Sedgewick,R),韦恩(Wayne,K)著.算法分析导论(第 4 版).谢路云译.北京：人民邮电出版社,2012.

[13] （美）Kyle Loudon 著.算法精解：C 语言描述.肖翔,陈舸译.北京：机械工业出版社,2012.

[14] 王秋芬,吕聪颖,周春光.算法设计与分析.北京：清华大学出版社,2011.

[15] 赵端阳,左伍衡.算法分析与设计——以大学生程序设计竞赛为例.北京：清华大学出版社,2012.

[16] 余立功.ACM/ICPC算法训练教程.北京：清华大学出版社,2013.

[17] （美）William J Cook 著.迷茫的旅行商：一个无处不在的计算机算法问题.隋春宁译.北京：人民邮电出版社,2013.

[18] 刘汝佳,黄亮.算法艺术与信息学竞赛.北京：清华大学出版社,2004.

[19] （沙特）M H Alsuwaiyel 著.算法设计技巧与分析.吴伟昶,方世昌译.北京：电子工业出版社,2010.

[20] 徐子珊.从算法到程序(从应用问题编程实践全面体验算法理论).北京：清华大学出版社,2013.

[21] 杨峰.妙趣横生的算法(C 语言实现).北京：清华大学出版社,2010.

[22] 徐子珊.算法设计、分析与实现：C、C++和 Java.北京：人民邮电出版社,2012.

[23] 周培德.计算几何——算法设计与分析(第 4 版).北京：清华大学出版社,2011.

[24] （美）Robert Sedgewick 著.算法：C 语言实现(第 1~4 部分)基础知识、数据结构、排序及搜索(原书第 3 版).霍红卫译.北京：机械工业出版社,2009.

[25] （美）Robert Sedgewick 著.算法：C 语言实现(第 5 部分)图算法(原书第 3 版).霍红卫译.北京：机械工业出版社,2009.

[26] （美）Ronald L,Graham Donald E,Knuth Oren Patashnik 著.具体数学：计算机科学基础(第 2 版).张明尧,张凡译.北京：人民邮电出版社,2013.

[27] （美）Lance Fortnow 著.可能与不可能的边界：P/NP 问题趣史.杨帆译.北京：人民邮电出版社,2014.

[28] 严蔚敏,吴伟民.数据结构(C 语言版).北京：清华大学出版社,2011.

[29] 程杰.大话数据结构.北京：清华大学出版社,2011.

[30] 周海英,马巧梅,靳雁霞.数据结构与算法设计(第 2 版).北京：国防工业出版社,2009.

[31] 苏光奎,李春葆.数据结构导学.北京：清华大学出版社,2002.